Reprint Publishing

FÜR MENSCHEN, DIE AUF ORIGINALE STEHEN.

www.reprintpublishing.com

A. DE BARY'S

VORLESUNGEN

ÜBER

BAKTERIEN

DRITTE AUFLAGE

DURCHGESEHEN UND TEILWEISE NEU BEARBEITET

VON

W. MIGULA

A. O. PROFESSOR AN DER TECHNISCHEN HOCHSCHULE
IN KARLSRUHE

MIT 41 FIGUREN IM TEXT

LEIPZIG

VERLAG VON WILHELM ENGELMANN

1900.

Vorwort.

De Bary's Vorlesungen über Bakterien würden in ihrer klassischen Vollkommenheit einer Neubearbeitung nicht bedürfen, wenn sich nicht gerade in letzter Zeit das Interesse in der Bakteriologie Gebieten zugewandt hätte, die seit dem Erscheinen der letzten Auflage mit ungeahntem Erfolge bearbeitet worden sind. Diese für die Medizin und für die Gährungsindustrie überaus wichtigen Errungenschaften werden in einem Buche vermisst, welches dem Nichtfachmann in großen Zügen ein abgerundetes Bild der Bakterienkunde geben soll. Ich bin deshalb der ehrenvollen Aufforderung der Verlagsbuchhandlung gern nachgekommen, eine Neubearbeitung der Vorlesungen zu übernehmen.

Bei der Bearbeitung leitete mich in erster Linie der Gedanke, den Text De Bary's nur da zu verändern, wo sich eine absolut zwingende Notwendigkeit ergab. Ebenso habe ich nur da Zusätze und Einschiebungen gemacht, wo wichtige Thatsachen von allgemeiner Bedeutung nachzutragen waren. Ein Eingehen auf Einzelheiten ist überall vermieden. Zu dieser Beschränkung verpflichtete mich einmal die Pietät gegen den Verfasser und zweitens die Überzeugung, dass jede Einschiebung auch bei der größten Hingabe an die Arbeit doch eine Störung der abgerundeten und formvollendeten Darstellung De Bary's bedeute.

Ich will noch hinzufügen, dass die Pronomina Ich, Mein sich stets auf De Bary beziehen und dass meine eigenen Angaben stets als diejenigen des Bearbeiters der Vorlesungen bezeichnet sind. — Die neu hinzugekommenen Abbildungen wurden aus meiner Bearbeitung der Bakterien in Engler und Prantl's natürlichen Pflanzenfamilien entnommen.

Karlsruhe, den 10. Juli 1900.

W. Migula.

Inhalt.

I.

Einleitung. Bakterien oder Schizomyceten und Pilze. Bau der Bakterienzelle. (1)

Der Zweck dieser Vorlesungen ist, eine Übersicht dessen zu geben, was man derzeit von den Wesen kennt, welche unter dem Namen Bakterien zusammengefasst werden. Auf das vielseitige Interesse, welches sich an dieselben knüpft, braucht heutzutage nicht weiter hingewiesen zu werden. Wird doch tagtäglich dem gebildeten Publikum nicht viel weniger vorgehalten, als dass ein gut Teil allen irdischen Heils und Unheils Bakterien zu verdanken ist. Wenn uns nun hierdurch der übliche Teil der Einleitung, welcher dem Zuhörer die Wichtigkeit des Gegenstandes einer Vorlesung ans Herz legt, erspart wird, so bleibt es um so notwendiger, die Kehrseite der Sache gleich am Anfang hervorzuheben. Ich meine damit, dass darauf aufmerksam gemacht werden muss, wie die gestellte Aufgabe nur gelöst werden kann durch möglichst allseitige, ruhige wissenschaftliche Betrachtung der in Frage kommenden Objekte. Und solche Betrachtung bringt mehr des Trocknen als des Spannenden und nach dem üblichen Sprachgebrauch Interessanten. Dadurch darf sich der nicht abschrecken lassen, wer sich wirklich einige Kenntnisse erwerben will.

Die Einteilung unserer Betrachtung ergiebt sich nach der gestellten Aufgabe von selbst. Es handelt sich darum, zuerst zu sehen, was die Bakterien sind, mit anderen Worten, kennen zu lernen ihre Gestaltung, ihren Bau, ihre Entwicklung und an letztere anknüpfend ihre Herkunft. Sodann haben wir zu fragen, was sie thun, was für Heil und Unheil sie anrichten, das heißt, ihren Lebensprozess zu betrachten und die Wirkungen nach außen, welche derselbe zur Folge hat.

Wir beginnen mit der ersten Frage und beschäftigen uns zuerst einen Augenblick mit dem Namen.

Die Bakterien, das sollte heißen, Stabtierchen oder Stabpflänzchen, nach der Stabform vieler derselben, werden auch Spaltpilze, Schizomyceten genannt. Beide Ausdrücke sind, strenggenommen, nicht gleichbedeutend.

Das Wort Pilze wird nämlich in zweierlei Sinne gebraucht. In dem einen bedeutet es diejenigen niedrigen, blütenlosen Pflanzen, welche des grünen Laubfarbstoffes, des Chlorophylls, entbehren und hiermit bestimmte Eigentümlichkeiten des Ernährungsprozesses zeigen. Von diesen wird später ausführlicher zu reden sein. Hier sei nur vorläufig bemerkt, dass alle chlorophyllfreien Organismen mit einer später zu nennenden Ausnahme als Ernährungsmaterial bereits vorgebildete organische Kohlenstoffverbindungen erfordern und ihren Kohlenstoffbedarf nicht aus zugeführter Kohlensäure decken können. Die Verarbeitung dieser ist an das Chlorophyll und analoge Körper gebunden.

Die Pilze in diesem Sinne sind also eine durch bestimmte physiologische, an dem Merkmal des Chlorophyllmangels erkennbare Eigentümlichkeiten charakterisierte Gruppe, etwa wie Vögel und Fledermäuse als Flugtiere in eine Gruppe zusammengefasst werden könnten.

In dem andern Sinne, jenem der beschreibenden, klassificierenden Naturgeschichte bedeutet der Name Pilze eine durch bestimmte Charaktere des Baues und der Entwicklung ausgezeichnete, in Form der Schwämme und der Schimmel jedem anschauliche Gruppe niederer Gewächse. Die Angehörigen dieser sind allerdings thatsächlich alle chlorophyllfrei, sie brauchten es aber, um zu der Gruppe zu gehören, ebensowenig zu sein, als ein Vogel notwendig einen Flugapparat haben muss, um als solcher anerkannt zu werden. Zu diesen naturgeschichtlich und nicht einseitig physiologisch charakterisierten Pilzen gehören die Bakterien nach Bau und Entwicklung ebensowenig wie die Fledermäuse zu den Vögeln. Und zwar um so weniger, als es eine freilich geringe Anzahl von legitimen Bakterien giebt, welche Chlorophyll und Chlorophyllfunktion besitzen, also keine Pilze in dem physiologischen Sinne sind.

Aus diesen Gründen reden wir hier korrekter von Bakterien als von Spaltpilzen. Bleibt man sich übrigens klar über den verschiedenen Sinn der Worte, so ist es gleichgültig, welches derselben man anwendet.

Gestaltung, Bau und Wachstum der Bakterien sind, wenn wir zunächst von bestimmten Fortpflanzungserscheinungen absehen, also nur die vegetativen Zustände berücksichtigen, sehr einfacher Art.

Die Bakterien treten auf als Zellen von runder oder cylindrisch-stabförmiger, selten spindelförmiger Gestalt und sehr geringer Größe. Der Durchmesser der runden oder der Querdurchmesser der stab-förmigen Zellen beträgt bei den meisten etwa 0,001 Millimeter (= 1 Mikromillimeter = 1 μ) oder noch weniger. Die Länge der stabförmigen Zellen geht bis auf das 2—4 fache des Querdurchmessers, selten mehr. Erheblich größere Formen sind nicht zahlreich. Sieht man ab von den später genauer zu betrachtenden Formen aus der Gruppe Beggiatoa, Crenothrix u. s. w., welche sich auch in an-derer Hinsicht einigermaßen abweichend verhalten, so ist die größte Breite, welche derzeit beobachtet ist, 4 μ, bei den stabförmigen Zellen von Bacillus crassus van Tieghem, einer Art, die jedoch heute nicht mehr wiedererkannt werden kann.

Zellen hat man diese kleinen Körper zu nennen, weil sie wie Pflanzenzellen wachsen und sich teilen, und weil nicht minder das, was man von ihrem Bau erkennen kann, mit den entsprechenden Erscheinungen bei Pflanzenzellen übereinstimmt. Freilich erlaubt die geringe Größe hier vorläufig nicht, tiefer in die Details des Baues einzudringen. Zellkerne zu finden ist z. B. noch nicht gelungen, wenigstens keine Zellinhaltskörper, welche mit den Zellkernen höhe-rer Pflanzen und Tiere übereinstimmen. Dagegen sind wiederholt Körnchen im Plasma der Bakterienzellen gefunden worden, welche, ähnlich wie Kerne, Farbstoffe intensiv speichern und deshalb viel-fach in neuerer Zeit auch von A. Meyer (2) als Zellkerne gedeutet worden sind. Will man diese Körnchen, über deren Kernnatur gar nichts bekannt ist, durchaus als Zellkerne ansehen, so muss man daran festhalten, dass es sich nur um Anfänge der Kernbildung handeln kann.

In ganz anderer Weise wird die Bakterienzelle von Bütschli (3) und mit ihm von vielen Medizinern gedeutet. Ihm ist sie ein von der Membran umschlossener Kern mit nur geringen Spuren oder selbst ohne Plasma. Die Unhaltbarkeit dieser Auffassung ist be-sonders von Fischer (4) nachgewiesen worden, besonders durch seine plasmolytische Methode, mithilfe deren er nachwies, dass die Bakterienzelle sich genau in derselben Weise plasmolysieren lasse wie eine andere Pflanzenzelle, also Safträume von beträchtlicher Ausdehnung enthalten müsse, was bei Zellkernen nicht vorkommt. Migula (5) konnte dann zuerst bei Bacillus oxalaticus, dann auch bei andern Bakterien einen centralen Zellsaftraum direkt nachweisen.

Die Bakterienzelle wird ihrer Hauptmasse nach gebildet aus einem

1*

Protoplasmakörper, welcher bei den kleineren Formen und auch bei den meisten größeren als eine völlig homogene, trüb durchscheinende Masse erscheint, bei größeren jedoch auch öfters feinkörnige oder andere, später noch zu beschreibende Struktur zeigt. Er besteht, wie Nencki (6) zuerst für eine Anzahl Fälle gezeigt hat, der Hauptmasse nach aus eigenartigen und nach Species verschiedenen, eiweißartigen Verbindungen (Mycoprotein, Anthraxprotein), und stimmt mit den Protoplasmakörpern anderer Organismen im allgemeinen überein in dem Verhalten, welches er bei Anwendung der gewöhnlichen empirischen Reagentien zeigt: der Gelb- bis Braunfärbung durch Jodlösungen, der Aufspeicherung von resp. intensiven Tinktion durch Karminpräparate und Anilinfarbstoffe. Im einzelnen kommen mancherlei spezifische Differenzen in dem Verhalten zu diesen färbenden Reagentien vor. Dieselben liefern in bestimmten, bei späteren Veranlassungen zu erwähnenden Fällen sehr brauchbare diagnostische Merkmale.

Wie schon vorhin angedeutet, ist der Protoplasmakörper einiger von Engelmann und van Tieghem beschriebener Bakterien, z. B. Bacillus virens v. T., durch Chlorophyllfarbstoff gefärbt, und zwar gleichförmig blass laubgrün. In der überwiegenden Mehrzahl der Fälle ist er farblos; die meisten Bakterien erscheinen nicht nur einzeln unter dem Mikroskop, sondern auch in Massenanhäufung rein- oder schmutzigweiß; übrigens in letzterem Falle mit verschiedenen Nüancen nach grau, gelblich u. s. w., welche für den Geübteren selbst zur Artunterscheidung brauchbar sein können. Andererseits giebt es nicht wenige Bakterien, deren Massenanhäufungen lebhafte Färbungen zeigen: je nach Einzelfall Gelb, Rot, Grün, Violett, Blau, Braun etc. Schröter hat eine ganze Anzahl solcher Fälle zusammengestellt. Inwieweit diese Färbungen dem Protoplasmakörper angehören oder seiner — nachher zu besprechenden — Umhüllung, der Zellmembran, oder beiden, ist in den meisten Fällen nicht sicher zu entscheiden, weil die einzelne Zelle für sich allein ihrer geringen Größe halber überhaupt keine Färbung erkennen lässt. Bei manchen, relativ großen Formen, z. B. bei den roten Schwefelbakterien, kommt der Farbstoff im Zellinhalt vor; bei andern, wie bei Pseudomonas berolinensis, kommt er in kleinen Bröckchen ausgeschieden zwischen den Zellen vor.

Die chemische Natur der Bakterienfarbstoffe ist durchaus nicht immer die gleiche; einige gehören zu den Fettfarbstoffen (Lipochromen), wie das bei den roten Schwefelbakterien vorkommende

Bacteriopurpurin, ebenso die außerhalb der Zellen abgeschiedenen roten und gelben Farbstoffe von Bacillus chrysogloea, Bacterium erythromyxa u. a. Alle diese Farbstoffe sind in Wasser unlöslich und verleihen den Massenansammlungen der Bakterien, z. B. auf unseren Nährböden, die charakteristischen Färbungen. Andere Arten dagegen scheiden Farbstoffe aus, die in Wasser löslich sind und daher nicht auf die Bakterienkolonien beschränkt bleiben, sondern in das Substrat diffundieren. Hierher gehören z. B. die fluorescierenden Bakterien, deren Farbstoff den einweißartigen Körpern nahesteht. Er ist im trockenen Zustande ein amorphes gelbes Pulver, welches sich im Wasser mit orangegelber Farbe löst und durch Alkohol gefällt wird. In stärkerer Verdünnung wird die wässrige Lösung blass hellgelb und zeigt bei auffallendem Licht eine ausgezeichnete grüne Fluorescenz, welche noch bei sehr starker Verdünnung wahrnehmbar bleibt. Noch andere Bakterienarten liefern Farbstoffe von wieder anderer chemischer Zusammensetzung; die chemische Konstitution ist jedoch bisher bei keinem ermittelt (7).

Von anderen öfters auftretenden Struktur- oder Inhaltserscheinungen des Protoplasmakörpers ist von allgemeinerem Interesse das Auftreten von Stärkereaktion. Bacillus Amylobacter, Spirillum amyliferum van Tiegh., sowie eine Anzahl anderer sogenannter Buttersäurebakterien zeigen in bestimmten Entwicklungsstadien die Eigentümlichkeit, dass ein Teil des Protoplasmakörpers, von dem übrigen durch etwas stärkere Lichtbrechung ausgezeichnet, in wässriger Jodlösung indigoblaue Farbe annimmt, gleich Stärkekörnern oder richtiger der dieselben großenteils aufbauenden Granulose. Die Verhältnisse, unter welchen dieses eintritt und wiederum verschwindet, werden unten näher besprochen werden. Auch E. Hansen's Bacterium Pasteurianum und meistens mehrere noch nicht kultivierte Bakterien aus Zahnschleim zeigen Granulosereaktion. Das Vorkommen körniger Ausscheidung von Schwefel in Beggiatoa sei hier, unter Verweisung auf die IX. Vorlesung, noch kurz erwähnt. Auch Fetttröpfchen kommen im Zellinhalt der Bakterien als kleine Kügelchen nicht selten vor.

Der Protoplasmakörper der Bakterien ist umgeben von einer Membran, Zellhaut. Diese hat, soweit bekannt, bei einer untersuchten Art, der Sarcina ventriculi, die Eigenschaften typischer pflanzlicher Cellulosehäute, ist fest, allerdings dünn und nimmt durch Einwirkung von Jod in Chlorzink die charakteristische violette Farbe an, womit allerdings nicht gesagt ist, dass die Membran auch wirk-

lich aus Cellulose besteht. In den meisten Fällen trifft letzteres
nicht zu, die Membran zeigt keine charakteristische Cellulosefärbung,
sondern besteht aus Eiweißkörpern und verhält sich Farbstoffen und
Reagentien gegenüber ähnlich wie das Plasma. Sie erscheint bei
einzeln in Flüssigkeit zerstreuten Exemplaren unter dem Mikroskop
als zarte Linie, welche die freie Oberfläche umzieht und etwa an-
einanderstoßende Zellen voneinander abgrenzt. Durch Reagentien,
welche den Protoplasmakörper gleichzeitig stark kontrahieren und
färben, die Membran aber nicht, z. B. alkoholische Jodlösung, kann
dieselbe an größeren Formen auch von dem Protoplasmakörper getrennt
zur Anschauung gebracht werden. (Vgl. Seite 16, Fig. 4, *p.*) Ebenso
tritt sie bei der S. 16 zu beschreibenden Sporenbildung deutlich
hervor. Diese dem Protoplasma dicht anschließende Membran ist,

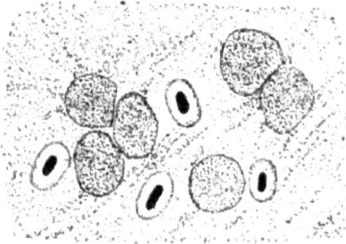
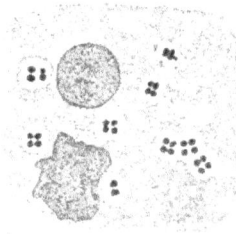

Fig. 1.   Fig. 2.

wenigstens bei bestimmten Formen, wie Beggiatoen, Spirochaeten,
sehr dehnbar und elastisch; denn man sieht sie Krümmungen folgen,
welche der langgestreckte Körper macht, und bei denen der Protoplasmakörper allein aktiv sein kann. Die erwähnte, das Protoplasma
direkt umkleidende Membran ist aber wohl in allen Fällen nur die
innerste, festere Schicht einer gelatinösen Hülle, welche den Körper
umgiebt. An nicht wenigen Formen sieht man dies bei aufmerksamer
Untersuchung mit dem Mikroskop direkt, auch wenn die Zellen oder
kleinere Verbände derselben einzeln in Flüssigkeit liegen. Massenanhäufungen von Bakterien sind bei hinreichender Befeuchtung immer
mehr oder minder gelatinös oder schleimig. Bei der Teilung der

    Fig. 1. Bacterium capsulatum Pfeiffer. Deckglaspräparat aus Gewebs-
saft. Vergr. 1000. Gefärbt.
    Fig. 2. Sarcina tetragena Gaffky. Deckglaspräparat aus Gewebssaft.
Gefärbt.

Zellen kann man das gelatinöse Aufquellen jeweils äußerer Membranschichten successive verfolgen. Besondere Ausdehnung erhalten die gelatinösen Hüllen oft bei pathogenen Bakterien im Tierkörper. Sie bilden dann sogenannte Kapseln, so bei Bacterium capsulatum Pfeiffer (Fig. 1) und bei Sarcina tetragena (Fig. 2); auch bei Bacterium anthracis kommt Kapselbildung vor. Wir können daher fast allgemein den Bakterienzellen gelatinöse Membranen mit dünner, relativ fester Innenschicht zuschreiben. Die Konsistenz der Gallerte, ihre Quellbarkeit in Flüssigkeiten ist, wie alsbald näher besprochen werden soll, von Fall zu Fall gradweise sehr verschieden.

In dem Besitz solch gelatinöser Membranen stimmen die Bakterien überein mit vielerlei anderen niederen Organismen, von denen Nostocaceen und manche Spross- und Fadenpilze beispielsweise genannt sein mögen. Wie bei diesen Gewächsen, scheint die Gallertmembran bei einer Anzahl untersuchter Formen aus einem der Cellulose nahestehenden Kohlehydrat zu bestehen, vielleicht sind es aber auch chitinartige Stoffe, die in ihren Reaktionen sich der Cellulosegruppe nähern; so speziell bei dem Bacterium der Essigmutter und dem Froschlaich-Bacterium der Zuckerfabriken, Leuconostoc. Demgegenüber fand Nencki, dass die Membranen nicht näher bestimmter »Fäulnisbakterien« gleich dem zugehörigen Protoplasma zum größten Teile aus dem obengenannten Mycoprotein bestehen. Endlich ist hier noch eine Angabe Neisser's (117) anzuführen, welcher für das Bacterium der Xerosis conjunctivae, nach dem Verhalten zu Reagentien, vermutet, dass die Membran oder »Hülle« erheblich fetthaltig sei. Weitere Untersuchungen über diese Dinge sind jedenfalls wünschenswert. Die Membranen der wasserbewohnenden Cladothrix und Crenothrix sind oft durch eingelagerte Eisenverbindungen braun gefärbt.

Viele Bakterien sind in Flüssigkeit frei beweglich. Sie rotieren um ihre Längsachse oder schwingen pendelartig und bewegen sich oft lebhaft vor- und rückwärts. Man hat infolgedessen nach Bewegungsorganen gesucht und als solche feine, fadenförmige Gebilde, Geißeln, gefunden, die bald über den ganzen Körper zerstreut (Fig. 3 A, F, G), bald nur an einem oder an beiden Polen (Fig. 3 B, C, D, E, H, M) stehen. Die Geißeln sind außerordentlich zart und nur durch besondere Färbeverfahren sichtbar zu machen; an ungefärbten Bakterien sind sie, ausgenommen bei zwei oder drei der größten Formen, nicht wahrzunehmen. Sie gehen nicht von dem plasmatischen Inhalt der Zelle, sondern von der Membran aus, was

Fig. 8. Geißeln. *A* Bacillus subtilis Cohn und Spirillum Undula Ehrenbg., Membran mit daran hängenden Geißeln, vom Plasmakörper abgehoben. — *B* Planococcus citreus (Menge) Mig. — *C* Pseudomonas aeruginosa (Ehrenbg.) Mig. — *D* Ps. macroselmis Mig. — *E* Ps. syncyanea (Ehrenbg.) Mig., Erreger der blauen Milch. — *F* Bacillus typhi Gaffky. *G* Bac. vulgaris (Hauser) Mig., Faden und einzelne Zellen. — *H* Microspira comma (Koch) Schröter. — *J* Spirillum rubrum v. Esmarch, kurze Zellen. — *K* dasselbe, lange Zellen. — — *L* Spir. Undula (Müller) Ehrenbg. — *M* dasselbe, Geißeln zu einem Strang verklebt. Abbild nach mit Löffler'scher Beize gefärbten Präparaten. Vergr. 1000. (Aus: Migula, Schizomyceten, in: Engler u. Prantl, Natürl. Pflanzenfamilien.)

man namentlich gut an Zellen mit aufgequollenen Membranen wahrnehmen kann (Fig. 3 *A*). Die Zahl und die Art der Anheftung der Geißeln geben ein ausgezeichnetes Merkmal für die systematische Gliederung der Bakterien ab, da z. B. Bakterien mit polarer Begeißelung niemals Geißeln über den ganzen Körper bekommen können und umgekehrt.

Bei einigen Arten ist die Ursache der Bewegung noch nicht festgestellt; Spirochaeta und Beggiatoa scheinen keine Geißeln zu besitzen. Die letztere ähnelt in ihrer Bewegung der Algengattung Oscillaria, bei welcher Bewegungsorgane ebenfalls nicht bekannt sind. Spirochaeta zeigt auch einen schlangenartig biegsamen Körper und kann sich um dünne Gegenstände vollständig herumwinden.

Die vegetierenden Bakterienzellen vermehren sich durch su cc essi ve Teilung in je zwei Tochterzellen. Hat die Zelle eine bestimmte Größe erreicht, so sieht man in ihr einen zarten Querstrich auftreten, welcher die Zellen in zwei Hälften zerlegt und sich nachmals durch gelatinöse Aufquellung als Anfang einer Zellmembran erweist. Das stimmt überein mit den von Teilungen größerer Pflanzenzellen bekannten Erscheinungen, und es steht der Annahme nichts im Wege, dass auch die Einzelheiten des Teilungsprozesses wie bei jenen ablaufen. Direkte Beobachtung derselben wird durch die Kleinheit der Objekte derzeit beinahe unmöglich gemacht, nur an den günstigsten und größten Objekten ist es möglich, einen Aufschluss über die Zellteilungsvorgänge zu gewinnen. Bei Bac. oxalaticus bilden sich durch die centrale Vacuole Plasmabrücken, in denen dann die junge Zellwand entsteht. Eine Zelle kann gleichzeitig mehrere solcher in der Bildung begriffener Plasmabrücken in sehr verschiedenen Stadien der Entwicklung zeigen (5).

Es muss sogar hinzugefügt werden, dass die bei der Teilung auftretende Querwand anfangs oft so zart ist, dass sie der Beobachtung leicht entgeht und erst zur Anschauung kommt, wenn Reagentien, welche das Protoplasma stark färben und zum Schrumpfen bringen, eingewirkt haben, zumal alkoholische Jodlösung. Das ist zu beachten, wenn es sich um die Bestimmung von Zellenlängen handelt.

Die successiven Zweiteilungen erfolgen, je nach Einzelfall, entweder alle in gleicher Richtung, die Querwände stehen also alle parallel, oder seltener sind letztere wechselnd nach zwei oder drei Raumesrichtungen gestellt, sodass sie sich dementsprechend successive schneiden, thatsächlich rechtwinklig kreuzen.

II.

Zellformen, Zellverbände und Gruppierungen.

Die Einzelzellen der Bakterien, deren einfacher Bau im Vorstehendem betrachtet wurde, können nun in sehr mannigfacher Weise auftreten, teils nach ihrer und ihrer einfachsten Verbände Gestalt, teils nach ihrer Vereinigung oder Nichtvereinigung zu größeren Verbänden und den Eigenschaften dieser.

1. Nach der Gestalt der Einzelzellen und ihrer einfachsten genetischen Verbände unterscheidet man rundzellige Formen, gerade und schraubig gekrümmte Stabformen. Eine Billardkugel, ein Bleistift und ein Korkzieher veranschaulichen diese drei Hauptformen aufs genaueste, sodass hier niemand nötig hat, zu seiner Belehrung kostspielige Modelle, wie sie zum Kauf angeboten werden, zu benutzen. Zur Veranschaulichung verweise ich hier einstweilen auf die in den späteren Vorlesungen näher zu besprechenden Figuren.

Im Laufe der Entwicklung unserer Kenntnisse haben diese Gestalten verschiedenerlei Namen erhalten. Die runden sind heutigen Tages als Kokken am bekanntesten; je nach ihrer Größe redet man von Mikrokokken, Makrokokken; von Diplokokken, wenn sie nach einer Zweiteilung noch paarweise zusammenhängen; Monaden hießen sie, nebst manchen heterogenen Dingen, bei den älteren Autoren.

Die geraden Stabformen haben von den älteren Autoren speziell den Namen Stäbchen, Bakterien, erhalten. Kurzstäbchen, Langstäbchen und andere Worte sind anschauliche, sonst wertlose Bezeichnungen für untergeordnete Besonderheiten der Gestalt.

Die Schrauben- oder Korkzieherformen heißen Spirillen, Spirochaeten. Nur wenig, d. h. nur in einem Teil eines Schraubenumgangs gekrümmte, also Mittelformen zwischen den beiden letzten Kategorien sind, im Anschluss an ältere Schriftsteller, von Cohn Vibrionen genannt worden. Es ist wichtig, ein für allemal zu merken, dass diese und andere, gleich zu nennende Namen thatsächlich nichts anderes bezeichnen als bestimmte Gestalten. Besser wäre es freilich, diese einfach anschaulich zu benennen, also von Kugel, Schraube u. s. w. zu reden; und es ist auch zu hoffen, dass das gegenwärtige, zumal in der medizinischen Litteratur blühende

Rotwälsch allmählich einer vernünftigen Terminologie Platz machen wird.

Den Kokken- und Stäbchenformen kommt manchmal eine eigentümlich abweichende Gestaltung zu, insofern zwischen den in einer der angegebenen typischen Form verbleibenden, einzelne Zellen zu voluminösen, die typischen Zellen um ein Mehrfaches an Größe übertreffenden, breit spindeligen oder runden oder ovalen Blasen anschwellen. Bei Bacillusarten, Sphaerotilus u. a., besonders häufig bei dem Bacterium der Essigmutter, ist dieses beobachtet. Es wird wohl nicht ohne Grund angenommen, ist aber doch noch zu prüfen, dass diese geschwollenen Formen die Produkte krankhafter Entwicklung, die Anzeichen einer Rückbildung, einer Involution sind. Daher werden sie Rückbildungsformen, von Nägeli und Buchner Involutionsformen genannt.

2. Nach der Art des Verbandes oder Nichtverbandes ist zuvörderst zu unterscheiden zwischen solchen Formen, deren genetische Verbindung und Anordnung nach den successiven Zweiteilungen erhalten bleibt, und anderen, bei denen sie getrennt oder verschoben wird.

In dem Falle des Vereintbleibens im Zusammenhang der Teilungsfolge erhalten wir

a) Reihenweise Anordnung der Zellen bei gleicher Richtung der successiven Teilungen. Ihrer fadenförmigen Gestalt nach nennt man solche Zellreihen (Fig. 6 u. a.) nach altherkömmlicher Terminologie Fäden (Trichome); einer seltsamen Begriffsverwirrung verdanken sie auch den Namen Scheinfäden, soll heißen Dinge, die Fäden zu sein scheinen, aber keine sind.

Es ist nach dem bisher Besprochenen selbstverständlich, erstens dass die Gestalt solcher Fadenreihen, je nach runder oder anderer Form der Einzelzellen, ungleich ausfallen muss, und dass zweitens die Länge der Fadenverbände, nach Gliederzahl gerechnet, sehr verschieden wird sein können. Speziell von den Stab- und Schraubenformen mag hervorgehoben sein, dass die Zellen meist zu kurzen Reihen derart verbunden bleiben, dass das Stäbchen oder die Schraube thatsächlich aus mehr als einer Zelle besteht und dann, nach einer bestimmten Vermehrung der Gesamtlänge und Gliederzahl, an der ältesten Teilungsstelle in zwei getrennt wird. — Die Worte Leptothrix, Mycothrix und andere bezeichneten früher die längeren Fadenformen.

b) In einer Fläche und nach drei Dimensionen genetisch geordnete

Zellverbände sind nach dem oben Gesagten seltener; für erstere sind die merismopediaartigen Zustände mancher Mikrokokken zu nennen; für letztere die würfelförmigen Zellpackete der Sarcinaarten.

Neben diesen Erscheinungen des genetischen Verbandes und mit ihnen mannigfach kombiniert treten eine Reihe von Gruppierungen, wie man kurz sagen kann, auf, welche ihre Ursachen haben einmal und zum guten Teil in der Menge, der Kohäsion und sonstigen spezifischen Eigenschaften der jedesmal gebildeten Gallertmembranen, sodann, hiermit wiederum kombiniert, in den verschiedenartigsten spezifischen Eigentümlichkeiten, welche nicht allgemein kurz definiert werden können und ihre Erklärung, allerdings leider nur zu geringem Teile, bei der späteren Betrachtung der Lebensprozesse finden werden. Weiter ist dann die Beschaffenheit, zumal der Aggregatzustand des Substrats eventuell von Einfluss auf die Gruppierung.

Geringe Mächtigkeit der Gallerthülle und höchstgradige, bis zum Zerfließen gehende Quellbarkeit derselben wird Trennung der Zellen oder einfachsten Verbände voneinander zur Folge haben, wenn sie in Flüssigkeit wachsen. Mächtige Entwicklung und engbegrenzte Quellbarkeit der Gallerte wird in der gleichen Flüssigkeit die Zellen zu kompakten Gallertmassen zusammenhalten. Das sind die Extreme, welche sich thatsächlich finden, nebst allen Abstufungen zwischen denselben. Die festeren Gallertmassen werden mit dem alten Namen Palmella oder mit dem jetzt üblichen neueren Zoogloea benannt; minder scharf umschriebene Zooglöen, um kurz zu reden, kann man anschaulich Schwärme nennen. Je nach ihrem spezifischen Gewichte schon wird eine Zoogloea oder ein Schwarm in der gleichen Flüssigkeit an der Oberfläche schwimmen oder zu Boden sinken. Je nach weiteren spezifischen Eigenschaften werden sich dann ihre Gesamtform und die Gruppierung der Einzelverbände in ihr gestalten.

Um dies nur an einigen Beispielen einstweilen zu erläutern, stehen hier drei Kolben mit der gleichen, 8—10procentigen Lösung von Traubenzucker und Fleischextrakt in Wasser. In dem einen ist die Flüssigkeit ziemlich gleichförmig getrübt von den kurzen, beweglichen Stäbchen des Bacillus Amylobacter. In dem zweiten ist die Oberfläche der wenig trüben Flüssigkeit bedeckt von einer weißen, runzligen oben trockenen Haut, welche dem B. subtilis, dem sogenannten Heubacillus, angehört. In dem dritten bilden die Fäden des dem letzteren sonst ähnlichen Milzbrandbacillus, B. anthracis, einen flockigen Bodensatz in der klaren Flüssigkeit. Diesen Bodensatz kann man kaum Zoogloea nennen, eher Schwarm, wenn man will. Jene Heubacillusdecke ist schon eine Zoogloea von charakteristischer Spezialgestalt. Mehr oder minder ähnliche Bildungen findet man oft genug in Flüssigkeiten, welche zersetzbare organische Körper enthalten. Höchst charakteristische, in Flüssigkeit entwickelte Zooglöen sind der sogenannte Froschlaich in Zuckerfabriken und der Kefir. Ersterer ein rundzelliges Bacterium, Leuconostoc (Streptococcus mesenterioides), mit massiger, kompakter Gallerthülle, welches als froschlaichähnliche Masse ganze Bottiche erfüllen kann. Es wird noch später besprochen werden. Kefirkörner nennt man Körper, welche von den Bewohnern des Kaukasus benutzt werden bei der Bereitung eines säuerlichen, kohlensäurereichen Getränkes aus der Milch. Die Kefirkörner sind im frischen lebenden Zustande weiße Körper von meist unregelmäßig rundlicher Form. Sie erreichen die Größe einer Wallnuss und darüber. Ihre Oberfläche ist kraus lappig, stumpf-höckerig und gefurcht, blumenkohlähnlich. Sie sind von fest und zäh gelatinöser Konsistenz — nach dem Austrocknen bei gelblicher Färbung knorpelig spröde — und bestehen ihrer Hauptmasse nach aus einem stabförmigen Bacterium. Die Stäbchen dieses sind großenteils zu Fäden verbunden, welche in zahllosen Zickzackbiegungen eng durcheinander geflochten und mittelst ihrer zähen Gallertmembranen fest vereinigt sind. Hinzugefügt muss hier werden, dass die Bakterienfäden nicht die einzigen Formbestandteile des Kefirkornes sind. Zwischen ihnen eingeschlossen finden sich vielmehr, zumal in der Peripherie, zahlreiche Gruppen eines (bierhefeähnlichen) Sprosspilzes, welcher mit dem Bacterium gemeinsam wächst und gemeinsamen Haushalt führt; er steht jedoch dem Bacterium an Masse beträchtlich nach und ist bei der Zoogloeabildung nur passiv beteiligt.

Wachsen Bakterien anstatt in Flüssigkeiten auf nur nassem oder feuchtem, festem Boden, so tritt die Gruppierung zu Zooglöen auch bei solchen Formen leicht ein, welche innerhalb größerer Flüssigkeitsmenge durch die Zerfließlichkeit ihrer Gallerthüllen auseinandergehen. Die auf dem nur feuchten Substrat beschränktere Wasserzufuhr lässt die Gallerte dann nicht bis zum Zerfließen aufquellen. Auf getöteten Kartoffeln, Rüben u. dergl. sieht man oft Gallertklümpchen von weißer, gelblicher und anderer Färbung auftreten, welche derartige Bakterienanhäufungen sind. Im Wasser zerfließen sie. Einen Spezialfall hiervon stellt z. B. die vielbeschriebene Erscheinung des Blutwunders dar, des Bacillus prodigiosus (Monas prodigiosa Ehrenberg). Auf stärkereichen Substanzen,

wie gekochten Kartoffeln, Brot, Reis, Oblaten erscheinen blutrote
feuchte Flecke, die sich manchmal schnell und weit ausbreiten.
Ihre Blutfarbe hat, wo sie unerwartet in Gegenständen menschlichen
Haushaltes erschienen, zu allerlei Aberglauben Anlass gegeben. Sie
bestehen aus einem der oben erwähnten farbstoffbildenden Bakterien,
welches den genannten Namen führt.

Entsprechend der oben angegebenen, nach den ungleichnamigen
Formen ungleichen Gruppierung in der gleichen Flüssigkeit sind auch
die Gestaltungen der Zooglöen auf festem Boden vielfach für un-
gleichnamige Formen verschieden.

Aus allen diesen auf die Gruppierung bezüglichen Thatsachen
ergiebt sich, dass dieselben sehr wertvolle Merkmale für Charakterisierung und Unterscheidung der Formen abgeben können; um so wert-
voller, je schwieriger bei der geringen Größe die mikroskopische
Unterscheidung der Einzelzellen oft ist. In den Gruppierungserschei-
nungen treten spezifische Gestaltungseigenschaften, welche an der
Einzelzelle zwar vorhanden sein müssen, aber mit den uns zu Gebote stehenden Mitteln nicht oder nur schwer erkannt werden können, gleichsam angehäuft in größerem Maße hervor. Es ist das aber
nichts Absonderliches. Von vielen, im Vergleich zu den Bakterien
riesengroßen und reich gegliederten Zellen können wir, wenn sie
einzeln vorliegen, nicht mit Sicherheit sagen, ob sie einer Lilien-
oder einer Tulpenpflanze angehören. In ihrer natürlichen Vereinigung oder Gruppierung aber bauen die einen immer nur die Tulpe,
die anderen die Lilie auf, und hieran erkennt man, dass sie verschieden sind.

III.

Entwicklungsgang.   Endospore und sporenlose Bakterien.

Die verschiedenen Gestaltungen und Gruppierungen, von welchen
in den vorigen Abschnitten die Rede war, bedeuten zunächst nichts
weiter als bestimmte, mit jeweils bestimmten Namen bezeichnete
Formen der Erscheinung, so wie sie sich zu irgendeiner Zeit der
Beobachtung darbieten, und ohne Rücksicht darauf, woher sie stammen

und was später aus ihnen wird.   Sie sind Formen der vegetativen
Entwicklung, Wuchsformen, wie man kurz sagen kann, entsprechend jenen, welche wir bei höheren Gewächsen etwa bezeichnen mit den Worten Baum, Strauch, Staude, Zwiebelgewächs u. s. w.
Die reinen Gestaltungsformen entsprechen selbst nur einzelnen Gliedern
bestimmten Wuchses, wie Holzstamm, Ranke, Knolle, Zwiebel u. s. f.

Will man wissen, was eine Ranke oder eine Zwiebel in der
Kette der Erscheinungen zu bedeuten hat, will man das von irgend
einer Erscheinungsform lebender Wesen überhaupt wissen, so muss
man die oben angedeutete Frage beantworten, wo kommt sie her
und was wird aus ihr, oder nach der üblichen Sprache ausgedrückt,
welches ist ihr Entwicklungsgang.   Denn jede Form eines lebenden
Wesens, die wir zu irgendeiner Zeit fixieren, mag sie auch in Mil-
lionen Exemplaren vorhanden sein, ist nur ein Glied in einer Kette
periodischer Bewegungen, die mit einem gesetzmäßigen Wechsel der
Formen einhergehen.

Wenn wir daher die Bakterien näher kennen lernen wollen,
müssen wir jetzt nach ihrem Entwicklungsgang fragen.

Soweit die jetzigen Kenntnisse reichen, ist derselbe nicht bei
allen ganz gleich.   Man muss vielmehr zwei Gruppen unterscheiden,
von denen die eine Endosporen bildet, während der anderen diese
Fähigkeit abgeht.

Die Endosporenbildung ist bei verschiedenen Gattungen beobachtet worden, am meisten innerhalb der Familie der Stäbchenbakterien,
bei Bacterium und Bacillus; seltener ist sie bei Pseudomonas, am
seltensten bei Spirillum.   Bei den übrigen Gattungen scheint sie
nicht vorzukommen.   Sie mag hier bei Bacillus Megaterium erläutert
werden.

Die Bacillen sind auf der Höhe der Vegetation stabförmige oder
kurz cylindrische Zellen von den vorhin beschriebenen Eigenschaften,
einzeln oder zu wenigzelligen »Stäbchen« oder längeren Fäden im
Verbande bleibend, beweglich oder bewegungslos, in lebhaftem
Wachstum und Teilung (Fig. 4 a—c).   Diese erlöschen schließlich,
und nun beginnt die Bildung eigenartiger Reproduktionsorgane,
Sporen.   Soweit man diesen Vorgang verfolgen kann, fängt er an
mit dem Auftreten eines relativ sehr kleinen, punktförmigen Körn-
chens in dem Protoplasma einer bisher vegetativen Zelle.   Dasselbe
nimmt an Volumen zu und erweist sich bald als ein länglicher oder
runder, stark lichtbrechender, scharf umschriebener Körper, der
schnell, manchmal schon in wenigen Stunden seine definitive Größe

erreicht und dann die fertige Spore darstellt (*d—f*). Diese bleibt immer kleiner als ihre Mutterzelle. Protoplasma und sonstiger Inhalt letzterer schwindet in dem Maße, als die Spore wächst, wird also ohne Zweifel zu Gunsten letzterer verbraucht, bis schließlich die Spore innerhalb der zarten Membran der Mutterzelle nur mehr in wasserheller Substanz suspendiert erscheint (*r*, h_1).

Im einzelnen finden bei diesen Vorgängen mancherlei diagnostisch wertvolle Verschiedenheiten statt, zumal in der Gestaltung. Bei Bacillus Megaterium, subtilis, Bacterium anthracis z. B. ist die Gestalt der sporenbildenden Zelle nicht von jener der vegetierenden verschieden, die fertige Spore aber bei den beiden letztgenannten viel kürzer, bei Bact. anthracis kaum schmäler, bei Bac. subtilis oft etwas breiter als die Mutterzelle; bei B. Megaterium wenig kürzer als die relativ kurze Mutterzelle, aber viel schmäler (vgl. Fig. 4 u. Fig. 6 S. 20).

Andere Arten zeigen die Sporen immer nach allen Richtungen viel kleiner als die Mutterzelle und diese schon vor oder während der Sporenbildung von den cylindrischen vegetativen dadurch ausgezeichnet, dass sie zu spindel- oder eiförmiger Gestalt dauernd anschwellen, sei es in ihrer ganzen Ausdehnung, sei es an dem Orte, wo die Spore

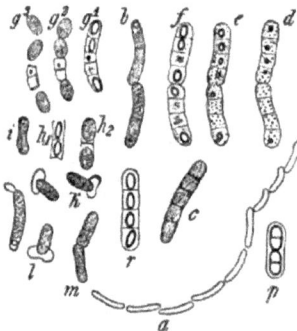

Fig. 4.

Fig. 4. Bacillus Megaterium. *a* Umriss einer lebhaft vegetierenden und beweglichen Stäbchenkette, 250mal vergr. Die übrigen Figuren nach 600facher Vergrößerung. *b* lebhaft vegetierendes bewegliches Stäbchenpaar, *p* ein vierzelliges Stäbchen dieses Zustandes nach Einwirkung alkoholischer Jodlösung. *c* fünfzelliges Stäbchen in der ersten Vorbereitung zur Sporenbildung. *d—f* successive Zustände eines sporenbildenden Stäbchenpaares, *d* um 2 Uhr Nachmittags, *e* etwa 1 Stunde später, *f* 1 Stunde später als *e*. Die in *f* angelegten Sporen sind gegen Abend reif; andere wurden nicht gebildet, die in der drittoberen Zelle von *d* und *e* anscheinend angelegte verschwand vielmehr; die in *f* nicht sporenführenden Zellen waren um 9 Uhr Abends abgestorben. — *r* viergliedriges Stäbchen mit reifen Sporen. — g^1 fünfgliedriges Stäbchen mit 3 reifen Sporen, nach mehrtägiger Eintrocknung in Nährlösung gebracht, 12 Uhr 30 Mittags. g^2 dasselbe Exemplar um 1 Uhr 30, g^3 dasselbe um 4 Uhr. — h_1 zwei eingetrocknete und dann in Nährlösung gebrachte Sporen mit ihren Mutterzellmembranen, um 11 Uhr 45. h_2 dieselben um 12 Uhr 30. *i, k, l* spätere, im Texte, S. 19 erklärte Keimungsstadien. — *m* ein in Quertrennung begriffenes Stäbchen, aus einer vor 8 Stunden in Nährflüssigkeit gebrachten Spore erwachsen.

liegt und welcher sich dann gewöhnlich an einem Ende befindet. In dem letzteren Falle sowohl als dann, wenn einer ganz angeschwollenen Mutterzelle noch cylindrische einseitig anhängen, kommt die Erscheinung zustande, welche früher als Köpfchenbakterien beschrieben worden ist: cylindrische Bakterien mit einer (kopfartigen) sporenführenden Anschwellung am Ende. Beispiele dieser Art sind Bacillus tetani, B. Ulna u. a m.

Bei dem B. Amylobacter und dem Spirillum amyliferum van Tieghem's geht die oben (S. 5) beschriebene Granulosebildung dem Auftreten der Spore voraus, und der Ort, wo letzteres beginnt, ist durch Mangel der Granulose ausgezeichnet. Er erscheint in Jodlösung als ein blassgelber, ein Ende einnehmender Ausschnitt in dem übrigen blau werdenden Stäbchen, ist übrigens auch schon ohne Reagens durch schwächere Lichtbrechung unterschieden. Mit dem Heranwachsen der Spore schwindet die Granulose. Nach Prazmowski ist dieselbe übrigens auch bei B. Amylobacter nicht immer vor der Sporenbildung vorhanden. Bei anderen Bakterien, z. B. den drei vorhin erstgenannten, findet sie sich nie; das Protoplasma ist hier vor der Sporenbildung nicht verändert oder höchstens etwas undurchsichtiger, bei größeren Formen deutlicher feinkörnig.

Es giebt noch einen anderen Modus der Sporenbildung, welcher bis jetzt bei wenigen Sumpfwasserbakterien (8) beobachtet worden ist. Hier erscheint nämlich die Sporeninitiale von Anfang an in der meist etwas aufgebauchten Mutterzelle in gleicher Größe oder sogar größer als später die reife Spore. Sie ist nur schwach lichtbrechend und wird erst bei der Reifung allmählich stärker lichtbrechend, kontrahiert sich auch meist etwas.

Eine Mutterzelle bildet in der weitaus überwiegenden Mehrzahl der Fälle nur eine Spore. Das ist fast immer mit Sicherheit nachzuweisen, und die wenigen, in den vorliegenden Beschreibungen enthaltenen Angaben, nach welchen anderes, nämlich die Bildung von zwei Sporen in einer Zelle, stattfände, sind unsicher, weil sie keine Garantie gegen das etwaige Übersehen von Zellgrenzen oder sonstige Irrungen enthalten. Nur bei zwei von A. Koch (9) beschriebenen Bakterienarten, Bacillus ventriculus und B. inflatus, sowie bei einem von A. Frenzel in den Excrementen von Anurenlarven in Argentinien entdeckten »grünen Kaulquappenbacillus« kommt es nicht selten zur Bildung von 2 Sporen in einer Zelle (Fig. 5 A).

In den Kulturen findet die Sporenbildung gewöhnlich statt, wenn das übrige Wachstum deshalb stille steht, weil das Substrat zu

seiner Unterhaltung ungeeignet geworden ist, sei es, dass sein Gehalt
an Nährstoffen aufgebraucht, erschöpft ist, wie man zu sagen
pflegt, sei es, dass die Menge beigemischter Zersetzungsprodukte der
vegetativen Entwicklung hinderlich wird. Die Sporenbildung erstreckt sich dann rasch über die Mehrzahl der Zellen und Spezial-
verbände einer reichlich vorhandenen Form. Einzelne dieser bleiben
wohl davon ausgeschlossen, in manchen sieht man auch wohl Sporenbildung beginnen, aber nicht zu Ende geführt werden. Alle diese
an der normalen Sporenbildung nicht teilnehmenden Zellen sterben
dann ab und zerfallen, wenn sie nicht rechtzeitig in frisches Substrat
gebracht werden.

Bei anderen Bacillen, z. B. B. Amylobacter, verhält sich das
aber anders. Die Sporenbildung beginnt hier in einzelnen Zellen
und erstreckt sich nach und nach auf immer mehr derselben, wäh-

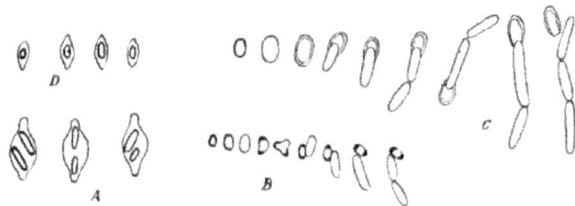

Fig. 5.

rend zahlreiche andere fortfahren zu wachsen und sich zu teilen.
Man darf daher das Ungeeignetwerden des Substrats für die Vegetation nicht für die allgemein bestimmende Ursache der Sporenbildung halten.

Sporen nennt man allgemein solche Zellen, welche von einer
Pflanze abgegliedert werden, um unter geeigneten Bedingungen wiederum zu einem neuen vegetierenden Pflanzenkörper heranzuwachsen.
Der Beginn dieses letzteren Vorgangs wird Keimung genannt. Dem
entsprechenden Verhalten verdanken die Körper, welche uns beschäftigen, den Namen, unter welchem sie eingeführt wurden.

Sind sie völlig erwachsen, reif, so wird die Mutterzellmembran
nach und nach verquollen oder aufgelöst, die Sporen hierdurch be-

Fig. 5. A Bacillus inflatus A. Koch (2000/1). B Bacillus subtilis,
Keimung der Sporen (1000/1). C Bacillus Amylobacter van Tieghem, Sporen-
keimung (1000/1). D Bacillus Amylobacter mit Sporen 1000/1). — (A nach
A. Koch, B, C nach Prazmowski, D nach Migula.)

freit. Sie behalten ihre oben beschriebene Beschaffenheit: je nach Species runde, eiförmige, stabförmige, selten anders gestaltete Körper, dunkel konturiert und gewöhnlich farblos, aber mit eigentümlich bläulichem Glanze, bei Pseudomonas erythrospora, nach Cohn, rötlich. Um den dunkeln Kontur erkennt man oft eine sehr blasse, augenscheinlich weich gelatinöse Hülle, welche die Spore entweder ringsum gleichmäßig überzieht oder an beiden Enden stärker und zu Fortsätzchen ausgezogen ist.

Dass die Spore eine von dünner, aber recht derber, durch den dunkeln Kontur innerhalb der Gallerthülle angegebener Membran umgebene Zelle ist, zeigt sich bei der Keimung. Diese tritt ein, wenn die reife Spore in die zur Vegetation der Species geeigneten Bedingungen, Zufuhr von Wasser, geeigneten Nährstoffen und günstige Temperatur gebracht wird. Sie beginnt damit, dass die Spore die starke Lichtbrechung, den Glanz und dunkeln Umriss verliert, das Ansehen einer vegetierenden Zelle annimmt und gleichzeitig heranwächst zu dem Volumen und der Gestalt der vegetativen Zelle, welcher sie den Ursprung verdankt. In dem Maße, als sich dies vollzieht, tritt bei den lokomobilen Arten die Bewegung ein. Dann folgt Wachstum, Teilung, Gruppierung, wie sie für die vegetierenden Zustände oben beschrieben worden sind und mit abermaliger Sporenbildung zuletzt ihr Ende erreichen. Oft vergehen nur wenige Stunden zwischen dem ersten merkbaren Beginn der Keimung und lebhaftem vegetativem Wachstum. Vgl. oben, Fig. 4, *h—m*.

Wenn die erste Streckung begonnen hat, so sieht man oft eine aufgerissene Membran von der Außenfläche der wachsenden Zelle sich abheben, augenscheinlich abgehoben werden durch eine die neue Membran der Zelle umgebende, quellende gelatinöse Außenschicht. Je nach der Species geht der Riss durch die Membran der Länge nach oder quer über die Mitte. Ersteres ist nach Prazmowski bei Bac. Amylobacter der Fall und kommt auch bei anderen Arten vor. Letzteres findet z. B. statt bei B. Megaterium (Fig. 4) und B. subtilis (Fig. 6 *B*); der Querriss geht dabei entweder ganz durch, sodass jedem Ende der Zelle eine Membranhälfte als Kappe aufsitzt; oder die Hälften bleiben an einer Seite zusammenhängen, sodass die wachsende Zelle aus einem klaffenden Spalt hervortreten muss (vgl. Fig. 6, *h—l*). Die aufgerissene Membran ist meist zart und blass. Nur bei Bac. subtilis behält sie anfangs den Glanz und dunkeln Umriss der ungekeimten Spore, sodass es wahrscheinlich wird, dass diese

2*

Erscheinungen von der Membran herrühren. Früher oder später verquillt die aufgerissene Membran und entschwindet der Beobachtung. Von sehr frühzeitiger Verquellung rührt es wohl her, dass man manchmal, z. B. bei Bac. Megaterium, Amylobacter, an den einen keimenden Sporen keine deutliche Membranabhebung sieht, während sie bei anderen vorhanden ist, und dass man bei anderen Arten, z. B. Bact. anthracis, unter gewissen Verhältnissen überhaupt keine Membranabhebung findet. Wahrscheinlich sind bei den Bakteriensporen zwei gesonderte Sporenhäute vorhanden, eine äußere derbere und eine innere zarte. Die letztere kommt jedoch fast niemals zur Wahrnehmung, nur bei einer Art, Bacterium Petroselini, werden beide Sporenhäute nacheinander abgestreift. (10)

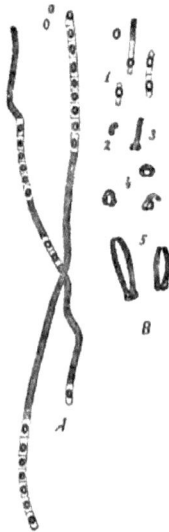

Fig. 6.

Das Längenwachstum der ersten Zelle bei der Keimung hält immer die gleiche räumliche Richtung ein, welche die Längsachse der Spore resp. der Mutterzelle dieser hatte. Dies gilt auch für Bacillus subtilis (Fig. 3), welcher sich auf den ersten Blick anders zu verhalten scheint. Aus dem klaffenden Querriss der Sporenmembran tritt hier nämlich die stabförmige erste Keimzelle gewöhnlich so hervor, dass ihre Längsachse jene der Spore rechtwinklig kreuzt. Das rührt aber nicht von einer entsprechenden Divergenz des Längenwachstums, sondern daher, dass hier die Keimzelle, wenn sie einige Länge erreicht hat, eine Schwenkung um 90 Grad macht und hierdurch nach einer Seite, rechtwinklig zur Sporenlängsachse, aus dem Membranriss hervorsteht. Augenscheinlich wird die Keimzelle zu der Schwenkung veranlasst durch den Widerstand, den die hier sehr elastische und immer nur

Fig. 6. Nach 600facher Vergr. gezeichnet. *A* Bacterium anthracis. Zwei teilweise in vorgeschrittener Sporenbildung stehende Fäden, oben zwei reife, frei gewordene Sporen. Aus einer Objektträgerkultur in Fleischextraktlösung. Die Sporen sind bei der Ausführung etwas zu schmal geworden; sie füllen die Mutterzelle der Quere nach nahezu vollständig aus. *B* Bacillus subtilis. *1* Fadenfragmente mit reifen Sporen. *2* Beginn der Sporenkeimung; Außenwand quer aufgerissen. *3* Junges Stäbchen in der gewöhnlichen Querstellung aus der Sporenwand hervorsehend. *4* Keimstäbchen in Hufeisenkrümmung eingeklemmt, das eine später mit einem Ende befreit. *5* Mit beiden Enden eingeklemmt gebliebene und schon stark herangewachsene Keimstäbchen.

einseitig aufgerissene Sporenmembran der Längsstreckung entgegensetzt. Bei sehr schnellem Wachstum können beide Enden des
jungen Stäbchens in der Membran stecken bleiben, und die Mitte
krümmt sich alsdann bogig aus der Oeffnung hervor. Erst später,
wenn Teilung und Zergliederung in Teilstäbchen eingetreten ist,
strecken sich diese wieder gerade.

Man nahm früher noch eine andere Form der Sporenbildung
an, welche in ähnlicher Weise wie bei den Spaltalgen erfolgen sollte
und deshalb ebenfalls wie bei diesen als Arthrosporenbildung
bezeichnet wurde. Zu diesen arthrosporen Bakterien wurden dann
alle Arten gerechnet, bei denen eine Endosporenbildung nicht bekannt
war. Man hatte also zwei Reihen, endospore und arthrospore Bakterien, die sich ziemlich unvermittelt gegenüberstanden und für die
man sogar verschiedene Ableitung annahm. Die Arthrosporen waren
dann freilich sehr heterogene Dinge, bei vielen Arten von der gleichen
Form wie die vegetativen Zellen, mitunter etwas abweichend gestaltet.
In physiologischer Hinsicht waren sie ebenso verschieden; teils
repräsentierten sie Dauerzustände und entsprachen damit einigermaßen den Endosporen, teils dienten sie ausschließlich der Vermehrung und keimten sofort nach ihrer Abtrennung aus dem Verbande. Was Widerstandsfähigkeit gegen äußere schädliche Einflüsse
anbetrifft, so zeigten die Arthrosporen kaum andere Eigenschaften
als die vegetativen Zellen. Eine Keimung wie bei den Endosporen
oder den Sporen der Kryptogamen überhaupt als einem von der
Entwicklung vegetativer Zellen verschiedenem Prozess kam ihnen,
abgesehen von den Conidien der Chlamydobakterien, die ebenfalls
hierher gerechnet wurden, nicht zu. Wo solche Keimung von Arthrosporen beobachtet wurde, wie bei dem Froschlaichpilze, Streptococcus mesenterioides, scheinen sich sowohl Arthrosporen wie Keimung auf Beobachtungsfehler zurückführen zu lassen (11). Man hat
deshalb mit Recht die Annahme von einer Arthrosporenbildung bei
den Bakterien in neuester Zeit meist fallen gelassen, zumal man im
allgemeinen noch sehr wenig darüber orientiert ist, welche Bakterienarten Endosporen bilden und welche nicht.

Wesentlich anders als die Endosporenbildung verläuft die Conidienbildung bei den hochentwickelten, fadenbildenden Chlamydobakteriaceen oder Scheidenbakterien. Schon der Zweck, dem Endosporen
und Conidien dienen, ist bei beiden ein ganz verschiedener. Während
die ersteren Dauersporen sind und nur die Bedeutung haben, die
Art während der Dauer ungünstiger Lebensbedingungen am Leben

zu erhalten, dagegen in keiner Weise zu einer Vermehrung der Indi-
viduenzahl beitragen, dienen die Conidien ausschließlich der Indivi-
duenvermehrung und haben nicht im mindesten die Eigenschaften
von Dauerzellen. Deshalb entstehen die Endosporen in der Regel
erst, wenn die Bedingungen für die vegetative Entwicklung der Art
ungünstig geworden sind, und sie keimen erst bei Wiedereintritt
besserer Lebensverhältnisse; die Conidien der Scheidenbakterien entstehen dagegen fortwährend, wobei sich der Bakterienfaden vegetativ
weiter entwickelt, und sie keimen unter denselben Bedingungen in
der Regel bald, nachdem sie sich vom Mutterkörper losgelöst haben.

In den einzelnen Gattungen ist die Entstehung und der Charakter
der Conidien noch sehr verschieden. Bei der am einfachsten orga-
nisierten Gattung, die man mit dem Namen Chlamydothrix bezeichnen
kann, sind es von dem Zellfaden losgelöste und aus der Scheide aus-
gestoßene, unbewegliche vegetative Zellen, die zu neuen Fäden heranwachsen. Bei der weit höher stehenden Crenothrix kommen sie
dadurch zustande, dass sich die vegetativen Zellen meist durch Teilung nach 3 Richtungen des Raumes in kleine, würfelförmige Zellen
teilen, die sich abrunden und dann ein von den vegetativen Zellen
wesentlich verschiedenes Aussehen annehmen. Auch sie sind unbeweglich. Bei Sphaerotilus dichotomus (Cladothrix dichotoma) endlich
werden die cylindrischen Zellen mehr länglich-eiförmig und erhalten
ein seitlich unterhalb eines Poles inseriertes Geißelbüschel, mithilfe
dessen sie als schwärmende Conidien die Scheide verlassen und sich
irgendwo in der Nähe ansiedeln. Alle Conidien keimen bald zu
neuen Zellfäden aus.

IV.

Die Species. Negation distinkter Species. Unzureichende Begründung derselben. — Untersuchungsmethode. — Verwandtschaften und Stellung der Bakterien im System.

Nachdem wir den Entwicklungsgang der Bakterien in seinen
Hauptzügen kennen gelernt haben, kommen wir zu der vielfach dis-
kutierten Frage, ob und wieweit es unter den Bakterien im Sinne der
Naturbeschreibung spezifisch unterscheidbare Formen, Species,

Arten giebt. Die Species werden unterschieden nach dem Entwicklungsgang. Die Gesamtheit der Einzelwesen und Generationen,
welche während der zu Gebote stehenden Beobachtungszeit den gleichen, periodisch wiederholten Entwicklungsgang — innerhalb empi-
risch bestimmter Variationsgrenzen — zeigen, nennt man Species.
Wir beurteilen den Entwicklungsgang nach den successive in ihm
auftretenden Gestaltungen. Diese bilden die Merkmale für die Erkennung und Unterscheidung der Species. Bei höheren Pflanzen und
Tieren ist man gewöhnt, die Merkmale vorzugsweise von einem
Abschnitte des Entwicklungsganges herzunehmen, nämlich von dem,
in ,welchem sie möglichst scharf hervortreten. Man erkennt den
Vogel besser »an den Federn« als z. B. an den Eiern. Dieses ab-
gekürzte Unterscheidungsverfahren ist zweckmäßig, wo es einen solch
prägnanten Entwicklungsabschnitt giebt, der die Berücksichtigung
anderer überflüssig macht. Das geht aber nicht überall. Je einfacher die Gestaltung eines Organismus sind, desto größer muss die
zur Charakterisierung und Unterscheidung notwendige Entwicklungs-
strecke werden, desto mehr hat man zur Unterscheidung nötig,
den ganzen Entwicklungsgang der Arten, von dem Ei der ersten
bis zum Ei der nächsten Generation, wenn ich bei dem Bilde bleiben
darf, zu vergleichen. Gelingt es auf diesem Wege, irgendein brauch-
bares Einzelmerkmal zu finden, so ist das sehr angenehm; man darf
sich aber auf diese Auffindung nicht allzusehr verlassen.

Die Erfahrung hat gelehrt, dass verschiedene Species sich bezüglich der in ihrem Entwicklungsgang successive auftretenden Gestaltungen sehr ungleich verhalten können. Bei den einen kehren immer
die gleichen successiven Gestaltungen mit relativ geringen individuellen
Schwankungen oder Variationen wieder. Man kann sie gleichför-
mige Species nennen. Die meisten gewöhnlichen, höheren Pflanzen
und Tiere sind Beispiele hierfür und nicht minder viele niedere,
einfachere. Man kann sie bei einiger Erfahrung leicht unterscheiden,
selbst nach einzelnen aus dem Entwicklungszusammenhang getrennten Stücken. Jedes einzelne abgerissene Blatt genügt z. B., um eine
Rosskastanie zu erkennen.

Die anderen Arten sind vielgestaltig, pleomorph, sie können
selbst in den gleichnamigen Entwicklungsabschnitten unter sehr ungleichen Gestalten auftreten, teils nach der Einwirkung bekannter
und experimentell willkürlich zu ändernder äußerer Ursachen, teils
nach inneren Ursachen, welche der Analyse derzeit nicht zugänglich
sind. Im Gegensatz zu der erwähnten Rosskastanie bildet z. B. der

weiße Maulbeerbaum, ohne feste Regel der Aufeinanderfolge, sehr
ungleiche Laubblätter, die einen einfach herzförmig, andere tief ge-
buchtet und gelappt. Nach einem der letzteren kann man die Species
nicht erkennen, wenn man zufällig vorher nur die herzförmigen gesehen hat. Bei niederen Pflanzen, sie brauchen noch lange nicht
wie die Bakterien zu den einfachsten und kleinsten zu gehören, tritt
dieses oft noch in viel höherem Maße hervor. Viele größere Pilze,
z. B. die Mucorformen, grüne Algen, wie Hydrodictyon und das
merkwürdig pleomorphe Botrydium granulatum, zeigen solche Erscheinungen in der auffallendsten Weise, zumal wenn das bei solchen
Gewächsen häufige Verhalten hinzukommt, dass die successiven Ent-
wicklungsglieder nicht miteinander in länger dauerndem Zusammenhang bleiben, wie die Laubblätter des Maulbeerbaums, sondern sich
voneinander trennen und einzeln für sich vegetieren. Findet man
dann die einzelnen gesonderten Dinge, und ist man nach der Erfahrung mit der Kastanie gewöhnt, nach der Einzelform jedesmal
eine Species zu unterscheiden, so gerät man in Irrtümer, deren
die Geschichte genug aufzuweisen hat. Sieht man aber zu, wie jede
Einzelform sich weiter entwickelt und wie sie entstanden ist, so er-
gibt sich für alle der gleiche Gang und die Herkunft von und das
Zurückkehren zu den gleichen Anfängen resp. Entwicklungszielen.

Die pleomorphen Species sind also von den relativ einförmigen
nur verschieden durch den mannigfaltiger gestalteten und gegliederten
Entwicklungsgang, die Qualitäten der Species aber kommen ihnen
nicht minder zu wie jenen anderen.

Für die Species der Bakterien sind nun zwei im Extrem sehr
verschiedene Ansichten ausgesprochen worden.

Nach der einen verhält es sich mit ihnen wie mit den Nichtbakterien, d. h. allen übrigen Pflanzen und Tieren, sie sondern sich
also in Species, wie diese. Das galt als selbstverständlich für die
älteren Beobachter, seit der ersten Entdeckung der Bakterien durch
Leeuwenhoek (12) bis zu der im Anfang der siebziger Jahre von
Ferd. Cohn (13) begonnenen intensiveren und ausgedehnteren Bearbeitung dieser Wesen. Im Anschluss an seine älteren Vorgänger,
zumal Ehrenberg (14), suchte Cohn die ihm und anderen bekannt
gewordenen Formen übersichtlich zu klassificieren. Es galt, in das
vorhandene, der Durcharbeitung bedürftige Material einmal provisori-
sche Ordnung zu bringen, und dabei durfte oder musste von der —
allerdings noch zu beweisenden — Annahme ausgegangen werden,
dass eine bestimmte Form, wie bei den obigen relativ gleichförmigen

Arten, jedesmal eine Species charakterisiert. Die Species wurden daher nach Gestalt, Wuchsform und mit Zuhilfenahme ihrer Wirkungen auf das Substrat unterschieden und dann weiter klassificiert. Die oben für bestimmte Wuchsformen, wie Baum und Strauch, angewandten Namen Coccus, Spirillum, Spirochaete etc. wurden zur Bezeichnung bestimmter naturhistorischer Gattungen, wie Birke, Kastanie u. s. w. angewendet, Formgattungen, wie wir nach diesem Thatbestand sagen können.

Ob diese Formgattungen und Formspecies wirklich in allen Punkten mit Gattungen und wirklichen Arten der Naturbeschreibung sich deckten oder nicht, ließ Cohn ausdrücklichst dahingestellt und fernerer Untersuchung vorbehalten.

In Gegensatz zu der in Cohn's provisorischer Klassifikation ausgesprochenen Anschauung traten andere, welche in ihrer extremsten Fassung distinkte Species unter den Bakterien überhaupt in Abrede stellen. Die Formen, welche beobachtet werden, sollen wechselsweise auseinander hervorgehen, die eine in die andere umzüchtbar sein durch Wechsel der Lebensbedingungen; mit diesem Wechsel soll dann auch, was strenggenommen nicht in die gegenwärtige Betrachtung gehört, eine Veränderung in der Wirkung auf das Substrat eintreten können. Einen prägnanten Ausdruck erhielt diese Anschauung 1874 in einem großen Buche von Billroth (15), welcher alle von ihm untersuchten Formen, und es sind ihrer zahlreiche und mannigfaltige, in eine Species zusammenfasst, die er Coccobacteria septica nennt. Die gleichen Anschauungen vertreten Nägeli (16) und seine Schule seit 1877. Nägeli drückt allerdings seine Meinung auf der einen Seite vorsichtig und mit Vorbehalt aus, indem er sagt, er finde keine Nötigung, die Tausende von Bakterienformen, welche ihm vorgekommen, auch nur in zwei Species zu sondern; es sei jedoch gewagt, auf einem noch so wenig durchgearbeiteten Gebiet eine bestimmte Ansicht auszusprechen. Andererseits geht er aber bis zu dem Ausspruch: Wenn meine Ansicht richtig ist, so nimmt die gleiche Species im Laufe der Generationen abwechselnd verschiedene morphologisch und physiologisch ungleiche Formen an, welche im Laufe von Jahren und Jahrzehnten bald die Säuerung der Milch, bald die Buttersäurebildung im Sauerkraut, bald das Langwerden des Weins, bald die Fäulnis der Eiweißstoffe, bald die Zersetzung des Harnstoffs, bald die Rotfärbung stärkemehlhaltiger Nahrungsstoffe bewirken, bald Typhus, bald recurrierendes Fieber, bald Cholera, bald Wechselfieber erzeugen.

Gegenüber diesem Satze erfordern schon die praktischen Inter-
essen, über die in Rede stehende Speciesfrage eine bestimmte Ansicht zu gewinnen; denn für die medizinische Praxis z. B. ist es gewiss
nicht gleichgültig, ob ein in saurer Milch oder anderen Nahrungsmitteln überall unschädlich vorhandenes Bacterium zu irgendeiner
Zeit in eine Form umgewandelt werden kann, welche Typhus oder
Cholera erzeugt, oder ob es sich nicht so verhält. Das wissenschaftliche Interesse fordert auf alle Fälle eine Entscheidung über diese Frage.

Fortgesetzte Untersuchung hat nun schon jetzt, wie wohl behauptet werden darf, die Entscheidung geliefert und zwar dahin, dass
es sich auf dem in Rede stehenden Gebiete mit den Species und ihrer
Unterscheidung nicht anders verhält als auf anderen Gebieten
der Naturbeschreibung.

Die Species lassen sich unterscheiden, sobald man sorgfältig
genug den Entwicklungsgang verfolgt. Manche der durch Brefeld,
van Tieghem, Koch, Prazmowski näher bekannt gewordenen sind
relativ gleichförmig; sie treten in den vegetativen Abschnitten der
Entwicklung in der Regel in den gleichen Gestaltungs- oder Wuchs-
und Gruppierungsformen auf. Andere sind in dieser Beziehung mannigfaltiger. Von den oben beschriebenen endosporen Bacillen ist zumal
B. Megaterium für Gleichförmigkeit ein gutes Beispiel. Aus der
Spore erwächst ein bewegliches Stäbchen, aus dessen Wachstum
successive gleiche Stäbchengenerationen hervorgehen, bis es in diesen
wiederum zur Sporenbildung kommt. Vgl. Fig. 4 Seite 16.

B. subtilis verhält sich, bei normalem Gedeihen in Flüssigkeit,
insofern etwas anders, als aus der Sporenkeimung successive Generationen kurzer, in der Flüssigkeit beweglicher Stäbchen (Fig. 6, B_3,
S. 20) hervorgehen, die aus diesen erwachsenden, späteren Generationen aber zu langen Fäden verbunden bleiben, bewegungslos und auf
der Oberfläche der Flüssigkeit zu der S. 12 erwähnten Zoogloeahaut
gruppiert sind. In diesem Zustande bilden sie dann wiederum Sporen.
Hier ist also schon eine geringe Viel-, man kann sagen Zwei- oder,
wenn die Sporen mitgerechnet werden, Dreigestaltigkeit vorhanden,
und zwar in jedesmal regelmäßig von einer Sporengeneration zur
anderen wiederholter Folge. Auch die speziellen Gestalts- und
Größenverhältnisse bleiben dabei innerhalb bestimmter Schwankungs-
grenzen jedesmal die gleichen. Schwankungen in der bezeichneten
Richtung kommen allerdings hier vor, wie überall in den organischen
Reichen. Auch Krüppelformen können vorkommen. B. Megaterium
z. B. sah ich in ungünstigen Ernährungsverhältnissen öfters in seine

ohnehin schon kurzen Glieder sich teilweise trennen, diese sich
abrunden und auf diese Weise Kokken, wenn man so sagen will,
darstellen. Auch andere ungewöhnliche Formen traten daneben auf.
Sporenbildung trat nicht oder kaum ein. Günstige Ernährungs-
verhältnisse führten diese Krüppelformen wieder in die normalen über.

Eine größere Vielgestaltigkeit kommt den höchstentwickelten
Bakterienarten, Sphaerotilus, Crenothrix, die in einer späteren Vorlesung zu besprechen sind, zu. Indessen handelt es sich auch hier
nicht um Erscheinungen des eigentlichen Pleomorphismus, sondern
nur um eine größere Gliederung der aufeinanderfolgenden Stadien
des Entwicklungsganges. Man wird eine Sonnenrose nicht deshalb
pleomorph nennen, weil in ihrem natürlichen Entwicklungsgang
Samenkorn, Keimpflanze, blühende und fruchttragende Pflanze nacheinander folgen. Vielmehr muss man daran festhalten, nur diejenigen Pflanzen als pleomorph zu bezeichnen, die, wie oben S. 23 gesagt, in gleichnamigen Entwicklungsabschnitten unter sehr ungleichen
Gestalten auftreten können.

Wer den einschlägigen Gegenständen und Untersuchungen ferner
steht, wird nun fragen, wie es zu solch einschneidender Meinungs-
differenz wie zwischen Negation und Anerkennung von Species,
kommen kann. Die Antwort lautet, dass die Differenz ihren Grund
hat in Verschiedenheiten und auf der einen Seite in Fehlern der
Untersuchungsmethode. Ich verstehe dabei unter Methode nicht,
wie derzeit üblich, praktische Hand- und Kunstgriffe bei der Untersuchung, sondern den Gang der Fragestellung und der Beurteilung
der beobachteten Erscheinungen.

Die Species ist, wie bekannt und oben auseinandergesetzt worden
ist, nur bestimmbar durch den und nur erkennbar an dem Entwicklungsgang, und dieser besteht in der successiven Entwicklung von Formen, einer aus der anderen. Die später vorhandenen
Formen entstehen aus den früheren, als Teile dieser, sie stehen
daher mit denselben zu irgendeiner Zeit in lückenloser Kontinuität, auch wenn sie später von ihnen abgetrennt werden. Der Nachweis des Zusammengehörens in einen Entwicklungsgang kann daher
nur erbracht werden durch den Nachweis dieser Kontinuität. Jeder
andere Versuch, denselben zu erbringen, z. B. durch noch so sorgfältige Beobachtung an dem gleichen Orte nacheinander auftretender
Formen, Konstruktion einer hypothetischen Entwicklungsreihe durch
noch so genaue und geistreiche Vergleichung dieser, enthält einen
logischen Fehler. Wir unterscheiden eine Weizenspecies nach ihrem

Samen, ihrem Halm und Laub, ihren Blüten und Früchten, und
wissen, dass diese wechselsweise auseinander hervorgehen. Letzteres wissen wir aber nur durch die Beobachtung, dass und wie das
eine dieser Glieder als Teil eines der anderen entsteht. Das Weizenkorn gehört uns zur Weizenpflanze nur aus diesem Grunde, gleichviel ob es irgendwie an dieser sitzt oder abgefallen am Boden oder
ausgedroschen auf dem Speicher liegt. Dass der Halm und das Laub
zu dem Korn gehören, wissen wir aus der Beobachtung seines Entstehens als Teil des Korns, nicht aus jener, dass da, wo Weizen
gesät ist, später Weizenpflanzen wachsen. An demselben Orte
kann ja auch Unkraut wachsen.

Diese Betrachtung klingt trivial; jeder wird sie für selbstverständlich halten, und sie ist es auch. Aber sie kann nicht oft genug
wiederholt werden, denn gegen die Logik, welche sie veranschaulichen soll, wird fort und fort gesündigt, und eine Menge Konfusion
verdankt diesen Verstößen ihre Entstehung. Das kann zunächst
wieder an der Hand unseres Beispiels selbst gezeigt werden, denn
noch in den 40er Jahren wurde die Entstehung von allerlei Unkräutern aus dem Samen des Weizens behauptet und von sonst sehr
gebildeten und verständigen Leuten (17) für möglich gehalten, weil
besagte Unkräuter an den Orten aufgingen, wo Weizen gesät worden war. Wer aber am richtigen Platze nachsieht, der findet, dass
aus dem Weizenkorn entweder Weizen oder gar nichts, dass das
Unkraut nur aus dem Samen der jeweiligen Unkrautspecies erwächst,
und dass, wo diese statt des Weizens oder mit ihm aufgeht, ihr
Same auf irgendeine Art an den Ort der Aussaat gekommen ist.

Ähnliche Anschauungen und Irrtümer wie in dem Weizenbeispiel haben sich wiederholt für kleinere Objekte, Algen, Pilze,
größere sowohl wie mikroskopisch kleine. Die einzelnen Species
wurden mangelhaft erkannt, verschiedene miteinander in genetischen
Zusammenhang gebracht, weil die Kontinuitätsbeobachtung versäumt
oder mangelhaft ausgeführt und die Beobachtung der zeitlichen Aufeinanderfolge am gleichen Orte oder die Vergleichung der bei einander
vorkommenden Formen an ihre Stelle gesetzt wurde.

Je kleiner und je einfacher gestaltet die Formen sind, desto
größer ist allerdings die Schwierigkeit, unserer logischen Forderung
zu genügen, desto mehr Aufmerksamkeit gehört dazu. Bei so kleinen,
aus getrennten, wenig charakteristisch gestalteten Zellen bestehenden
Formen, wie manche niedere Pilze und die Bakterien sind, muss
man schon sehr aufpassen, ob die Aussaat Anfänge einer Species

enthält oder mehrere gemengt. Letzteres ist erfahrungsgemäß sehr
oft der Fall. An den Orten, von denen das Untersuchungsmaterial
genommen wird, kommen oft verschiedene Arten bei- und durcheinander vor; während der Untersuchung können in das Material
nicht gewollte Formen mit Staubteilchen hineingelangen, und wenn
auch scheinbar ganz reines Material vorliegt, so kann doch eine
kleine Menge — sagen wir wieder mikroskopischen Unkrauts — beigemengt sein.

Wächst nun alles in gleichem Schritt, so lassen sich die Dinge
noch relativ leicht auseinanderhalten, das Gemenge wird offenkundig.
Es kann aber auch anderes eintreten, und tritt erfahrungsgemäß oft
ein. Die eine Art wächst unter den gegebenen Bedingungen gut, die
andere schlecht oder gar nicht; die geförderte erhält die Oberhand
über die minder begünstigte und verdrängt sie bis zur völligen Ver-
nichtung. Sieht man dann nach, so ist eventuell Unkraut anstatt
des Weizens aufgegangen. Das kann sehr schnell geschehen. Wir
werden später sehen, dass z. B. manche Bakterien unter günstigen
Bedingungen binnen weniger als einer Stunde ihre Zellenzahl ver-
doppeln. Solche, welche sich in ungünstigen Verhältnissen befinden,
kann man, bei anhaltender Beobachtung des einzelnen Exemplars,
in wenig Stunden völlig schwinden, aufgelöst werden sehen. Haben
sich derartige Erscheinungen kombiniert, so hat sich binnen kurzem
ein etwaiges Gemenge total verändert.

Es ist klar, dass solche Schwierigkeiten unser Postulat nicht auf-
heben, sondern im Gegenteil verschärfen. Die radikalen Species-
leugner, Billroth und Nägeli an der Spitze, haben nun in der That
eine direkte Beobachtung der Entwicklungskontinuität nirgends unter-
nommen, ihre Speciesnegation entbehrt daher der Berechtigung.
Billroth hat die Formen genau angesehen und verglichen, Veränderungen eines Präparats oder einer Kultur aber nie ununterbrochen,
sondern immer nach so langer Zeit kontrolliert, dass während des
Unterbrochenseins der Beobachtung mancherlei passiert sein konnte.
Nägeli hat sich, soweit wenigstens aus seinen Publikationen zu entnehmen ist, die Formen überhaupt nicht näher angesehen, er gründet
seine Schlüsse, auch morphologische, auf nichtmorphologische Beobachtungen über Zersetzungserscheinungen im großen. Ein Beispiel
für das Verfahren mag hervorgehoben werden. Nägeli bemerkt, dass
ungekochte Milch beim Stehen sauer wird, gekochte aber bitter (18).
Die Säuerung ist ihm als Wirkung eines Bacteriums bekannt. Das
Bittermachen ist ihm die infolge des Kochens veränderte Wirkung

desselben Bacteriums — eine »Umwandlung der bestimmten Hefe-
natur eines Pilzes in eine andere«. Hierbei ist vorausgesetzt, dass
in der rohen Milch eine Bacteriumspecies enthalten ist; ob nicht
vielleicht mehrere, von denen die einen etwa vor, die anderen nach
dem Knochen die Oberhand erhalten, uud ob nicht hieraus die diffe-
renten Veränderungen der Milch sich erklären, wird nicht gefragt. Aus
den Untersuchungen von Hueppe aber geht hervor, dass ein solches Verhältnis wirklich stattfindet (19). Von den mancherlei Bakterienformen,
welche in der rohen Milch vorhanden sind, hat zunächst, bei niederer
Temperatur, das Bacterium acidi lactici die Oberhand und säuert
die Milch durch Milchsäurebildung. Durch Kochen wird es getötet;
die Sporen der Buttersäurebacillen, welche in der Milch ebenfalls
vorkommen, bleiben lebend. Diese aber rufen in gekochter Milch
Zersetzungen hervor, bei welchen ein bitterer Geschmack auftritt.

Ein anderes hierher gehöriges Beispiel ist die aus Nägeli's Laboratorium stammende Behauptung Buchner's von der Identität des
Heubacillus, B. subtilis, mit dem Bacillus des Milzbrands, B. anthracis. Beide Arten sind einander sehr ähnlich, und in Buchner's
Beobachtungen stecken jedenfalls auch einige richtige Thatsachen, die
in einer späteren Vorlesung Besprechung finden werden. Eines der auffallendsten Merkmale des B. subtilis ist aber seine oben beschriebene
Sporenkeimung, das Hervorwachsen der Keimzelle aus der Querspalte
der Sporenmembran rechtwinklig zur Sporenlängsachse. Der Milzbrandbacillus zeigt diese Erscheinung nicht, wie Buchner selbst
beschreibt. Auf diese Differenzen ist aber nirgends gehörig Rücksicht
genommen, sodass es zweifelhaft bleibt, ob Buchner überhaupt B.
subtilis untersucht hat. Die morphologische Behauptung entbehrt
also auch hier ihrer sicheren Begründung.

Die steigende Aufmerksamkeit der Beobachter auf den Gegenstand hat nun die angedeuteten Irrungen successive, vom Weizen
über mancherlei größere niedere Gewächse hinab bis zu den Bakterien beseitigt und im allgemeinen zu der vorhin erläuterten Ansicht
geführt, dass es sich mit den Speciesfragen in den verschieden hohen
Regionen der Organismen wesentlich gleich verhält. Im einzelnen
bleibt für die Bakterien noch viel zu thun, wir stehen mit diesen
Dingen erst in den Anfängen.

Die gesteigerte Aufmerksamkeit, sage ich, führt zu dem Re-
sultat. Ich möchte damit nochmals hervorheben, worauf es in erster
Linie ankam und ankommt. Naturgemäß ergab sich dann, dass die
Hilfsmittel der Untersuchung, Apparate, Handgriffe, Reagentien

u. s. w. verbessert wurden. Für die Fragen, welche uns hier beschäftigen, gilt es, kleine Organismen isoliert und andauernd zu beobachten, d. h. zu sehen, was aus dem einzelnen Individuum wird, wenn es wächst. Mikroskopisch genau kontrollierbare Kulturen führen allein zu diesem Ziele. Man muss eine Spore, ein Stäbchen im mikroskopischen Präparat dauernd fixieren und in ihren Wachstumserscheinungen dauernd verfolgen. Das geschieht mithilfe der »feuchten Kammern«, Apparate, in denen das mikroskopische Objekt, vor Austrocknung geschützt, in günstigen Vegetationsbedingungen dauernd beobachtet werden kann. Der Apparate dieser Art gibt es mancherlei, die nach dem Einzelfall und auch nach der Gewöhnung des Beobachters ihre Vorzüge und Nachteile haben und hier nicht ausführlich beschrieben werden sollen.

Als Medium, in welches Objekte zu mikroskopischer Beobachtung und zur Kultur eingelegt werden, dienen gewöhnlich Flüssigkeiten, der Durchsichtigkeit halber. Lebende und besonders bewegliche Gegenstände können sich in diesen leicht verschieben und vermengen. Ein für die Fixation bei Kontinuitätsbeobachtungen sehr förderndes Verfahren besteht daher in der Anwendung eines durchsichtigen Mediums, welches die Herstellung der Vegetationsbedingungen gestattet, weich, aber nicht flüssig ist, sodass die störende Verschiebung der Objekte unterbleibt oder erschwert wird. Solche Medien sind Gelatine und ähnliche Substanzen, zumal die als Agar-Agar im Handel befindliche Gallertmasse, welche aus Tangen des indischen und chinesischen Meeres bereitet wird. Gelatine ist, soweit ich unterrichtet bin, zuerst, 1852, von Vittadini bei Kultur mikroskopischer Pilze angewendet worden (20), später vielfach, zumal von Brefeld. Für die Kultur von Bakterien speziell empfiehlt sie Klebs 1873 (21); neuerdings sind die Kulturen in gelatinösem Substrat besonders durch R. Koch in Aufnahme gebracht worden. Ihm gebührt das nicht gering anzuschlagende Verdienst, die Gelatine gerade für die Isolierung der Arten (Plattenkulturen) nutzbar gemacht zu haben, wodurch er der weiteren Entwicklung der Bakteriologie ein sehr wichtiges Hilfsmittel gewonnen hat.

Nachdem wir über Morphologie und Entwicklungsgeschichte der Bakterien einen Überblick gewonnen haben, stellt sich noch die Frage, welches ihre Stellung in den organischen Reichen, ihre natürlichen Verwandtschaftsbeziehungen zu anderen Organismen sind. Die Frage hat für uns hier allerdings nur ein nebensächliches Interesse und soll daher nur ganz kurz berührt werden.

Ihre nächsten Verwandten besitzen die Bakterien zweifellos im Pflanzenreich und zwar bei den Spaltalgen, obzwar sich neuerdings zwischen beiden doch größere Unterschiede herausgestellt haben, als man früher annahm. Die Spaltalgen besitzen neben Chlorophyll noch einen ähnlichen, meist blaugrünen Farbstoff, das Phycochrom, welches den Bakterien abgeht, ferner einen eigentümlichen Centralkörper, der den eigentlichen Bakterien ebenfalls fehlt. Ferner ist die Sporenbildung bei beiden Gruppen verschieden; Endosporenbildung fehlt den Spaltalgen, während Arthrosporenbildung den Bakterien nicht zukommt. Auch in der durch Geißeln bedingten Beweglichkeit vieler Bakterien mag im allgemeinen ein Unterschied gegenüber den Spaltalgen gefunden worden. Trotz dieser Verschiedenheiten wird man aber doch beide Gruppen ohne Zwang zu einer größeren, den Spaltpflanzen oder Schizophyten, vereinigen, da nicht nur die große Ähnlichkeit in den Formen, sondern auch die immerhin noch beträchtliche Übereinstimmung in der inneren Organisation und in der Teilung eine Verwandtschaft der beiden Gruppen, gleichzeitig aber auch eine Verschiedenheit gegenüber anderen Organismen erkennen lässt. Die Bakterien stellen gewissermaßen die phycochromfreie, die Spaltpflanzen die phycochromhaltige Reihe der Schizophyten dar. Die erstere Gruppe ist im allgemeinen einfacher organisiert und ihre Vertreter sind kleiner als die der letzteren.

Die ganze Gruppe der Schizophyten steht im Gesamtsystem ziemlich isoliert, ein näherer Anschluss an andere Gruppen lässt sich zur Zeit nicht feststellen, und auf die Vermutungen, welche man über denselben haben kann, näher einzugehen, würde hier zu weit führen. Soviel steht aber außer Zweifel, dass die meisten Schizophyten, zumal die Nostocaceen, alle Eigenschaften einfacher Pflanzen haben. Mit den Pilzen im Sinne der klassificierenden Naturbeschreibung haben sie gerade sehr geringe nähere Übereinstimmung, wie schon eingangs gesagt worden ist. In der Endosporenbildung kann man vielleicht eine Ähnlichkeit mit der Ascosporenbildung der Ascomyceten erblicken, zumal zwischen den Saccharomyceten, die den Ascomyceten noch näher stehen, und den Bakterien ein Bindeglied in der Gattung Schizosaccharomyces vorhanden ist. Diese zu den Saccharomyceten gestellte Gattung zeigt zu den Spaltpilzen durch die Art der Zellteilung eine gewisse Beziehung. Indessen ist diese Ähnlichkeit durchaus noch kein sicheres Merkmal der Verwandtschaft zwischen Bakterien und Ascomyceten. Wir können daher

nur sagen, die Bakterien sind, nebst den übrigen Schizophyten, eine
Gruppe einfacher, niederer Pflanzen.

Die alten Beobachter stellten sie zu den Tieren, den Infusions-
tierchen, wesentlich wohl auf Grund der Beweglichkeit und weil
den Alten die Grundlagen für genauere Vergleichung mangelten.
Heutzutage ist jedensfalls kein Grund zu ihrer Abtrennung von dem
Pflanzenreiche vorhanden. Im übrigen ist es lediglich Sache der
Konvention, wo und wie man bei diesen einfachen Organismen die
Grenze zwischen Pflanzen- und Tierreich zieht.

V.

Herkunft und Verbreitung der Bakterien.

Die Betrachtung der Lebenseinrichtungen der Bakterien beginnen wir mit der Orientierung darüber, wie und woher dieselben
an die Orte kommen, an welchen wir sie finden.

Halten wir uns an das allgemeine Resultat der vorstehenden
Betrachtungen, dass die Bakterien Gewächse sind wie andere, so
dürfen wir von vornherein annehmen, dass ihre Herkunft dieselbe ist
wie die anderer Gewächse, d. h. dass jeweils vorhandene Bakterien
erwachsen sind aus Anfängen, welche von Individuen der gleichen
Species abstammen; und die Erfahrung zeigt, dass es sich wirklich
so verhält. Die Anfänge können Sporen oder irgendwelche andere
lebensfähige Zellen sein. Wir wollen sie allgemein Keime nennen.

Keime von Lebewesen, zumal Pflanzen, sind ungemein zahlreich.
Man kann sagen, sie bedecken die Erdoberfläche und den Grund der
Gewässer in endlos reichem Gemenge. Die Zahl der im ausgebildeten
Zustand beobachteten Pflanzen giebt über dieses Verhältnis nur eine
sehr unvollkommene oder gar keine Anschauung, weil immer eine
bei weitem größere Anzahl von Keimen von einer Pflanze erzeugt
wird, als auf dem thatsächlich doch immer beschränkten Raume
zur Ausbildung kommen kann. Für die Erzeugung und die Verbreitung von Keimen sind die Organismen im allgemeinen, ceteris paribus, um so mehr im Vorteil, je kleiner sie sind, denn sie finden
in diesem Verhältnis um so leichter Raum und die hinreichende
Menge Nährstoff für ihre Entwicklung und die Produktion neuer Keime;

und die mechanischen Verhältnisse für den Transport dieser von Ort
zu Ort werden mit der Abnahme von Volum und Masse günstiger.
Aus diesen Gründen ist die Zahl und Ausbreitung der Keime niederer
mikroskopischer Organismen und speziell Pflanzen für den Unvorbereiteten eine ganz erstaunlich große. Lässt man ein Glas Brunnen-
wasser stehen, so wird es nach einiger Zeit grün von der Entwicklung kleiner Algen, deren Keime in dem Wasser schon enthalten
waren, als es in das Glas kam, oder mit Staub zugeflogen sind.
Stellt man ein Stückchen feuchtes Brot hin, so zeigt sich bald eine
Schimmelvegetation, wiederum aus Keimen der Schimmelpilze entstanden. Ich habe vor einiger Zeit, aus anderer Veranlassung, eine
Untersuchung gemacht über Saprolegnieen, eine aus etwa 2 Dutzend
bekannter Species bestehende Gruppe ziemlich großer Pilze, welche
sich im Wasser auf toten Tierkörpern entwickeln; und es hat sich
dabei herausgestellt, dass fast in jeder Hand voll Schlamm aus dem
Grunde beliebiger Gewässer, von der Tiefebene bis zur Gebirgshöhe
von 2000 Metern, Keime von einer oder mehreren Species dieser
einzelnen kleinen Gruppe stecken. Das wirkliche Vorhandensein der
Keime lässt sich in allen diesen Fällen nachweisen durch mikroskopische und experimentelle Untersuchung, auf deren Gang wir nachher zurückkommen.

Wie nach diesen Daten wiederum zu erwarten ist, giebt es auch
unter den mikroskopischen Gewächsen seltene und gemeine, solche
mit engem und mit größtem Verbreitungsbezirk. Es muss ja hier
im Prinzip dasselbe gelten wie bei den höheren, größeren Organismen;
klimatische und andere äußere Ursachen müssen ähnlich auf die Verbreitung einwirken, wenn sie auch, aus dem oben angegebenen Grunde,
minder allgemein scharf einschneiden wie bei den anspruchsvolleren
großen. Um hier viele Detailangaben beizubringen, sind die Untersuchungen nicht ausgedehnt genug. Allein wir wissen doch z. B.,
dass ein kleiner, dem bloßen Auge kaum sichtbarer Pilz, Laboulbenia Muscae, der auf der Körperoberfläche lebender Stubenfliegen
vegetiert, in Wien und, wie es scheint, in Südosteuropa häufig ist
und bei uns, in Mittel- und Westeuropa, nicht vorkommt; wenigstens
ist er bei aufmerksamem Suchen bis jetzt nicht gefunden worden.
Beispiele des umgekehrten Falles sind zahlreicher bekannt. Unsere
gemeinen Schimmelspecies, wie Penicillium glaucum, Eurotium,
kommen über alle Weltteile und Klimate verbreitet vor; und für
andere kleine Pilze, Algen u. s. w. gilt Ähnliches.

Was nun die Bakterien betrifft, so stellen sie auch hier lediglich

Spezialfälle dar von der in Vorstehendem für kleine Organismen allgemein resumierten Erscheinungsreihe. Wir kennen, wie aus den früheren Abschnitten hervorgeht, die Einzelspecies noch zu wenig vollständig, um über eine größere Zahl derselben präcise Angaben machen zu können. Man weiß jedoch, dass es manche relativ selten vorkommende Species giebt, wie z. B. das Blutwunder Bacillus prodigiosus, Bacillus Megaterium; dass andere, wie B. subtilis, amylobacter, Micrococcus ureae, fast überall vorkommen, wo sie ihre sehr verbreiteten Vegetationsbedingungen finden. Andere hierher zu ziehende Beispiele werden wir bei späteren, speziellen Betrachtungen kennen lernen. Und wenn man von einer überall genauen Bestimmung der Species absieht, kann man nach den direkten Beobachtungen jedenfalls mit aller Sicherheit aussagen, dass die entwicklungsfähigen Keime von Bakterien in Boden, Luft, Staub, Gewässern so reichlich verbreitet sind, dass sich ihr Auftreten an allen Orten, wo sie ihre Wachstumsbedingungen finden, mehr als zur Genüge erklärt.

Das Verfahren, um dieses nachzuweisen und um zugleich die Anzahl der Keime in einem bestimmten Raume annähernd zu bestimmen, ist selbstverständlich das gleiche für die Keime von Bakterien wie von anderen niederen Organismen, Pilzen u. s. w; beide kommen notwendigerweise, wenn vorhanden, gleichzeitig zur Beobachtung. Es besteht erstens in der mikroskopischen Untersuchung ohne weiteres. Bei dieser stößt man aber auf erhebliche Schwierigkeiten. Einmal sind die Keime nicht an jedem kleinsten Orte vorhanden, man muss sie aufsuchen, und das ist immer, und ganz besonders für den Fall der beabsichtigten Zählung, äußerst mühsam. Es lassen sich zwar allerlei Kunstgriffe zur Erleichterung anwenden. Zur Auffindung von Keimen in der Luft benutzte Pasteur (22) z. B. die ingeniöse Einrichtung, dass er mithilfe eines Saugapparats, eines Aspirators, Luft durch eine Röhre sog, in welcher ein dichter Pfropf von Schießbaumwolle steckte. Der Pfropf lässt die Luft durch; die in dieser suspendierten festen Teile, also auch Keime, bleiben dagegen an oder in ihm haften. Die Menge Luft, welche den Apparat binnen einer gegebenen Frist passiert, lässt sich leicht messen. Die Schießbaumwolle ist in Aether löslich. Macht man von dieser Eigenschaft Anwendung, so kann man die in dem Pfropf sitzen gebliebenen Keime, in klarer Lösung suspendiert, auf engem Raume beisammen zur Untersuchung und eventuellen Zählung erhalten.

Bei diesem Verfahren werden aber die Keime durch den Aether

3*

leicht getötet; und auch bei der einfachen mikroskopischen Untersuchung kann man nicht mit Sicherheit erkennen, ob man es mit
toten oder mit lebenden zu thun hat. Auf letztere, auf die Entscheidung, ob entwicklungsfähige Keime da sind oder nicht, kommt es
aber doch in erster Linie an. Dieselbe würde weitere, sehr umständ-
liche Proceduren erfordern.

Es sind daher mancherlei andere Verfahrungsweisen versucht
worden, um die Untersuchung nach beiderlei Richtungen leichter und
sicherer zu machen. Das Ei des Columbus hat schließlich Koch (23)
gefunden. Ausgehend von der Erfahrung, dass Gelatine, mit den nötigen, leicht herzustellenden Beimengungen von anderweiten gelösten
Nährstoffen, ein sehr günstiger Boden ist für die Entwicklung der meisten (nicht streng parasitischen) Pilze sowohl wie Bakterien, verteilt
er eventuell genau zu bestimmende Mengen der zu untersuchenden
Gegenstände, wie Erde, Flüssigkeiten u. s. w., in geeignet präparierter,
bei etwa 30⁰ flüssiger Gelatine und lässt diese dann bei niedrigerer
Temperatur erstarren. Schon bei einigen 20⁰, wo die Vegetation
der fraglichen Organismen zumeist noch lebhaft vor sich geht, geschieht letzteres. In der erstarrten Masse ist jeder Keim fixiert und
entwickelt sich; seine Entwicklungsprodukte aber sind, anfangs
wenigstens, auch fixiert, nicht beliebig in dem Medium verschiebbar.
Breitet man beim Beginn der Untersuchung die durchsichtige Gelatine
in dünner Schicht auf Glasplatten aus, so kann man Keime und ihre
nächsten Entwicklungsprodukte mit dem Mikroskop sicher auffinden
und nach Bedarf zählen. Handelt es sich um Untersuchung der Luft,
so lässt man diese am besten mittels eines Aspirators langsam durch
Glasröhren saugen, welche innen mit einer Gelatineschicht ausgekleidet
sind. Von den der Luft beigemengten Keimen sinkt, bei gehöriger
Regelung des Stromes, mindestens der größte Teil nieder und bleibt
an der Gelatine haften, um sich dann eventuell weiter zu entwickeln.
Oder man lässt die Luft in einem kräftigen Strahl gegen feucht ge-
haltene Gelatine strömen, wobei die aufprallenden Keime festgehalten
werden. Sind solche Versuche richtig und mit Vermeidung von stö-
renden Verunreinigungen in Gang gesetzt, so erhält man nach einigen
Tagen in der Gelatine diskrete Gruppen von Bakterien, Pilzen u. s. w.
Jede Gruppe verdankt ihre Entstehung einem bei Anfang des Ver-
suchs an ihren Ort gelangten Keime, was oft mit Leichtigkeit direkt
ersichtlich ist; oder wohl auch einmal einem Aggregat von Keimen.
Es ist klar, dass auf dem angedeuteten Wege der in Rede stehende
Zweck mit möglichster Genauigkeit und Einfachheit erreichbar ist.

Das Resultat bleibt allerdings immer nur ein annähernd genaues, da das Verfahren prinzipiell keine Sicherheit dafür giebt, dass alle überhaupt entwicklungsfähigen Keime, welche in die Gelatine des Apparats gelangt sind, sich in dem gegebenen Falle auch wirklich entwickeln, oder, bei der Luftsaugung, jedesmal wirklich alle ohne Ausnahme haften bleiben. Ein anderes Verfahren, welches diese Mängel nicht ebenso oder in noch höherem Maße und ohne den Vorzug der Keimfixierung hätte, ist aber derzeit nicht ersonnen und auch kaum als ausführbar vorzustellen. Es mag hier noch hinzugefügt werden, dass das Koch'sche Gelatineverfahren noch den weiteren Vorteil hat, überhaupt das Sortieren, die Auswahl von Bakterien zur isolierten Kultur relativ leicht zu machen. Jede der in den beschriebenen Versuchen aus einem Keime entstandenen Gruppen muss eine Species rein enthalten. Um letztere für Reinzucht in größerer Quantität zu gewinnen, braucht man nur mit der Nadel eine Probe aus der Gruppe zu entnehmen. Um Bakteriengemenge zu sortieren, hat man nur kleine Quantitäten derselben in viel Gelatine zu verteilen, sodass wachstumsfähige Keime isoliert werden. Die aus diesen erwachsenden Gruppen liefern dann wiederum reines Speciesmaterial. Zahlreiche andere Versuche sind in der gleichen Richtung angestellt worden, nach denselben Prinzipien, aber mit minder vollkommenen Einrichtungen oder »Methoden«. Eine ausführliche Beschreibung dieser mag daher hier unterbleiben. Die ausgedehntesten, zumal über die Verbreitung der Keime in Luft und Wasser, sind in dem Meteorologischen Observatorium zu Montsouris bei Paris von Miquel angestellt und werden alljährlich fortgesetzt (24).

Alle Untersuchungen nun haben das oben vorangestellte allgemeine Resultat ergeben, und das ferner a priori zu erwartende, dass die Menge der entwicklungsfähigen Keime nach Ort, Jahreszeit, Witterung u. s. w. ceteris paribus wechselt. Um eine Vorstellung zu geben von dem annähernden Zahlenverhältnis, sei angeführt, dass die Menge der (auf Glasplatten in einer Glycerin-Traubenzuckermischung im Aspirator aufgefangenen) Keime in der Luft, entwicklungsfähige und eventuell tote Pilze und Bakterien zusammengenommen, in dem Garten von Montsouris, in einer Untersuchungsreihe schwankte zwischen 0,7—3,9 (im Dezember) bis 43,3 (im Juli) per Liter Luft.

Genaue Luftbestimmungen sind von Hesse nach dem Gelatine-Aspiratorverfahren ausgeführt worden. Sie haben z. B. ergeben pr. Liter Luft entwicklungsfähige Keime:

Krankensaal 1. mit 17 Betten: Bakterien 2,40; — Schimmelpilze 0,4.

    ,,   2. ,, 18   ,,   ,,   11,0; —   ,,   1,0.

Versuchstierstall d. Reichs-

    gesundheitsamts: a)   ,,   58; —   ,,   3,0.

                 b)   ,,   232; —   ,,   28,0.

    Luft im Freien in Berlin 0,1 bis 0,5 Keime per Liter, wovon ungefähr die Hälfte Pilze, die Hälfte Bakterien.

    Die Zahl der entwicklungsfähigen Bakterienkeime im Wasser ist eine ungleich größere, aber je nach der Beschaffenheit des Wassers selbst wieder außerordentlich verschiedene. Auch hier spielen natürlich äußere Verhältnisse hinsichtlich der Keimzahl eine große Rolle, Temperatur, Regenmenge u. s. w. Im Durchschnitt kommen in reinem Quellwasser 2—50 lebende Bakterienkeime in 1 ccm Wasser vor; in guten Pumpbrunnen 100—300, in gut filtriertem Flusswasser 50—200, in unfiltriertem Flusswasser, welches keine Gelegenheit hat, besondere Verunreinigungen aufzunehmen, 500—20000. Ja einzelne Flüsse, wie der Gothaelf oberhalb Gothenburg, zeigte selbst im Juni und Juli nur 25 Keime im Durchschnitt pro 1 ccm. Das Wasser verunreinigter Flüsse kann mehrere Millionen Keime in 1 ccm enthalten.

    Im Erdboden sind Bakterien ebenso verbreitet, doch auf die obersten Schichten beschränkt; in Tiefen von mehr als 1 m finden sich selten noch Bakterien, während in den obersten Schichten 50—100,000—1,000,000 Keime im Cubikcentimeter vorkommen können. Natürlich sind auch hier besonders verunreinigte Böden, z. B. in Schlachthöfen etc. reicher an Keimen als Acker oder Waldboden.

    Ein besonderes Interesse hat die Frage nach dem Vorhandensein von Keimen in und auf lebenden gesunden Organismen. Dass sie auf der Oberfläche solcher reichlich hängen bleiben müssen, ist nach dem Bisherigen selbstverständlich und wird durch jede Untersuchung erwiesen. Ins Innere von höheren Pflanzen können sie gelangen durch die offenen Spalten der Oberhaut, die Spaltöffnungen, welche in das System der intercellulären Gänge führen. Dass dies wirklich stattfindet, ist wahrscheinlich, jedoch noch nicht sicher und bedarf noch der Untersuchung. Im Innern gesunder Tiere, speziell der Warmblüter, sind die Wege der Respiration und der Verdauung ein stets zugänglicher Ort für das Eindringen von Keimen mit Luft, Speise und Getränk, und sind diese Orte, zumal Mund und Darm, bei Menschen sowohl wie bei anderen Warmblütern, thatsächlich immer auch ein reicher Garten vegetierender Bakterien. Auch in die Drüsen, welche mit besagten Orten in Kommunikation stehen, können sie durch deren Ausführungsgänge gelangen. Bezüglich des Vorkommens im Blute lebender gesunder Warmblüter lauten die Resultate ungleich. Hensen, Billroth u. a. behaupten das Vorhandensein. Sehr sorgfältige Versuche von Pasteur, Meissner (22), Koch, Zahn u. a. ergaben negatives Resultat. Diesem gegenüber kann das positive in Störungen und Fehlern des Versuchs seinen Grund haben. Es ist das aber nicht notwendig, denn aus einer Versuchsreihe von Klebs (21) ergiebt sich unzweideutig, dass und warum beiderlei Verhalten vorkommen kann. Klebs untersuchte nämlich das Blut von Hunden und zwar einesteils mit ebenfalls negativem Erfolge. Ein Hund aber ergab positiven, und zwar waren diesem Tiere früher, bei anderen Experimenten, fäulniserregende Bakterien ins Blut injiciert worden, es war davon erkrankt, aber zur Zeit der in Rede stehenden Untersuchung längst wieder genesen. Es ist nicht zu bezweifeln, dass in diesem Falle von dem ersten Versuche her entwicklungsfähige, thatsächlich aber ruhende Keime im Blute des Tieres zurückgeblieben waren, und hieraus ist allgemein zu schließen, dass Bakterienkeime in gesundem Blute vorhanden sein können, wenn sie einmal durch Verwundung oder sonstwie hineingelangt waren.

Aus dem Vorstehenden ergiebt sich also die große Verbreitung und Häufigkeit von Bakterienkeimen überhaupt, wenn auch zur Zeit noch ohne scharfe Sonderung der Species. Es ergiebt sich auch auf der anderen Seite, dass es eine Übertreibung wäre, anzunehmen, diese Körper seien überall, d. h. in jedem kleinsten Raume. Schon Pasteur's ältere berühmte Versuche zeigen an extremen Beispielen die Ungleichheit der Verteilung. Zur Veranschaulichung mag von diesen noch folgendes kurz angegeben werden. Enghalsige Kölbchen von 1—200 ccm Inhalt wurden mit einer kleinen Quantität für Entwicklung niederer Organismen sehr günstiger, keimfreier Nährflüssigkeit beschickt, dann luftleer gemacht und die fein ausgezogene Halsöffnung zugeschmolzen. Später wurde der zugeschmolzene Hals durch vorsichtiges Abbrechen des Endes wieder geöffnet: es strömt dann rasch Luft ein und, sobald das geschehen, wird wiederum zugeschmolzen. Eine Luftmenge von 1—200 ccm ist jetzt in dem Kolben hermetisch abgeschlossen. Die Keime, welche sie etwa führt, können sich in der Nährflüssigkeit entwickeln; diese bleibt, wie wir kurz sagen wollen, unverändert, wenn keine Keime da sind. Von 10 solchen Kolben, welche im Hofe der Pariser Sternwarte mit Luft gefüllt wurden, blieb keiner unverändert; von 10 in dem fast staub-

freien Keller der Sternwarte gefüllten 9; von 20 auf dem Montanvert
bei Chamonix gefüllten 19, u. s. w.

Die dargelegten Anschauungen über die Herkunft der Bakterien
und insbesondere der fundamentale Satz ihres ausnahmslosen Entstehens aus von der gleichnamigen Species erzeugten Keimen, sind
nicht ohne Mühe und ohne Widerspruch erworben worden, und auch
heute fehlt letzterer nicht ganz. Wir müssen denselben wenigstens
kurz betrachten. Er lautet in kurzer Zusammenfassung: die Bakterien
können jederzeit entstehen aus Teilen anderer Organismen, lebenden oder toten. Dass sie sich nachher in eigenem Wachstum vermehren und auch ihre eigenen Keime bilden können, wird allerdings
wohl zugestanden.

Dieser Satz ist ein übrig gebliebener Paragraph aus der alten
Lehre von der elternlosen oder Urzeugung, der Generatio spon-
tanea oder aequivoca. Man sieht oft Pflanzen oder Tiere in Menge
erscheinen an Orten, wo dergleichen vorher nicht gesehen worden
waren, und der oberflächliche Betrachter wird in solchen Fällen auf
die Annahme geführt, jene entständen aus den vor ihrem Erscheinen
an dem Orte vorhandenen anderen Körpern, mögen diese heißen, wie
sie wollen, und nicht aus Keimen, welche von gleichartigen Eltern
herstammen. Im Altertum waren solche Anschauungen selbstverständlich. Vergil's Erzählung (25) von der Erzeugung eines Bienen-
schwarms aus dem vergrabenen Gedärm eines Stiers liefert eine anschauliche Illustration dafür und für die ganze Fülle von mangel-
hafter Beobachtung und Induktion, welche hier im Spiele sind. In
dem Maße als schärfere Naturbeobachtung eintrat, zeigte sich von
Fall zu Fall, dass jedesmal doch Keime von gleichartigen Eltern die
Anfänge des betreffenden Auftretens waren und dass man nur übersehen hatte, wie diese Keime an den Ort der Beobachtung gelangt
waren. Die elternlose Zeugung wurde Schritt für Schritt ad absurdum
gedrängt. Das begann mit großen und groben Objekten, wie den
Maden der Fliegen, die im Aas — nicht entstehen, sondern aus ein-
gelegten Fliegeneiern erwachsen. Und in dem Maße als die Anhänger der alten Lehre auf kleinere Objekte, Schimmel, niederste
Tiere u. s. w. sich zurückziehen mussten, wurde die Widerlegung
auch auf diesen Gebieten mit gleichem Erfolge Schritt für Schritt
durchgeführt. Mikroskop und vervollkommnete Experimentalmethoden
schärften successive die Waffen. So stehen wir vor der Thatsache,
dass die Anhänger elternloser Zeugung, wenigstens seit einem Jahrhundert, die Stützen ihrer Lehre immer in den kleinsten und zur

Zeit schwierigst zugänglichen Objekten suchen. Ganz aufgegeben ist die Lehre nie worden, aus zwei guten Gründen. Erstens dem, dass eine Meinung, einmal ausgesprochen oder gar gedruckt, nie ganz alle wird, sie mag sonst sein, wie sie wolle; zweitens dem weit besseren, dass man ja annehmen muss, lebende Wesen sind jedenfalls einmal ohne Keime, elternlos, entstanden; die Möglichkeit, dass das jederzeit noch geschehen kann, muss zugegeben werden, und der Nachweis, dass, wo und wie dies geschieht, wäre von wirklichem höchsten Interesse, des Strebens der Forscher wirklich wert.

Zu den kleinsten, noch am wenigsten zugänglichen und studierten Organismen gehören nun derzeit die Bakterien. Zwar ist auch für sie die Frage über thatsächliche elternlose Entstehung wesentlich in dem gleichen Sinne entschieden worden wie für die anderen durch die schönen Versuche, welche Pasteur auf Anregung der Pariser Akademie vor 40 Jahren angestellt hat, zu dem Zwecke, die besagte Lehre auch mit bezug auf die kleinsten und schwerstzugänglichen Wesen zu prüfen; und jede saubere Untersuchung hat Pasteur's Arbeiten in dieser Richtung bestätigt. Nichtsdestoweniger wird an jener Lehre von manchen festgehalten und nach neuen Argumenten gesucht. Eine weitgehende Theorie in dieser Richtung giebt Béchamp's seit 35 Jahren vorgetragene Lehre von den Mikrozymen (26). Kleine Formbestandteile, wie sie als »Körnchen« in dem Protoplasma der Tiere und Pflanzen allgemein vorkommen und unzweifelhaft in diesen, als Teile derselben entstehen, werden mit diesem Worte benannt. Sie sollen sich, wenn sie aus irgend einem Grunde, zumal nach dem Tode ihres Erzeugers, frei werden und in geeignete Medien gelangen, selbständig weiterentwickeln, teils zu Bakterien, teils auch zu kleinen Sprosspilzformen. Sie überleben ihre Erzeuger nicht nur, sondern erfreuen sich einer sehr großen, über geologische Perioden sich erstreckenden Dauerhaftigkeit. Jede aufmerksame Prüfung der Darstellungen, welche Béchamp selbst in einem fast 1000 Seiten starken Buche giebt, zeigt weder scharfe Formunterscheidung, noch eine Spur von scharfer Verfolgung der Entwicklungskontinuität, und auf diese käme es doch in erster Linie an. Die Sache entbehrt also der sicheren Grundlage und kann nicht mehr zur Diskussion kommen.

A. Wigand (27) hat eine vorläufige Mitteilung veröffentlicht, in welcher er für die hier vorliegende Frage zu ähnlichen Resultaten wie Béchamp gelangt. Teilchen lebender oder toter Organismen, welch letztere nicht Bakterien sind, sollen sich unter bestimmten

Bedingungen abtrennen und zu Bakterien heranwachsen. Der Gang der Beobachtungen, aus welchen dies gefolgert wird, ist in den meisten Fällen nicht so genau angegeben, dass eine Kritik möglich wird. Doch wird eine Beobachtung erwähnt, welche eine Wiederholung und Prüfung zulässig und erwünscht macht. Wigand sagt nämlich zur Beseitigung »jeden Zweifels an der spontanen Bakterienbildung im Protoplasma der Zellen«, dass schon in den lebenden gesunden Zellen des Blattes von Trianea bogotensis und der Haare von Labiaten bewegliche Bakterien sich befinden. Noch bevor ich zur Untersuchung der merkwürdigen Behauptung kam, wurde ich von anderer Seite auf den Sachverhalt aufmerksam gemacht. Trianea ist eine nach Art unseres Froschbisses (Hydrocharis) schwimmende, südamerikanische Wasserpflanze. Bringt man aus dem frischen, gesunden Blatte lebendes Gewebe unter das Mikroskop, so sieht man in der That in vielen Zellen die zierlichsten Bilder zur Illustration des Aussehens von Bakterien: schmale Stäbchen, einzeln oder auch in kurzen Reihen aneinanderhängend und den Bewegungen des Protoplasmas und sonstigen Zellinhaltes lebhaft folgend. Ein vorzügliches Bild, wie gesagt, oder Modell. Ein Tropfen verdünnter Salzsäure zerstört aber die Illusion. Im Gegensatz zu wirklichen Bakterien löst er die Stäbchen der Trianea sofort auf: sie sind nichts weiter als kleine, auch in dieser Stäbchenform in Pflanzenzellen sehr oft vorkommende Krystalle von oxalsaurem Kalke. Dasselbe gilt für die weit weniger schönen Stäbchen in den jungen Haaren des Laubes von Galeobdolon luteum, Salvia glutinosa und wird sich auch bei anderen Labiaten — lippenblütigen Pflanzen — nicht anders verhalten. Diese Geschichte ist lehrreich, weil sie zeigt, wie vorgefasste Meinung auch sonst treffliche und verständige Beobachter zu den tollsten Dingen verleiten kann. Ich würde sie sonst nicht erwähnt haben und glaube nach ihr auf Ähnliches nicht weiter eingehen zu sollen. Jedenfalls sind solche Dinge nicht geeignet, den Satz wankend zu machen, dass nach den thatsächlich vorliegenden Beobachtungen auch die kleinsten Organismen nicht anders entstehen als aus den von gleichartigen Vorfahren abstammenden Keimen; und daran müssen wir festhalten, mag man sich auch als möglich denken und wünschen, was man wolle.

VI.

**Vegetationsprozesse. Äufsere Bedingungen: Temperatur und stoff-
liche Beschaffenheit der Umgebung. — Nutzanwendungen für Kultur,
Desinfektion, Antisepsis.**

Wenn wir jetzt übergehen zur Betrachtung der Vegetationsprozesse, so müssen wir uns zuvörderst daran erinnern, dass nach
der Übereinstimmung des Baues und der Entwicklung der Bakterien
mit anderen niederen Organismen auch eine Übereinstimmung in
den Haupterscheinungen und Hauptbedingungen des vegetativen Lebens
stattfinden wird und muss. In der That handelt es sich hier lediglich um Spezialfälle allgemein über die lebenden Organismen ver-
breiteter Erscheinungen, von den bei andersnamigen vorkommenden
nicht mehr verschieden wie diese untereinander. Ganz besonders
gilt für die chlorophyllfreien Bakterien, wenn wir die Stickstoffbakterien zunächst ausnehmen, dass ihr Vegetationsprozess im wesentlichen übereinstimmt mit jenem anderer chlorophyllfreier Pflanzenzellen, sowohl höheren Gewächsen angehöriger, als ganz besonders
Pilzen. Gerade der Untersuchung letzterer, welche dem Studium
leichter zugänglich sind, verdankt die Kenntnis der Bakterien viele
Förderung. Es braucht kaum besonders hinzugefügt zu werden, dass
auch innerhalb des Gebietes der Bakterien bezüglich der Vegetations-
erscheinungen und Vegetationsbedingungen von Fall zu Fall analoge
Differenzen herrschen wie in den verwandten Gebieten.

Nach alledem handelt es sich hier nicht um eine vollständige
Darstellung von allem, was auf den Vegetationsprozess Bezug hat,
sondern vielmehr nur um Hervorhebung der für unseren Gegenstand
bemerkenswertesten Besonderheiten. Die Temperaturverhältnisse
und die stoffliche Beschaffenheit der Umgebung sind in erster Linie
zu berücksichtigen.

Jeder Vegetationsprozess ist abhängig von der Temperatur
der umgebenden Medien. Er findet bei bestimmten extremen Wärme-
graden seine Grenzen; innerhalb dieser bei einer bestimmten Temperatur seinen energischsten Fortgang. Man unterscheidet hiernach
die Cardinalpunkte der Temperatur: Minimum, Maximum und
Optimum.

Überschreitung der Grenzen führt zunächst zum Stillstand des

jeweiligen Prozesses; andere Prozesse können eventuell fortdauern.
Erreicht die Erhöhung oder Erniedrigung der Temperatur jenseits
der Vegetationsmaxima und -minima bestimmte extreme Grade, so
wird das Leben vernichtet, der Tötungspunkt, mit anderen Worten, ist erreicht.

Nach allen diesen Beziehungen finden, wie sich jeder aus der
täglichen Erfahrung erinnern wird, überall erhebliche Verschiedenheiten statt nach Species, Entwicklungszustand und den Eigenschaften der Umgebung.

Für die Bakterien sind vorzugsweise die Temperaturgrenzen des
Wachsens und der Zellvermehrung untersucht: dass die übrigen
vegetativen Prozesse, unter sonst gleichen Verhältnissen, dem Wachsen
proportional verlaufen, wird mit Grund angenommen.

Nicht parasitische Arten haben nach den vorliegenden Daten
bei günstiger Ernährung ziemlich weiten Spielraum und hoch gelegenes Optimum der Wachstumstemperatur.   Für Bacillus subtilis
z. B. liegt diese, nach Brefeld's Untersuchung (28), zwischen +6° und
+50° C., das Optimum bei etwa 30°. — Bacterium Termo Cohn,
eine Sammelspecies, deren einzelne Komponenten noch nicht hinreichend gesondert sind, wächst zwischen 5° und 40°; Optimum
30'—35° nach Eidam (29). Bacillus Fitzianus hat, nach Fitz (30),
in Glycerinlösung das Optimum bei 40', Maximum 45°. — Für das
Bact. anthracis liegt, nach den vorhandenen Angaben in Kulturen
in Gelatine, auf Kartoffeln etc. das Minimum des Wachsens bei 15°,
das Maximum bei 43°, das Optimum bei 35—37°. Parasitisch, im
Blute von Nagern, wächst dasselbe bei etwa 40° jedenfalls kaum
minder energisch als in genanntem Kulturoptimum. Für das Spirillum der asiatischen Cholera (vgl. Vorl. XVI) liegt, nach van Ermengen,
das Minimum bei +8', das Optimum bei +37°, das Maximum bei
+40°.

Dass Species, welche an parasitische Lebensweise in Warmblütern
strenger angepasst sind, ein höher gelegenes Minimum und Optimum
haben, ist von vornherein wahrscheinlich und durch Koch (95) für
den Tuberkelbacillus nachgewiesen, dessen Grenztemperaturen bei
28° und 42° und dessen Optimum bei 37°—38° gefunden sind.

Die optimale Temperatur für die Sporenbildung endosporer Bacillen liegt, soweit bestimmbar, dem Wachstumsoptimum nahe. Die
Temperaturen für die Keimung der endogenen Sporen, wenigstens
das Optimum, liegen höher; z. B. bei 30°—40' für Bac. subtilis, der
übrigens auch schon bei der um 20° schwankenden Zimmertemperatur

keimt. B. anthracis keimt, soweit die Erfahrung reicht, bei 20° noch nicht; das Minimum wird für ihn auf 30°—37° angegeben, das Optimum wird schwerlich viel höher liegen. Andere Arten, z. B. B. Megaterium, wachsen und keimen bei ca. 20° sehr gut.

Überschreitung der Vegetationstemperaturgrenzen nach unten wird jedenfalls von einer Anzahl Bakterien in so weitgehendem Maße ohne Zerstörung des Lebens ertragen, dass man mit Rücksicht auf die in Wirklichkeit vorkommenden Erscheinungen von unbegrenzt reden darf. Frisch (31) fand nämlich die Entwicklungsfähigkeit der von ihm untersuchten Formen, und zwar vegetativer Zellen, nicht beeinträchtigt, wenn sie bei —110° C. in Flüssigkeit eingefroren und nachher wieder aufgetaut waren. Zu den Formen, welche dieses Verhalten zeigen, gehört Bac. anthracis; die übrigen waren nicht näher bestimmt. Dass für manche Species die untere Tötungstemperatur höher liegt, ist von vornherein wahrscheinlich. Neuerdings hat jedoch Weil (32) den Nachweis erbracht, dass wenigstens die vegetativen Zustände des Bact. anthracis durch hohe Kältegrade doch leiden.

Die obere Tötungstemperatur ist, soweit untersucht, für die vegetativen Zellen der meisten Formen ungefähr die gleiche wie für die meisten anderen vegetierenden Pflanzenzellen, nämlich etwa 50°—60°. Extrem hohe Temperaturen werden dagegen von den endogenen Sporen der Bacillen ertragen. Die meisten bleiben keimfähig, wenn sie in Flüssigkeit auf 100° erhitzt werden; manche ertragen 105°, 110° bis 130°.

Das alles sind allgemeine Regeln, welche bestehen unbeschadet der von Fall zu Fall vorkommenden Modifikationen und Ausnahmen. Solche finden statt teils nach Species und Individuen unter sonst gleichbleibenden Verhältnissen, teils auch bei der gleichen Species nach den übrigen äußeren Bedingungen, von welch letzteren besonders zu bemerken sind: Dauer der Erhitzung, Trockenheit oder Durchfeuchtung und in letzterem Falle die Qualität der umgebenden Flüssigkeit.

Es giebt erstlich Species, welche bei weit über 50° liegender Temperatur sich gut entwickeln. Cohn, Miquel führen dafür Beispiele an: das exquisiteste ist ein von van Tieghem (33) beschriebener Bacillus, der in neutraler Nährlösung bei 74° wächst und Sporen bildet. Bei 77° steht sein Wachstum still. Solche noch bei hohen Temperaturen gedeihende Bakterien sind neuerdings wiederholt beobachtet worden. Namentlich hat Lydia Rabinowitsch (34) eine

Anzahl aus Erde, Mist, Getreidestaub u. s. w. isoliert, Karlinsky (35)
fand zwei Arten in heißen Quellen. Man fasst sie unter dem Namen
der »thermophilen Bakterien« zusammen.

Nach allen den angeführten Seiten lehrreiche Beispiele liefern
die von Duclaux (36, 37) aus Käse erhaltenen und von ihm Tyrothrix genannten Bacillen. Die vegetierenden Zellen von T. tenuis,
in neutraler Flüssigkeit kultiviert, wurden erst bei 90°—95° getötet;
in schwach alkalischer Flüssigkeit ertragen sie über 100°; die reifen
Sporen bleiben, in schwach alkalischer Flüssigkeit gekocht, bei 115°
keimfähig. Die optimale Vegetationstemperatur dieser Species liegt
bei 25°—35°. — T. filiformis erträgt, im vegetativen Zustande, in
Milch eine Erwärmung auf 100°, in saurer Flüssigkeit wird sie bei
dieser Temperatur nach einer Minute getötet. Die Sporen dieser
Species ertragen in Milch 120°, in Gelatine werden sie unter 110°
getötet. Für noch andere Species berichtet Duclaux Ähnliches.
Brefeld (28) fand die Sporen von Bacillus subtilis in Nährlösung
sämtlich keimfähig nach viertelstündigem Erhitzen auf 100°; nach
halbstündigem keimte noch der größere, nach einstündigem ein geringer Teil, nach dreistündigem keine mehr. Bei Erhitzung auf
105° wurden die Sporen nach 15, bei 107° nach 10, bei 110° nach
5 Minuten getötet.

Nach Weil (32) werden die vegetativen Zustände der Milzbrand-
bakterien durch höhere Temperaturen rasch vernichtet, bei 80° C.
nach 1 Minute, bei 75° in 3, bei 65 in 5½ Minuten. Außerordentlich
widerstandsfähig sind die Sporen einiger von Flügge (38) in Milch
gefundener Bakterien; einzelne Arten besitzen Sporen, die selbst durch
5stündiges Kochen nicht getötet werden. (Bac. No. XII = Bacillus ter-
minalis Mig.). Milch ist überhaupt eine Substanz, die sich sehr
schwer sterilisieren lässt, nicht bloß wegen der in ihr enthaltenen
widerstandsfähigen Keime, sondern auch weniger zählebige Bakterien halten sich in kochender Milch verhältnismäßig viel länger
am Leben.

Auch die Alkalität oder der Säuregehalt einer Substanz übt eine
merkwürdige Wirkung beim Sterilisieren aus; in sauren Lösungen
werden Sporen sehr viel rascher vernichtet als in alkalischen.

Trockene Hitze wird in noch höheren Graden, wenigstens von
Sporen, überstanden; die von B. anthracis, subtilis u. a. z. B.
blieben in Koch's Versuchen (23, I, p. 305) in einem auf 123° erhitzten
Raume entwicklungsfähig.

Von den Bedingungen der stofflichen Beschaffenheit der

Umgebung ist zuerst die hier wie bei allen lebenden Zellen notwendige Zufuhr von Wasser zu nennen. Wasserentziehung bis zu
dem Grade des Lufttrockenwerdens sistiert nicht nur den Vegetationsprozess, sondern tötet vegetative Zellen wenigstens in einer Reihe
von Fällen binnen kurzer Zeit; die von B. Zopfii z. B. in 7 Tagen.
Doch kommen auch hier von Fall zu Fall Verschiedenheiten vor:
Bacillus prodigiosus z. B. bleibt im eingetrockneten Zustande
Monate lang lebendig und wachstumsfähig.

Die Resistenz der Sporen gegen Austrocknen ist größer als jene
der vegetierenden Zellen, die der endosporen Bacillen jedenfalls durchschnittlich ein Jahr lang; B. subtilis nach Brefeld mindestens drei
Jahre. Grenzen und Modifikationen nach anderen inneren und äußeren
Ursachen werden auch hier bestehen, Jahrhundertelange Lebens-
fähigkeit lufttrockener Zellen jedoch schwerlich vorkommen.

Der Bedarf von Sauerstoff ist nach den einzelnen Fällen ungleich. Nach Pasteur's Terminologie unterscheidet man zwei extreme
Fälle als aërobiontische und anaërobiontische Formen. Die
ersteren bedürfen zu ausgiebigem Vegetieren und Wachsen bei guter
Nährstoffzufuhr auch reichlicher Zufuhr sauerstoffhaltiger Luft; z. B.
Bacterium aceti, Bacillus subtilis, auch B. anthracis und
das Koch'sche Choleraspirillum. Die Anaërobionten gedeihen
bei guter Ernährung ohne Sauerstoff, freier Luftzutritt setzt ihre
Vegetation auf ein Minimum oder auf Null herab, z. B. Bacillus
amylobacter, Bacillus tetani, Bacillus oedematis. Man hat indessen in neuester Zeit wahrgenommen, dass obligate Anaërobionten
auch bei freiem Luftzutritt wachsen, wenn sie gleichzeitig mit Aërobionten zusammenleben. Man hat angenommen, dass von den letzteren Stoffwechselprodukte erzeugt würden, die den Anaërobionten
die Existenz auch bei Sauerstoffzutritt ermöglichen. Ganz abzuweisen
ist diese Annahme nicht, denn es sind thatsächlich, besonders durch
Kitasato (39), eine Anzahl Stoffe bekannt geworden, die das Wachstum der Anaërobionten in hohem Maße begünstigen, stark reducie-
rende Körper, wie ameisensaures Natron, indigschwefelsaures Natron,
Traubenzucker; neuerdings ist hierfür auch Schwefelnatrium von
Trenkmann (40) empfohlen worden, aus welchem sich leicht Schwefelwasserstoff entwickelt, durch den etwa vorhandener Sauerstoff
gebunden wird. Außerdem hat L. Rabinowitsch gezeigt, dass auch
Temperatureinflüsse dabei eine Rolle spielen, da ihre thermophilen
Bakterien bei hohen Temperaturen aërobiontisch gedeihen; bei nie-
drigeren Temperaturen wachsen sie zwar auch, aber nur bei Abschluss

der Luft. Im allgemeinen wird man aber annehmen müssen, dass
durch die aërobiontischen Bakterien der in dem Nährboden vorhandene Sauerstoff verbraucht und hierdurch die Existenzbedingung für
die Anaërobionten geschaffen wird. Durch gasförmige Stoffwechselprodukte sorgen dann die Anaërobionten später selbst dafür, dass
ihnen schädliche Sauerstoffspannungen nicht aufkommen.

Intermediärerscheinungen zwischen den Extremen fehlen jedoch
nicht, wie das nachher zu nennende exquisite Beispiel Engelmann's
anschaulich zeigt. Und nach den Untersuchungen Nencki's, Nägeli's
u. a. können gährungserregende Bakterien — gleich den Alkoholgährung erregenden Sprosspilzen — ohne Sauerstoff ausgiebig wachsen,
wenn sie in einer geeigneten, für sie gährungsfähigen Flüssigkeit sind.
Steht diesen Formen nur solche Nährflüssigkeit zu Gebote, welche
sie nicht vergähren können, so wachsen sie nur unter Zutritt von
Sauerstoff.

Auch für die Aërobionten kann Sauerstoff dann die Vegetation
hemmen bis zur Tötung, wenn er unter hohem Druck steht. Bact.
anthracis z. B. hielt sich in Sauerstoff unter 15 Atmosphären Druck
14 Tage lebend, war aber nach einigen Monaten tot. Duclaux urgiert,
dass auch die den Wachstumsbedingungen entzogenen Keime aëro-
biontischer Formen unter der dauernden Einwirkung des atmosphärischen Sauerstoffs schneller ihre Entwicklungsfähigkeit verlieren
als bei Aufbewahrung unter Sauerstoffabschluss. Die Thatsachen,
auf welche diese Ansicht sich gründet, sind an sich bemerkenswert.
In einigen Glaskolben, welche von Pasteur's Versuchen aus dem
Anfang der 60er Jahre herrührten und mit ihrem durch Bakterien
zersetzten, flüssigen Inhalt zugeschmolzen aufbewahrt worden waren,
fanden sich nach 21 und 22 Jahren die Keime jener Bakterien noch
gut entwicklungsfähig. Baumwollbäusche, welche dicht voll von
allerlei Keimen saßen und während der gleichen Zeit, gegen Staub
geschützt, aber nicht unter Luftabschluss trocken aufbewahrt worden
waren, enthielten keine Spur lebender Keime mehr. Einige solche
Bäusche, welche nur 6 Jahre alt waren, enthielten noch entwicklungsfähige Keime. Duclaux' Interpretation dieser Facta mag richtig
sein, doch bedarf dieselbe erst noch der Begründung, da es sich um
Gegenstände handelt, bei denen doch auch noch vieles andere als
die Sauerstoffzufuhr ungleich gewesen sein kann. Vor allem muss
bei solchen Fragen nicht mit kollektiven »Bakterien«, d. h. möglicher-
weise oder sicher unbestimmten Gemengen, sondern jedesmal mit
einer bestimmten einzelnen Art experimentiert werden.

Der Sauerstoff wird, unter gleichzeitiger Kohlensäureausscheidung, aufgenommen als Material für die Respiration, die Atmung, oder spezieller bezeichnet, die Sauerstoffatmung. Das Wasser dient, wenn man von gleich zu nennenden Ausnahmen absieht, als Träger und Vermittler der chemischen Prozesse des Stoffwechsels. Beide Körper sind nicht eigentliche Nährstoffe, d. h. solche, aus welchen die organischen Kohlenstoffverbindungen gebildet werden, welche das Baumaterial für Wachstum und Zellenbildung sind.

Was diese, also die Baumaterial liefernden Nährstoffe betrifft, so ist für die wenigen grünen Bakterien, wenn sie wirklich Chlorophyll führen, nach Analogie der übrigen chlorophyllführenden Vegetation anzunehmen, dass sie, unter Sauerstoffabscheidung, Kohlensäure als Nährstoff assimilieren. Engelmann's (41) Nachweis einer geringen Sauerstoffabscheidung bei seinem Bacterium chlorinum spricht für diese Annahme. Nach Analogie der übrigen chlorophyllführenden Gewächse würde dann auch die Verwendung von Wasser als Nährstoff für diese Formen wahrscheinlich sein. Dies gilt auch von den Salpeter erzeugenden Bakterien, die ohne Chlorophyll imstande sind, Kohlensäure zu zerlegen und den Kohlenstoff in organische Substanz überzuführen.

Die chlorophyllfreien Bakterien, also die ganz überwiegende und uns hier fast ausschließlich interessierende Mehrzahl bedürfen, wie alle chlorophyllfreien Zellen und Organismen, zur Deckung ihres Kohlenstoffbedarfs bereits anderswo gebildeter organischer Kohlenstoffverbindungen, sie assimilieren Kohlensäure nicht. Das stickstoffhaltige Nährmaterial kann sowohl durch vorgebildete organische als auch durch anorganische, Salpetersäure- oder besser Ammoniakverbindungen, geliefert werden. Dazu kommt dann, wie bei den übrigen Gewächsen, ein bestimmter, für unseren Fall quantitativ und qualitativ bescheidener Bedarf von löslichen Aschenbestandteilen.

Es kann hier nicht beabsichtigt werden, auf die Betrachtung des Nährstoffwertes einzelner Verbindungen näher einzugehen; hierüber muss die Speziallitteratur, zumal Nägeli (42, 43), nachgesehen werden. Für die Orientierung und Praxis genügt zu merken, dass nach Nägeli's Untersuchungen eine Anzahl Schimmel- und Sprosspilze sowohl als auch Bakterien ernährt werden in Lösungen, welche stickstofffreie und stickstoffhaltige Nährstoffe in folgenden Verbindungen resp. Kombinationen enthalten — die einzelnen Lösungen nach ihrer Nährtüchtigkeit in absteigender Folge geordnet und beziffert:

1. Eiweiß (Pepton) und Zucker. 2. Leucin und Zucker. 3. Weinsaures Ammoniak oder Salmiak und Zucker. 4. Eiweiß (Pepton). 5. Leucin. 6. Weinsaures Ammoniak oder bernsteinsaures Ammoniak oder Asparagin. 7. Essigsaures Ammoniak.

Man darf aber hiernach nicht für sämtliche einzelne Bakterienarten oder -formen das Optimum der Nährstoffqualität bestimmen oder beurteilen wollen. Obige Skala gilt auch nicht für alle Schimmelpilze, obgleich sie bei einem derselben, Penicillium glaucum, zuerst festgestellt wurde. Das Nährstoffbedürfnis einzelner, bestimmter Bakterienspecies ist überhaupt noch wenig studiert, es bedarf sehr der genaueren Untersuchung. Eine Anzahl praktischer Erfahrungen, welche unten bei den speziellen Beispielen zum Teil Erwähnung finden sollen, deutet schon jetzt auf eine große Mannigfaltigkeit der hier in Betracht kommenden thatsächlichen Verhältnisse hin.

Neben dem Gehalt an verwendbaren Nährstoffen sind noch andere chemische Eigenschaften des Substrats für den Vegetationsprozess der Bakterien von Wichtigkeit. Es ist eine alte Erfahrung, dass die meisten derselben — im Gegensatze zu dem umgekehrten Verhalten von Sprosspilzen und Schimmelpilzen — in neutral oder schwach alkalisch, höchstens schwach sauer reagierendem Medium ceteris paribus am besten gedeihen; stärker saure Reaktion verlangsamt oder sistiert ihre Vegetation. Nach Brefeld (28) wird z. B. die Entwicklung von Bac. subtilis gehemmt, wenn man guter Nährlösung 0,05 % Schwefelsäure oder Weinsäure, 0,2 % Milch- oder Buttersäure zusetzt. Doch ist auch dieses nur eine Regel, welche ihre Ausnahmen hat; das Kefir-Bacterium vegetiert gut und, soweit die Erfahrung reicht, am besten in (von Milchsäure und selbst Essigsäure) stark saurer Milch; die Essigmikrokokken ebenfalls in saurer Flüssigkeit.

Nicht minder können andere dem Nährboden beigemengte, lösliche Körper Hemmung des Vegetationsprozesses bis zur Tötung bewirken. Von solchen, welche auf lebende Zellen überhaupt als Gifte wirken, wie Quecksilbersublimat, Jod u. dgl. ist dieses, wenn sie in hinreichender Quantität vorhanden sind, selbstverständlich. Aber auch andere Körper können solche, wenigstens hemmende Giftwirkung ausüben. Fitz fand z. B. für seinen Butylalkohol-Bacillus, in Glycerinlösung, unter sonst optimalen Bedingungen, die Vegetation gehemmt durch Beimengung von 2,7—3,3 Gewichtsprocent Aethylalkohol, 0,9—1,05 % Butylalkohol, 0,1 % Buttersäure. Insofern solche nachteilig wirkende Verbindungen häufig durch den Vegetationsprozess der Bakterien selbst entstehen, kann dieser durch Anhäufung seiner eigenen Produkte selbst sistiert werden. So z. B. bei der Milchsäuregährung der Zuckerarten durch Anhäufung von Milchsäure; wird diese gebunden, z. B. mittelst Zusatzes von Kreide oder Zinkweiß, so bleibt die Vegetation des gährungserregenden Bakteriums im Gange. Auch diese Erscheinungen finden sich mutatis mutandis bei Nichtbakterien, speziell Pilzen. Sie sind im einzelnen von Species zu Species verschieden. Was die eine Species stört, kann die andere fördern; mit der Veränderung der Zusammensetzung des Substrats kann daher die Verdrängung einer Species durch eine bisher in eventuell minimaler Menge vorhandene andere eintreten. Die erste hat alsdann der anderen durch ihren Vegetationsprozess und seine Produkte den Boden vorbereitet. Bei der Beurteilung der Vorgänge im großen ist das immer im Auge zu behalten. Achtet man darauf, so findet eine Menge auf den ersten Blick verwirrender Erscheinungen ihre Erklärung.

Die Einwirkung anderer als der genannten Agentien auf Bakterienvegetation soll und kann im allgemeinen nicht bestritten werden, ist aber nach den gegenwärtigen Kenntnissen von so untergeordneter Bedeutung, dass hier eine ganz kurze Erwähnung genügt. Die Abhängigkeit der Kohlensäureassimilation chlorophyllführender Formen von den Lichtstrahlen ist nach den Kenntnissen von der Chlorophyllfunktion überhaupt selbstverständlich. Von anderen Lichtwirkungen liegen unbestimmte Angaben von Zopf über eventuelle Förderung des Wachstums von Beggiatoa roseo-persicina durch Beleuchtung vor und eine Untersuchung von Engelmann (44) über die Abhängigkeit der Bewegungen von den Lichtstrahlen für eine Form, welche, Bacterium photometricum genannt, nach den Abbildungen jedoch als Bacterium zweifelhaft ist. Für die Mehrzahl der Bakterien ist eine Lichtbeeinflussung insofern vorhanden, als direktes Sonnenlicht eine schädliche, auf viele Arten tötliche Wirkung ausübt. Die sonst so widerstandsfähigen Tuberkelbacillen werden z. B. im direkten Sonnenlicht schon nach wenigen Minuten getötet. Zerstreutes Tageslicht übt eine minder heftige Wirkung aus, auf die meisten Fäulnisbakterien gar keine. — Elektrizitätswirkungen sind neuerdings von Cohn und Mendelssohn untersucht (45) und bei diesen nachzulesen.

Die Abhängigkeit von den oben erörterten Vegetationsbedingungen gilt für alle Stadien und Phasen des normalen Vegetationsprozesses, auch für die Anfänge, die Keimung der Sporen. Von letzterer muss

besonders hervorgehoben werden, dass sie in allen für Bakterien bekannten Fällen nur in einem für die Vegetation der Species günstigen Nährboden erfolgt. Das stimmt überein mit dem entsprechenden Verhalten mancher Pilzsporen, z. B. denen der Mucorinen. Es
stimmt nicht überein mit jenem der meisten übrigen Sporen und
der Samen von Blütenpflanzen, welche ihrerseits keimen oder wenigstens keimen können, ohne Nährstoffe von außen zugeführt zu erhalten, wenn nur Wasser, Sauerstoff und die nötige Wärme gegeben sind.

Es ist schon oben (S. 18) angegeben worden, dass in manchen
Fällen, wie bei B. amylobacter, auch die Sporenbildung stattfindet, während in einem Teile der vegetativen Zellen Vegetation
und Wachstum fortdauern, — also unter dauernder Wirkung der
Vegetationsbedingungen. Für andere endospore Arten gilt der Ausspruch, dass die Sporenbildung eintritt, wenn das Substrat für die
Vegetation der Species »erschöpft«, d. h. ungeeignet geworden ist.
Ob letzteres wirklich jedesmal in einem Verbrauch der notwendigen Nährstoffe oder in einer Anhäufung hemmender Zersetzungsprodukte seinen Grund hat, oder ob die Sporenbildungen auch hier
eintreten aus inneren Ursachen, wenn die Vegetation eine bestimmte
Höhe erreicht hat, das alles bedarf noch der präciseren Untersuchung, wenn es auch nur von untergeordneter praktischer Wichtigkeit sein mag.

Unter dem Zusammenwirken der optimalen Bedingungen geht der
Vegetationsprozess der meisten Bakterien mit großer Geschwindigkeit
von statten. Brefeld bestimmte bei Bac. subtilis, dass unter guter
Ernährung, Sauerstoffzufuhr und bei 30° C. ein Stäbchen jedesmal
nach 30 Minuten sich teilt, das will heißen, binnen der 30 Minuten
bei gleichbleibender Dicke ungefähr auf die doppelte Länge heranwächst und dann der Quere nach in zwei gleichgroße Hälften zerfällt. In dem Maße, als man sich von den Optimalbedingungen entfernt, geht der Prozess langsamer von statten. Nimmt man an, dass
mit der in beschriebener Weise direkt beobachteten Vermehrung
des Volumens auch eine entsprechende Vermehrung der Masse,
speziell der Trockensubstanz stattfindet, was zwar nicht streng erwiesen, aber nach den vorhandenen Anzeichen jedenfalls annähernd
richtig ist, so findet hier also binnen 30 Minuten ein Wachstum auf
das Doppelte in jeglichem Sinne des Wortes statt. Ähnliches ergeben die Beobachtungen für viele andere Arten, wie B. anthracis,
Megaterium u. a. m. Auch hier giebt es jedoch Ausnahmen. Das

Bacterium tuberculosis wächst auch unter den optimalen Bedingungen so langsam, dass mehrere Stunden von einer Teilung bis zur anderen vergehen, dass also eine Zunahme um das Doppelte an Ausdehnung und Masse das Vielfache der bei B. subtilis angegebenen Zeit beansprucht.

Nicht nur das Wachsen und Keimen sind von den Vegetationsbedingungen direkt abhängig, sondern, bei den mit Eigenbewegung versehenen Arten und Formen, auch diese Bewegungen selbst. Insbesondere wird das Stattfinden und die Richtung der Bewegung bestimmt durch die Einwirkung von Nährstoffen und des Sauerstoffs. Bringt man eine solche Form, z. B. Bacillus subtilis, in bewegungsfähigem Vegetationszustande in einen Tropfen guter Nährlösung zwischen Objektträger und Deckglas, so sieht man alsbald die beweglichen Stäbchen sich um den Rand dieses ansammeln, wo der Sauerstoff der Luft unbegrenzten Zutritt hat. Die relativ wenigen in der Mitte des Tropfens zurückbleibenden und hier vom atmosphärischen Sauerstoff abgesperrten verlangsamen und verlieren die Bewegungen. Aërobiontische Formen, mit chlorophyllführenden Algen in einen sauerstofffreien Wassertropfen eingeschlossen, bleiben zunächst in Ruhe. Sobald man aber durch Lichteinwirkung eine Sauerstoffausscheidung seitens der Chlorophyllzellen hervorruft, geraten sie, wie Engelmann (46) gezeigt hat, in lebhafte Bewegung, und diese richtet sich nach den Orten der Sauerstoffabscheidung. An diesen sammeln sich die Bakterien. Dieselben lassen sich hiernach als feinstes Reagens auf Sauerstoffmengen von fast unvorstellbarer Kleinheit benutzen. Die häufige Gruppierung sauerstoffsuchender Formen zu Decken oder Häuten auf der Oberfläche von Flüssigkeiten hat in der in Rede stehenden, bewegungsrichtenden Wirkung jedenfalls teilweise ihren Grund. Umgekehrt ist es bei den beweglichen Anaërobionten. Hier findet lebhafte Bewegung meist nur bei Sauerstoffabschluss statt, während empfindliche Arten, wie B. tetani, bei freiem Luftzutritt sehr bald ihre Beweglichkeit verlieren.

Während nun die bisher erwähnten Formen sich der Quelle atmosphärischen Sauerstoffs möglichst nähern, giebt es, wie Engelmann (41) für ein Spirillum fand, andere, welche dieses nur auf eine bestimmte Entfernung thun. Letztere nimmt ab mit Verminderung des Sauerstoffgehalts der zugeführten Luft. Diese Beobachtung zeigt das oben hervorgehobene Vorkommen von Intermediärfällen zwischen den extremen Aërobionten und Anaërobionten. Besonders schöne Beispiele für die Anpassung verschiedener Bakterienarten an

verschiedene Grade der Sauerstoffspannung giebt Beyerinck (47). In
Reagensgläsern mit flüssigen Nährböden zeigt sich bei ruhigem Stehen
eine Bakterienschicht in verschiedener Entfernung von der Oberfläche der Flüssigkeit, je nachdem für die Bakterien größere oder
geringere Sauerstoffspannung optimal ist. Je näher der Oberfläche,
desto reichlicher und rascher wird natürlich der verbrauchte Sauerstoff aus der Luft wieder ersetzt.

Pfeffer (48) hat nun weiter gezeigt, dass chemische Reize, welche
durch andere, und zwar gelöste Körper ausgeübt werden, auf loko-
motorisch bewegliche Zellen und Organismen der verschiedensten
Art Bewegung beschleunigend und richtend einwirken können und
dass Spezialfälle dieser allgemeinen Erscheinung von den Bakterien
geliefert werden. Die chemischen Körper, von welchen dieses für
die Bakterien gilt, sind solche, welche oben als deren Nährstoffe
bezeichnet wurden. Die Richtung der Bewegung wird, wie Pfeffer
zeigt, bei einseitigem Zutritt der Lösungen durch Diffusionsströme
verursacht, in deren Richtung die Drehungsachse der Zelle orientiert
wird, und gegen welche die Lokomotion fortschreitet. Nach Qualität
des gelösten Körpers und Koncentration der Lösung ist die Wirkung
ceteris paribus verschieden, und es ist besonders festzuhalten, dass
nicht jeder Diffusionsstrom, sondern nur der von jedesmal spezifisch
bestimmten Lösungen richtend wirkt. Aus diesen Daten erklärt sich
die häufig beobachtete Erscheinung, dass Schwärme von Bakterien
sich in Wasser ansammeln um feste Körper, welche lösliche Nährstoffe allmählich abgeben, wie tote Pflanzenteile, Fleischstücke u. dgl.

Die Nutzanwendungen, welche von dem über die Bedingungen und Erscheinungen der Vegetation Gesagten, in Verbindung mit
den Erfahrungen über die Keime und ihre Verbreitung, gemacht
werden können, sind im Grunde selbstverständlich, wenn man jedesmal genau beachtet, worauf es ankommt. Das ist immer die Hauptsache: eine bestimmte Summe positiver Kenntnisse und sorgfältige
Erwägung dessen, was man erreichen will und auf bestimmtem Wege
wirklich erreichen kann. Nur in aller Kürze seien daher die Nutzanwendungen hier zusammengefasst.

Bezüglich der Kultur von Bakterien ist zunächst nur ganz wenig
zu sagen. Reine Auszüge aus tierischen und pflanzlichen Körpern,
auch die käuflichen Fleischextrakte, Bouillons, Fruchtsäfte, nach Bedarf neutralisiert, in nicht zu koncentrierten (etwa bis 10%) wässrigen Lösungen oder in Gelatine gelöst, sind nach den mitgeteilten
allgemeinen Erfahrungen der Regel nach günstige Nährböden; die

spezielle Wahl ist von Fall zu Fall auszuprobieren. Von französischen Beobachtern wird frischer Urin vielfach mit Erfolg angewendet. Sehr geeignet und für Kulturen mancher parasitischen Formen fast allein brauchbar hat sich Blutserum erwiesen, zumal wenn es nach dem von Koch angegebenen Verfahren durch Erwärmen auf 60—70° zum Erstarren gebracht ist. Noch geeigneter ist vielfach eine Mischung des Blutserums mit Agar oder glycerinhaltiges Agar, oder dieses in Verbindung mit Blutserum; auch hier sind eine Menge Kombinationen geboten, um den verschiedenen Arten möglichst günstige Lebensbedingungen zu bieten.

Herstellung der Reinheit der kultivierten Species, der Abwesenheit nicht beabsichtigter Beimengungen, worüber oben (S. 30, 36) einiges Handgreifliche mitgeteilt ist, und genaue Kontrole des Reinbleibens sind in allererster Linie zu postulieren. Die Möglichkeit gegenseitiger Verdrängung differenter Species wurde oben erörtert (S. 29).

Zur Reinhaltung einer Kultur sowohl als zu anderen praktischen Zwecken handelt es sich weiter oft um gänzliche Zerstörung, Tötung vorhandener Keime. Speziell bei den Kulturen können diese den anzuwendenden Apparaten, Gefäßen, Nährstoffen anhängen und müssen zur Vorbereitung reiner Kultur getötet werden. Mit einem von der Pasteur'schen Schule eingeführten Ausdruck nennt man diesen Zerstörungsprozess Sterilisierung.

Allgemein für Protoplasma giftige Körper, wie Säuren, Sublimat u. s. w., werden, in gehöriger Koncentration, den gewünschten Erfolg dann bringen, wenn es sich nur um die Zerstörung handelt, freilich unter der einen Voraussetzung, dass sie auch in das zu tötende Protoplasma einzudringen vermögen. Für die meisten Gifte trifft dies zu, aber nicht für alle. Absoluter Alkohol ist ein sofort tötliches Gift für Protoplasma, er muss daher auch das Protoplasma der Sporen endosporer Bacillen töten, wenn er es erreicht. Nichtsdestoweniger bleiben die Sporen von Bact. anthracis, wie Pasteur fand, und sicher auch die anderer endosporer Arten nach mehrwöchentlichem Aufenthalt in absolutem Alkohol lebendig. Macht man dasselbe Experiment mit unversehrten, reifen Samen der gewöhnlichen Gartenkresse (Lepidium sativum), so erhält man das nämliche Resultat: nach 4 Wochen aus dem Alkohol genommen, gewaschen und ausgesät, keimen sie. Die Bacillussporen und diese Kressesamen haben miteinander gemein, dass sie von einer Gallertmembran rings umgeben sind, und in die Gallerte dringt der Alkohol nicht ein; darum bleibt das Protoplasma, welches sonst bei dem Kressekeim ganz sicher sofort getötet würde, unbehelligt.

Bei den Kulturen ist aber die Anwendung von Giften zur Sterilisierung mit großen Übelständen verbunden in allen den zahlreichen Fällen, wo jene, um nicht der Kultur selbst zu schaden, wieder entfernt werden müssen. Beim Abwaschen der Gefäße u. dergl. können ja wieder neue Verunreinigungen kommen.

Das bei weitem praktischere Verfahren zur Sterilisierung besteht daher in der Anwendung extrem hoher Temperaturen, die, wenn es sich um eventuelle Tötung von Sporen handelt, über 100° gehen müssen; — bei trockenen Gefäßen geht man am besten auf 120—150°. Handelt es sich um Sterilisierung von Flüssigkeiten, so kann eine Erwärmung auch auf nur 100° eventuell aus praktischen Gründen unzulässig sein, z. B. wenn die Gerinnung von Eiweißkörpern, welche in der Flüssigkeit gelöst sind, vermieden werden muss. Da die meisten vegetierenden Zellen schon bei 50—60° getötet werden, führt hier das von Tyndall (49) angegebene Verfahren meist zum Ziel, welches darin besteht, dass man die Flüssigkeit stehen lässt, bis die etwa darin enthaltenen Keime zu wachsen anfangen, dann auf 60—70° erwärmt, und dieses ein paar Tage hintereinander wiederholt. In den meisten Fällen wird die Flüssigkeit alsdann bakterienrein sein — sauberen, dichten Verschluss des Gefäßes selbstverständlich immer vorausgesetzt.

In dem praktischen Leben endlich handelt es sich meist nur darum, etwa vorhandene Keime unschädlich zu machen dadurch, dass man ihre Weiterentwicklung verhindert, gleichviel ob sie deren fähig bleiben oder nicht. Radikale Zerstörung wäre ja auch hier das Beste und Wünschenswerteste; allein die Anwendung der meisten Gifte in der sicher tötenden Koncentration oder die Anwendung sicher tötender Hitzegrade würde hier gewöhnlich auch zur Zerstörung der Dinge führen, welche vor den Bakterien geschützt werden sollen. Man muss sich daher auf die erreichbare Abschlagszahlung beschränken.

Wenn, wie nicht zu bezweifeln ist, die günstigen Erfolge derzeit angewendeter Desinfektionen, die großartigen der Antisepsis in der Chirurgie ihren Grund haben in dem erreichten Schutz vor zerstörenden Bakterien, so ist wiederum kaum zweifelhaft, dass dieser Schutz — neben dem Fernhalten der Keime durch die mittelst dieser Prozeduren jedenfalls erhöhte Reinlichkeit — vorwiegend durch Entwicklungshinderung, weit weniger durch Tötung der

Keime zustande kommt. Die ausgedehnten Versuche von Koch (23, I. 234) zeigen, dass unter den Desinfektions- und Antisepsismitteln, in der zulässigen Koncentration resp. Verdünnung, nur Quecksilbersublimat, Chlor und Brom keimtötend wirken. Körper wie Salicylsäure, Karbolsäure u. s. w. in den anwendbaren Verdünnungen, Rohrzuckerpulver können im allgemeinen nicht anders als durch Wachstumshemmung günstig wirkend gedacht werden. Höchstens wäre noch näher nach etwaigen spezifischen Empfindlichkeiten verschiedener Bakterienarten zu fragen. Ein Eiter- oder Erysipelmikrococcus verhält sich allerdings zu den Antisepticis anders als der von Koch bei den genannten Versuchen vorwiegend studierte Bacillus anthracis.

VII.

Verhältnis zu dem Substrat und Einwirkung auf dasselbe. Saprophyten und Parasiten. — Saprophyten als Erreger von Zersetzungen und Gährungen. — Eigenschaften der Gährungserreger.

Der Vegetationsprozess von Organismen, welche organische Verbindungen als Nahrung verbrauchen, muss schon durch diesen Verbrauch auf das Substrat, welchem er die Nahrung entzieht, verändernd einwirken. Zu diesen Veränderungen kommen andere, näher mit dem Atmungsprozesse zusammenhängende Einwirkungen, durch welche das organische Substrat tief eingreifende Umsetzungen erleidet.

Das gilt für Organismen der bezeichneten Lebensweise überhaupt, also für alle chlorophyllfreien: Infusorien und Pilze sowohl wie Bakterien. Speziell Pilze im engeren Sinne, Sprosspilze. Schimmel u. s. w. haben, als relativ leicht dem Experiment zugänglich, die besten und meisten Aufschlüsse über die in Rede stehenden Erscheinungen gegeben, und wir werden sie im Folgenden manchmal als Beispiele heranzuziehen haben.

Das Interesse, welches sich den chlorophyllfreien Bakterien zuwendet, beruht vorwiegend in ihren Einwirkungen auf ihr Substrat. Wir haben diese daher, nach der bisherigen Vorbereitung, jetzt zu betrachten und durch Hervorhebung der wichtigsten bekannten Einzelfälle zu veranschaulichen.

Je nachdem das organische Substrat ein lebender oder ein toter
Körper ist, unterscheidet man zwei Hauptkategorien chlorophyllfreier
Organismen. Parasiten, Schmarotzer nennt man diejenigen,
welche auf oder in lebenden Mitgeschöpfen ihren Wohnsitz haben
und von ihnen leben; Saprophyten die anderen, von toten Körpern lebenden. Verschiedene Species sind der einen oder der anderen Vegetationsweise thatsächlich verschieden angepasst: die einen
kennen wir sowohl als Parasiten wie als Saprophyten; andere nur
in der ersteren oder in der letzteren Eigenschaft.

Wir werden auf diese Unterschiede und Abstufungen später,
speziell bei den Parasiten, näher einzugehen haben. Vorerst genügt
es, sie kurz zu merken.

Die spezielle Betrachtung hat, der einfacheren Verständlichkeit
wegen, mit den Saprophyten zu beginnen. In den Körpern, welche
von diesen bewohnt werden, findet Spaltung der vorhandenen organischen Verbindungen in einfachere statt. In dem weitest gehenden
Falle gänzliche Oxydation, Verwesung, mit den Endprodukten
Kohlensäure und Wasser für die stickstofffreien Kohlenstoffverbindungen; in anderen Fällen partielle, nicht bis zu den letzten Ver-
brennungsprodukten fortschreitende Oxydationen, »Oxydations-
gährungen«, wie z. B. bei der Essiggährung, d. h. der Oxydation
von Äthylalkohol zu Essigsäure. Seltener treten Reduktionen
auf, wie bei der nachher zu besprechenden Spaltung von Sulfaten
durch Spirillum desulfuricans und ähnlich wirkende Arten. Endlich
jene mit anderen als einfachen Oxydationsprodukten abschließenden
Spaltungen, welche als Gährungen im engeren Sinne zusammengefasst werden und von welchen die Alkoholgährung, die Spaltung
der Zuckerarten in Aethylalkohol und Kohlensäure das in jeder Hinsicht bekannteste Beispiel ist. Finden solche Spaltungen mit übel-
riechender Gasentwicklung und speziell an stickstoffhaltigen Verbindungen statt, so redet man von Fäulnis, ein derzeit mehr populärer
und anschaulicher als wissenschaftlich streng definierter Ausdruck.
Wenn man den Umfang des Begriffes Gährung möglichst weit fasst,
wie dies gegenwärtig meist gethan wird, so kann man auch jene
eigentümlichen, durch Mikroorganismen herbeigeführten Umsetzungen
hinzurechnen, bei welchen freier atmosphärischer Stickstoff gebunden
und sauerstoffarme Stickstoffverbindungen in stickstoffreiche übergeführt werden. In diesem weitesten Sinne ist dann Gährung eine
durch die Lebensthätigkeit von Mikroorganismen bewirkte Umsetzung
irgendwelcher, nicht bloß organischer Substanzen.

Auf die chemischen Vorgänge bei diesen Prozessen, auf die rein chemische und physikalische Seite der Gährungstheorien näher einzugehen, ist hier nicht unsere Aufgabe. Und auch die allgemeine Geschichte dieser Theorien sei hier nur insoweit berührt, als erwähnt wird, dass seit etwa dem Jahre 1860 feststeht, dass die ganze Reihe der erwähnten Erscheinungen von Verwesung und Gährung Folgen der Vegetations-, der Lebensprozesse von niederen Organismen, insonderheit Pilzen und Bakterien sind. Es ist das ganz eigene Verdienst Pasteur's, diese vitalistische Gährungstheorie im Gegensatze zu anderen, welche den lebenden Organismen keine oder andere ursächliche Beziehungen zuerkannten, fest begründet und auf alle hierher gehörigen Erscheinungen ausgedehnt zu haben; allerdings nachdem die gleiche vitalistische Theorie für die Alkoholgährung schon seit Cagniard-Latour (1828) und Schwann (1837) klar ausgesprochen war, ohne aber zu allgemeiner Aufnahme zu gelangen. Wer sich hierfür näher interessiert, sei auf das vortreffliche und ausführliche Werk von Lafar (1) verwiesen.

Der Vegetationsprozess lebender Organismen ist also die direkte Ursache der Gährungen; letztere finden nicht statt, wenn jene getötet sind. Man nennt solche Organismen daher Gährungserreger, Fermentorganismen, schlechthin Fermente nach der Terminologie der Pasteur'schen Schule; Hefen in der von Naegeli angewendeten Terminologie. Je nachdem dann der Gährungserreger ein Sprosspilz oder ein Spaltpilz, d. h. Bakterium oder ein fadenförmiger Pilz ist, wird kurz von Sprosshefe, Spalthefe, Fadenhefe geredet. Die französische Terminologie schränkt die Anwendung des französischen Wortes levure, welches ursprünglich das deutsche Hefe bedeutet, auf die Sprosspilze, welche Gährungserreger sind, ein. Es ist zum Verständnis der Litteratur wesentlich, auf diese Anwendungen des Wortes Hefe in ganz verschiedenem Sinne aufmerksam zu sein. Und es muss hinzugefügt werden, dass dasselbe Wort nicht nur für Gährungserreger schlechthin oder für die bestimmte gährungserregende Sprosspilzform angewendet wird, sondern in oft recht unnötiger Konfusion auch noch für die Sprosspilzformen, gleichviel ob sie Gährungen erregen oder nicht.

Von dem verschiedenen Sinne des Wortes Ferment wird nachher noch die Rede sein.

Da die Vegetation der Organismen die Gährung in Gang setzt, so muss das zu vergährende Substrat die sämtlichen für den Vegetationsprozess nötigen Nährstoffe enthalten. Eine reine Zucker-

lösung gährt nicht, wenn man lebende gährungserregende Pilze oder
Bakterien ebenfalls rein in kleiner Menge zugiebt. Der Zucker ist
zwar, wie wir sahen, ein guter Nährstoff für diese. Er deckt aber
nur den Bedarf an Kohlenstoff, Wasserstoff und Sauerstoff und genügt daher nicht für die Ernährung. Erst wenn man der Lösung
die oben bezeichneten Stickstoff und Aschenbestandteile liefernden Verbindungen zusetzt, wird sie gährungsfähig; und die Gährung
kommt in Gang, sobald im übrigen die günstigen Vegetationsbedingungen gegeben sind. Die im natürlichen Verlaufe der Dinge
oder in der menschlichen Praxis vergährenden Körper, wie Most
und Maischen. sind solche für die Gährungserreger ernährungstüchtige
Gemenge.

In jedem Gährungsprozess findet nun erstens, auf Kosten der
zu vergährenden Substanz, ein Wachsen, eine Vermehrung des erregenden Organismus statt. Das kann man direkt sehen, wenn dieser
im Anfang in minimaler Menge zugesetzt war, und durch Wägung
genau bestimmen. Der Rest des Gährmaterials wird infolge der mit
der Vegetation verbundenen Umsetzungsprozesse — deren nähere
Betrachtung, wie oben schon gesagt, hier unterbleiben muss — in
die Gährungsprodukte gespalten. Das bestbekannte Beispiel hierfür
ist die allerdings nicht streng in unsere Bakterienbetrachtung gehö-
rende Alkoholgährung des Zuckers durch den Bierhefesprosspilz,
Saccharomyces cerevisiae. Nach Pasteur's Angaben werden, in
geeigneter Lösung, von 100 Teilen Zucker verbraucht ohngefähr 1,25
zur Bildung von Hefesubstanz, 4—5 zur Bildung von Bernsteinsäure
und Glycerin, der Rest, also 94—95 %, zerfällt in Alkohol und
Kohlensäure.

Das Beispiel zeigt, dass der Spaltungsprozess ein komplizierter
ist und nicht einfach im Zerfall allen Zuckers in Kohlensäure und
Alkohol besteht. Letztere sind aber der Menge nach und auch nach
ihrer Bedeutung für die menschliche Praxis die hervorragendsten
Produkte der betreffenden Gährung. Man unterscheidet hiernach,
sowohl in dem vorliegenden als in den übrigen Fällen, Hauptprodukte und Nebenprodukte der Gährungen und benennt den Gährungsprozess nach einem charakteristischsten Hauptprodukt.

Für die Bakteriengährungen weiß man, dass ihr Gang jenem
des angeführten Beispiels im allgemeinen analog ist. Für die meisten
derselben ist aber bis jetzt der Spaltungsprozess minder genau, für
viele sind nur die Hauptprodukte qualitativ bekannt. Unter letzteren
tritt auch hier vielfach Kohlensäure auf. Weiteres wird unten bei

den speziellen Beispielen zu erwähnen sein. Hier sei nur noch kurz aufmerksam gemacht auf die bei Bakteriengährungen nicht selten auftretenden Farbstoffe, von denen schon oben (S. 4) die Rede war, und nach denen wohl auch von Pigmentgährungen die Rede ist.

Manche, nicht alle Gährungserreger scheiden in der Flüssigkeit gelöste Stoffe aus, welche die Eigenschaft haben, in der minimalen Menge, in welcher sie ausgeschieden werden, in dem Substrat andere als direkt zum Gährungsprozess gehörige Veränderungen hervorzurufen. Analoge und analog wirkende Ausscheidungen finden vielfach auch anderwärts statt, bei nicht gährungserregenden Pilzen z. B., und an bestimmten Organen oder in den Zellen höherer Organismen, auch chlorophyllführender Pflanzen. Der Bierhefepilz z. B., Saccharomyces cerevisiae, scheidet einen Körper aus, welcher den Rohrzucker in Lösung invertiert, wie man sagt, d. h. unter Wasseraufnahme spaltet in Glykose und Laevulose (Traubenzucker und Fruchtzucker). Die Zellen keimender Samen produzieren einen Körper, Diastase, welcher Stärkekörner in Dextrin und Maltose zerlegt. Stoffe dieser Kategorie werden zusammengefasst unter dem Namen Enzyme oder ungeformte, unorganisierte Fermente, auch wohl schlechthin Fermente in der deutschen Terminologie, einem Ausdruck, den man aber seiner Unbestimmtheit wegen besser vermeidet und durch Enzym ersetzt. Die zumal von Duclaux konsequent durchgeführte Terminologie der französischen Schulen nennt sie allgemein Diastasen und bildet dann für die Einzelerscheinungen besondere Worte mit gleicher Endung, wie Amylase, Saccharase (»Sucrase«!), Casease u. s. w., während sie, wie wir sahen, das Wort Ferment für die gährungserregenden, lebenden Organismen selbst reserviert. Die Enzyme sind, wie schon angedeutet, ihrerseits nicht organisierte oder bestimmt geformte Körper, in Wasser löslich, ihrer chemischen Beschaffenheit nach wohl sämtlich den eiweißartigen Verbindungen anzuschließen. Man kann sie von den Organismen, welche sie produzieren, trennen, ohnedass dabei, bei geeigneter Behandlung, ihre Wirkung verloren geht. Das Charakteristische dieser besteht allgemein darin, dass sie chemische Umsetzungen, Spaltungen hervorrufen, ohne selber in die Endprodukte dieser mit einzugehen und hierdurch ihre Wirksamkeit einzubüßen. Die Wirkungen sind von Fall zu Fall spezifisch ungleich, man unterscheidet hiernach, wie in den genannten Beispielen, invertierende, Zucker bildende u. s. w. Enzyme, und zu diesen sind diejenigen

hier noch zu nennen, welche, wie das Pepsin des tierischen Magensaftes, eiweißartige Körper unter Wasseraufnahme in leicht lösliche
Peptone umsetzen, — peptonisierende Enzyme.

Nach dem Gesagten braucht kaum mehr hervorgehoben zu werden, dass jedem Gährung oder Zersetzung hervorrufenden Organismus eine spezifische Thätigkeit in den bezeichneten Richtungen,
eventuell auch spezifische Enzymbildung zukommt. In der gleichen
Zuckerlösung wird von der einen Species Alkoholgährung erregt,
von anderen Milchsäure- resp. Buttersäuregährung u. s. w. Nach
den Hauptprodukten gleiche Gährung kann ferner auch von ungleichnamigen Species unter sonst gleichen Verhältnissen erzeugt
werden, allerdings in quantitativ ungleichem Maße: Alkoholgährung
der Zuckerlösungen z. B. sowohl von einer Anzahl Saccharo-
mycesarten als auch von bestimmten Species der Mucorinen-
gruppe. Die gleiche Species kann ferner in ungleichem Substrat
ungleiche Zersetzungen hervorrufen. Die Essigbakterien oxydieren den Alkohol in verdünnter Lösung zu Essigsäure; letztere dann,
wenn der Alkohol fehlt, zu Kohlensäure und Wasser. Der Bierhefesaccharomyces vergährt Traubenzucker direkt zu Kohlensäure und Alkohol; Rohrzucker wird nicht vergohren, sondern
durch das oben erwähnte Enzym erst »invertiert« und der aus
Glykose und Laevulose gebildete »Invertzucker« in dem Maße, als
er entsteht, vergohren.

Fitz' Butylalkoholbacillus vegetiert in Nährlösungen von Milchzucker, Erythrit, weinsaurem Ammoniak, milchsauren, apfelsauren,
weinsauren Salzen u. s. w., ohne in diesen charakteristische Gährungen zu erregen; er vergährt Glycerin, Mannit, Rohrzucker, mit
den Hauptprodukten Kohlensäure, Buttersäure, Blutylalkohol, und
kleinen Mengen von Milchsäure u. a. als Nebenprodukten, jedoch
sehr ungleichen Mengen der Hauptprodukte je nach dem Gährmaterial.
Die Verhältniszahlen der Buttersäuremenge z. B. sind unter gleichen
Gährbedingungen 17,4 für Glycerin; 35,4 für Mannit; 42,5 für Rohrzucker.

Ähnliche Beispiele sind in den Gährungsarbeiten viele zu finden.

Auch die Enzymabscheidungen können bei der gleichen Form
nach der Qualität des Substrats wechseln. Wortmann (50) fand für
ein nicht näher bestimmtes Bakterium, dass es ein Stärke lösendes
Enzym ausscheidet und Stärke löst, wenn ihm der Kohlenstoff nur
in Form von Stärkekörnern gegeben ist. Wird der Kohlenstoff in
Form eines in Wasser leicht löslichen Kohlehydrats, z. B. Zucker,

oder in Weinsäure gegeben, so bleiben gleichzeitig gebotene Stärkekörner intakt.

Endlich kann, auch bei gleichbleibender Qualität des Nährmate-
rials, durch Wechsel der äußeren Bedingungen innerhalb der Vege-
tationsgrenzen, eine bestimmte Gähr- oder Zersetzungsthätigkeit einer
bestimmten Species bis auf Null herabgesetzt werden. Die andeu-
tungsweise schon erwähnten Mucorinen, auch die Saccharomyces-
arten, von Bakterien z. B. Bac. Fitzianus, liefern Beispiele hierfür.
Bac. Fitzianus verliert nach Fitz die Gährtüchtigkeit, ohne die Vege-
tationsfähigkeit einzubüßen, wenn er hoher Temperatur ausgesetzt
wird; z. B. nach 1—3 Minuten dauerndem Kochen der Sporen in
einer Traubenzuckerlösung; oder nach 7 stündiger Erwärmung auf
80°; oder aber, wenn man ihn durch viele Generationen unter reichlicher Sauerstoffzufuhr in einer Nährlösung kultiviert, in welcher er
keine Gährung zu erregen vermag. Die Mucorinen treten hierbei,
je nach dem Wechsel der Bedingungen, in sehr verschiedener, für
den jedesmaligen Fall jedoch ganz bestimmter Gestaltung auf. Für
Saccharomyces und die darauf näher untersuchten Bakterien findet
ein solcher Gestaltwechsel nicht oder in unerheblichem Grade statt.
Dass die äußeren Bedingungen jeglicher Art auf die Gestaltung letzterer in gewissem Maße einwirken werden, ist allerdings a priori
anzunehmen und aus den S. 26 erwähnten Erscheinungen direkt ersichtlich. Es ist daher auch höchst wahrscheinlich, aber noch bestimmten Nachweises bedürftig, dass der Gestaltwechsel mancher
Bakterien durch den Wechsel der äußeren Vegetationsursachen zum
guten Teil bestimmt wird.

In dem natürlichen Verlaufe der Erscheinungen gehen die Ent-
wicklungs- und Zersetzungsprozesse, von denen die Rede war, selten,
kaum je rein und glatt von Anfang bis zu Ende vor sich. Viele
der in Rede stehenden Organismen sind so häufig, dass ihre Keime
mit- oder rasch nacheinander in eine Nährlösung oder ein sonstiges
zersetzungsfähiges Substrat gelangen. Sie entwickeln sich dann entweder gleichzeitig und ihre Zersetzungswirkungen treten nebeneinander auf; oder die einen finden zunächst günstigen Boden, verändern
diesen durch ihre Vegetation, schaffen dieser hierdurch Hindernisse,
während sie anderen den günstigen Boden bereiten; verschiedene
Entwicklungen und Zersetzungen treten daher in demselben Substrat
nacheinander auf.

Beispiele für solche Kombinationen und Successionen von
Gährungs- und Zersetzungsprodukten finden sich überall in dem

natürlichen Verlauf der Dinge und in den einschlägigen Gegenständen des menschlichen Haushalts. Ich brauche auf dieselben
hier um so weniger einzugehen, als eine Anzahl derselben in den
folgenden Einzelbeschreibungen Erwähnung zu finden haben.

VIII.

Wichtigste Beispiele von Saprophyten. — Orientierung über die Nomenklatur und Systematik. — Saprophyten der Gewässer: Crenothrix, Cladothrix; andere Wasserbewohner.

Wenn wir jetzt übergehen zu der speziellen Betrachtung einiger
saprophytischer Bakterien, so ist noch dreierlei vorauszuschicken.
Erstens kann es sich nicht handeln um die Aufzählung aller in
dieser Richtung beschriebenen Erscheinungen. Wir beschränken
uns auf solche, welche derzeit am besten bekannt und gleichzeitig
von allgemeinerem Interesse sind. Mit der Zeit werden diesen voraussichtlich noch viele hinzugefügt, an den derzeit geltenden Anschauungen auch mancherlei Änderungen vorgenommen werden.
Wir stehen derzeit noch sehr im Anfangsstadium der bezüglichen
Kenntnisse und Untersuchungen. Zweitens gehen wir auch hier
nicht näher ein auf die Details der chemischen Prozesse bei der
Zersetzungswirkung; wir stellen die morphologischen und biologischen Gesichtspunkte in den Vordergrund. Hierbei müssen wir uns
aber drittens darüber klar bleiben, dass auch in bezug auf letztere
unsere Kenntnisse derzeit noch sehr im Anfangsstadium, mindestens
sehr ungleichmäßig entwickelt sind, und dass infolgedessen die Anschauungen über eine naturgemäße Anordnung der Bakterien, über
ihre Einteilung in Gattungen und Familien bei den Bakteriologen
noch sehr geteilt sind.

Es sind in den letzten Jahren wiederholt Versuche gemacht
worden, auf der Grundlage des alten Cohn'schen Systems (13) eine
den neuen Errungenschaften auf dem Gebiete der Bakteriologie entsprechende Einteilung der Spaltpilze vorzunehmen. Es sei hier
gleich bemerkt, dass diese Versuche von sehr verschiedenen Gesichtspunkten ausgingen und deshalb natürlich auch ganz voneinander
abweichende Systeme ergaben.

Lehmann und Neumann (51) teilen die Bakterien in folgender Weise ein:

1. Familie **Coccaceae**. Zellen in freiem Zustande völlig kugelrund. Teilung nach 1, 2 oder 3 Richtungen des Raumes.
   1. Gattung Streptococcus. Zellteilung nach einer Richtung des Raumes.
   2. Gattung Sarcina. Zellteilung nach drei Richtungen des Raumes.
   3. Gattung Micrococcus. Zellteilung nach zwei Richtungen des Raumes.*
2. Familie **Bacteriaceae**. Zellen mindestens $1\frac{1}{2}$mal, meist aber 2—6mal so lang als breit, gerade oder nur in einer Ebene etwas gekrümmt, nie schraubig. Teilung (fast) stets quer auf die Längsachse nach Streckung des Stäbchens.
   1. Gattung Bacterium. Ohne endogene Sporen.
   2. Gattung Bacillus. Mit endogenen Sporen.
3. Familie **Spirillaceae**. Vegetationskörper einzellig, bogig oder spiralig gekrümmt und gedreht, mehr oder weniger gestreckt. Teilung immer senkrecht zur Längsachse.
   1. Gattung Vibrio. Zellen kurz, schwach bogig, starr komma-artig gekrümmt, stets nur mit einer (ausnahmsweise zwei) endständigen Geißel.
   2. Gattung Spirillum. Zelle lang, spiralig gekrümmt, kork-zieherartig, starr, mit einem meist polaren Geißelbüschel.
   3. Gattung Spirochaete. Zellen biegsam, lange, spiralig ge-wundene Fäden darstellend. Geißeln unbekannt.

Lehmann und Neumann schließen dabei eine Anzahl echter Bakterien (Bacterium tuberculosis, B. tuberculosis avium, B. diphthe-riae, B. pseudodiphtheriae, B. mallei u. s. w.) von den Bakterien aus und stellen sie unter den neuen Gattungen Corynebacterium und Mycobacterium mit Actinomyces in eine Gruppe. Dies ist eine Ver-einigung recht heterogener Dinge, die sich vom botanischen Stand-punkte aus nicht rechtfertigen lässt.

Fischer (52) verwendet neben den Merkmalen der Form, Zell-teilung und Begeißelung auch die Sporenbildung zur Einteilung:

---

* Lehmann nnd Neumann drücken sich allerdings aus: »Die Zellen teilen sich unregelmäßig nach verschiedenen Richtungen, sodass einzelne Kokken, einzelne Vereinigungen zu 2—4 Zellen, und endlich, und zwar vorwiegend, regel-lose klumpige Haufen entstehen. Hierher alle Formen, die nicht als unzweifel-hafte Streptokokken oder Sarcinen erscheinen.«

1. Ordnung· Haplobacterinae.

Vegetationskörper einzellig, kugelig, cylindrisch oder schraubig, einzeln oder zu Ketten und anderen Wuchsformen vereinigt.

1. Familie **Coccaceae**, Kugelbakterien.   Vegetationskörper kugelig.

    1. Unterfamilie *Allococcaceae*. Mit beliebig wechselnder Teilungsfolge, keine scharf ausgeprägten Wuchsformen, bald kurze Ketten, bald traubige Häufchen, bald paarweise und einzeln.

        1. Gattung Micrococcus.   Unbeweglich.

        2. Gattung Planococcus.   Beweglich.

    2. Unterfamilie *Homococcaceae*. Mit bestimmter, für jede Gattung typischer Teilungsfolge.

        1. Gattung Sarcina.   Die Teilungswände folgen sich in den drei Richtungen des Raumes, es entstehen packetartige Wuchsformen; unbeweglich.

        2. Gattung Planosarcina.   Wie die vorige, aber beweglich; monotrich begeißelt.

        3. Gattung Pediococcus.   Teilungswände kreuzweise in den beiden Richtungen der Ebene abwechselnd, Zellen zu vier oder zu Täfelchen zusammengelagert.

        4. Gattung Streptococcus.   Teilungswände immer parallel, nur in derselben Richtung; Wuchs in Ketten.

2. Familie **Bacillaceae**, Stäbchenbakterien. Vegetationskörper cylindrisch, ellipsoidisch, eiförmig, gerade; bei den kurzen, fast kugeligen Formen wird die Trennung von Kokken schwer; Teilung immer senkrecht zur Längsachse.

    1. Unterfamilie *Bacilleae*. Sporenbildende Stäbchen unverändert, cylindrisch.

        1. Gattung Bacillus.   Unbeweglich.

        2. Gattung Bactrinium.   Beweglich, monotrich mit einer polaren Geißel.

        3. Gattung Bactrillum.   Mit lophotrichen Geißeln.

        4. Gattung Bactridium.   Beweglich, peritrich.

    2. Unterfamilie *Clostridieae*.   Sporenbildende Stäbchen, spindelförmig.

        1. Gattung Clostridium.   Beweglich, peritrich.

    3. Unterfamilie *Plectridieae*. Sporenbildende Stäbchen, trommelschlägerförmig.

        1. Gattung Plectridium.   Beweglich, peritrich.

3. Familie **Spirillaceae**, Schraubenbakterien. Vegetationskörper cylindrisch, aber schraubig gekrümmt; Teilung immer senkrecht zur Längsachse.

1. Gattung Vibrio. Schwach kommaförmig gekrümmt, beweglich, monotrich.

2. Gattung Spirillum. Stärker schraubig, in weiten Windungen gekrümmt, beweglich, lophotrich.

3. Gattung Spirochaete. Sehr enge, zahlreiche Schraubenwindungen, Geißeln unbekannt, Zellwand vielleicht flexil.

2. Ordnung: Trichobacteriaceae.

Vegetationskörper ein unverzweigter oder verzweigter Zellfaden, dessen Glieder als Schwärmzellen sich ablösen.

1. Familie **Trichobacteriaceae**. Charakter der Ordnung.

a) Fäden unbeweglich, starr, in eine Scheide eingeschlossen.

1. Gattung Crenothrix. Fäden unverzweigt, ohne Schwefel.

2. Gattung Thiothrix. Wie vorige, aber mit Schwefel.

3. Gattung Cladothrix. Fäden verzweigt, pseudodichotom.

b) Fäden pendelnd und langsam kriechend, beweglich, ohne Scheide.

1. Gattung Beggiatoa. Mit Schwefel.

Das hier zu Grunde gelegte System wurde vom Bearbeiter dieser Vorlesungen im Anschluss an zwei vorhergehende Arbeiten in seinem System der Bakterien (53) durchgeführt:

Bacteria.

Phycochromfreie Spaltpflanzen mit Teilung nach 1, 2 oder 3 Richtungen des Raumes.

1. Ordnung: Eubacteria.

Zellen ohne Centralkörper, Schwefel und Bakteriopurpurin, farblos oder schwach gefärbt, auch chlorophyllgrün.

1. Familie **Coccaceae**. Zellen in freiem Zustande vollkommen kugelrund, in Teilungsstadien oft etwas elliptisch erscheinend.

1. Gattung Streptococcus Billroth. Zellen unbeweglich, Teilung nach einer Richtung des Raumes; bleiben die Zellen nach der Teilung verbunden, so entstehen perlschnurartige Ketten.

2. Gattung Micrococcus Cohn. Unbeweglich, Teilung nach zwei Richtungen des Raumes; bleiben die Zellen in der Teilungsfolge vereinigt, so entstehen einschichtige Täfelchen.

5*

3. Gattung Sarcina Goodsir. Unbeweglich, Teilung nach drei Richtungen. Bleiben die Zellen in der Teilungsfolge vereinigt, so entstehen warenballenartige Packete (Packetspaltpilz).

4. Gattung Planococcus Migula. Wie Micrococcus, aber beweglich, mit Geißeln.

5. Gattung Planosarcina Migula. Wie Sarcina, aber beweglich, mit Geißeln.

2. Familie **Bacteriaceae.** Zellen kürzere oder längere cylindrische Stäbchen bildend. Teilung nur senkrecht zur Längsachse.

1. Gattung Bacterium Ehrenberg. Zellen unbeweglich.

2. Gattung Bacillus Cohn. Zellen beweglich, mit über den Körper zerstreuten Geißeln.

3. Gattung Pseudomonas Migula. Zellen beweglich, mit polaren Geißeln.

3. Familie **Spirillaceae.** Zellen mehr oder weniger schraubenförmig gekrümmt, oft nur Teile eines Schraubenganges darstellend.

1. Gattung Spirosoma Migula. Zellen unbeweglich, starr.

2. Gattung Microspira Schröder. Zellen beweglich, mit 1—2 polaren Geißeln, starr.

3. Gattung Spirillum Ehrenberg. Zellen beweglich, mit polaren Geißelbüscheln, starr.

4. Gattung Spirochaete Ehrenberg. Zellen flexil, schlangenartig biegsam, beweglich. Bewegungsorgan unbekannt.

4. Familie **Chlamydobacteriaceae.** Zellen cylindrisch, zu Fäden angeordnet, die von einer Scheide umschlossen sind. Vermehrung durch Conidien.

1. Gattung Chlamydothrix Migula. Zellfäden unverzweigt, Teilung der Zellen nur nach einer Richtung; Conidien unbeweglich.

2. Gattung Crenothrix Cohn. Zellfäden unverzweigt, mit Gegensatz von Basis und Spitze. Bei der Bildung der unbeweglichen Conidien teilen sich die Zellen nach drei Richtungen des Raumes.

3. Gattung Phragmidiothrix Engler. Der vorigen ähnlich, aber spärlich verzweigt.

4. Gattung Sphaerotilus Kützing. Fäden pseudodichotom verzweigt. Conidien beweglich, mit seitlich unterhalb eines Poles inseriertem Geißelbüschel.

2. Ordnung: Thiobacteria.

Zellen ohne Centralkörper, aber Schwefeleinschlüsse enthaltend, farblos oder durch Bakteriopurpurin rosa, rot oder violett gefärbt, niemals grün.

1. Familie **Beggiatoaceae**. Fadenbildende Bakterien, farblos.
   1. Gattung Thiothrix Winogradsky. Fäden mit zarten Scheiden, langsam kriechende Stäbchen, Conidien bildend.
   2. Gattung Beggiatoa Trevisan. Scheidenlos, Conidienbildung fehlt.
2. Familie **Rhodobacteriaceae**. Die Zellen enthalten Bakteriopurpurin.
   1. Unterfamilie *Thiocapsaceae*. Zellen zu Familien vereinigt, Teilung nach drei Richtungen des Raumes.
      1. Gattung Thiocystis Winogradsky. Zellen klein, dicht, einzeln oder zu mehreren von einer Gallertcyste umgeben, schwärmfähig.
      2. Gattung Thiocapsa Winogradsky. Familien auf dem Substrat flach ausgebreitet, aus kugeligen, in gemeinsamer Gallerte locker eingebetteten, nicht schwärmfähigen Zellen gebildet.
      3. Gattung Thiosarcina Winogradsky. Familien packetförmig, nicht schwärmfähig.
   2. Unterfamilie *Lamprocystaceae*. Zellen zu Familien vereinigt. Teilung der Zellen zuerst nach zwei, dann nach drei Richtungen des Raumes.
      1. Gattung Lamprocystis Schröter. Familien anfangs solid, dann hohlkugelig, netzförmig durchbrochen, endlich in kleine schwärmfähige Gruppen sich auflösend.
   3. Unterfamilie *Thiopediaceae*. Zellen zu Familien vereinigt. Teilung nach zwei Richtungen des Raumes.
      1. Gattung Thiopedia Winogradsky. Familien tafelförmig, aus quaternär geordneten, schwärmfähigen Zellen bestehend.
   4. Unterfamilie *Amoebobacteraceae*. Zellen zu Familien vereinigt, Teilung nach einer Richtung des Raumes.
      1. Amoebobacter Winogradsky. Familien amöboid, beweglich, Zellen durch Plasmafäden verbunden.
      2. Gattung Thiothece Winogradsky. Zellen mit dicken Gallertcysten in gemeinsamer Gallerte sehr locker eingelagert, schwärmfähig.

3. Gattung Thiodictyon Winogradsky. Familien aus stäb-
chenförmigen, mit ihren Enden zu einem Netz verbundenen Familien bestehend.

4. Gattung Thiopolycoccus Winogradsky. Familien solid,
unbeweglich, aus kleinen, dicht zusammengepressten Zellen
bestehend.

5. Unterfamilie *Chromatiaceae*. Zellen frei, zeitlebens schwärm-
fähig.

1. Gattung Chromatium Perty. Zellen cylindrisch-elliptisch
oder elliptisch, verhältnismäßig dick.

2. Gattung Rhabdochromatium Winogradsky. Zellen stab-
oder spindelförmig.

3. Gattung Thiospirillum Winogradsky. Zellen spiralig gewunden.

Diese verschiedene Gruppierung der Bakterien in den drei in
neuerer Zeit aufgestellten Systemen lässt schon erkennen, wie wenig
eine wirklich natürliche Einteilung der Bakterien bisher erreicht ist.
Was der eine Forscher als besonders wichtig hinsichtlich der Be-
grenzung von Gattungen ansieht, verwirft der andere als nebensäch-
lich, und was dieser glaubt in naturgemäßer Weise geordnet zu
haben, gilt dem anderen als unnatürliche Zusammenziehung oder
Trennung.

Gehen wir jetzt zu den Beispielen über.

In Gewässern, welche organische Substanzen in Lösung enthalten, kommen in oft schädlicher oder doch sehr unangenehmer
Menge die relativ großen, Conidien bildenden Formen vor, welche
als Crenothrix, Cladothrix, Beggiatoa beschrieben sind (54).

1. Crenothrix Kühniana (Fig. 7) bildet, nach Zopf's Darstellungen, im reichstgegliederten Entwicklungszustande Fäden von
1—6 μ Dicke, bis etwa 1 cm lang, mit dem einen Ende festen Körpern ansitzend, völlig unverzweigt, gerade, seltener etwas schraubig
gekrümmt. Der Faden besteht aus einer Reihe von cylindrischen
Zellen, die halb- bis etwa anderthalbmal so lang als breit sind.
Die Außenschichten ihrer Seitenwände fließen zusammen zu einer
den ganzen Faden umgebenden, zarten Scheide, welche in der Jugend
farblos, später oft durch Eisensalze gelb- bis tiefbraun oder braun-
grün gefärbt ist. Häufig zerbrechen die Fäden der Quere nach in
Stücke, welche dann frei ins Wasser kommen und sich zu flockigen
Massen anhäufen. Die Glieder der Fäden können durch fortgesetzte

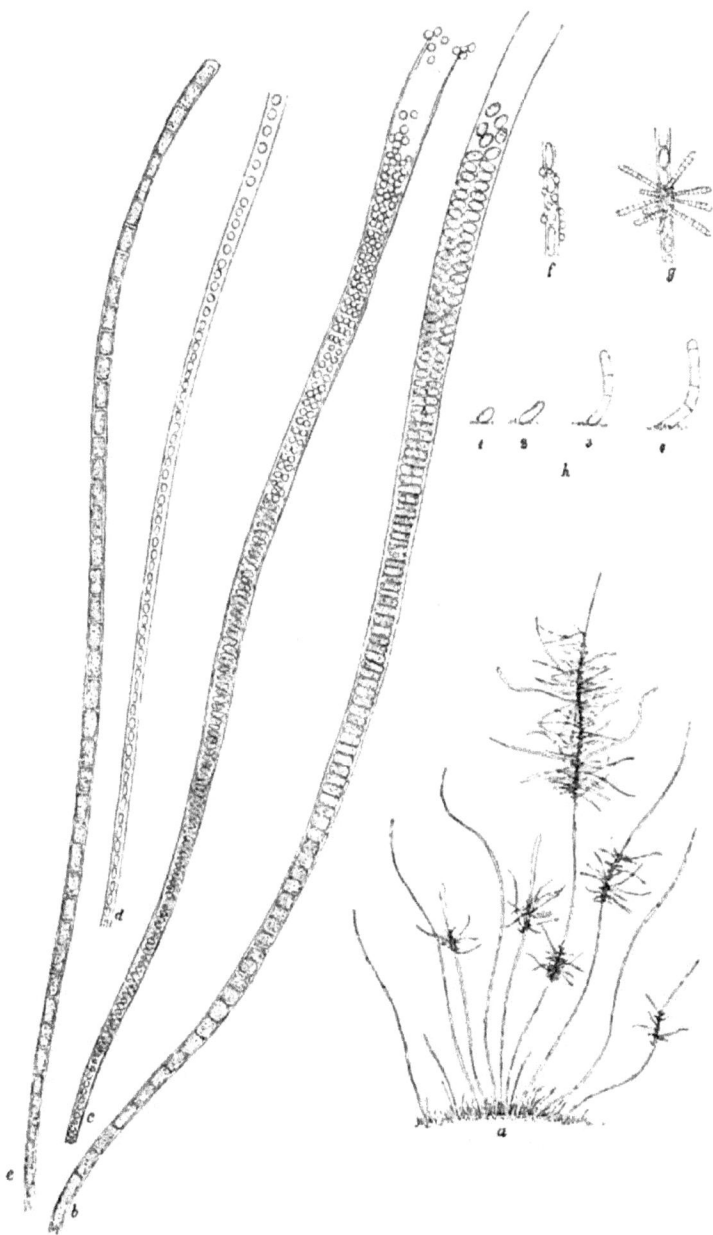

Fig. 7. Crenothrix Kühniana

Zweiteilungen in die Form isodiametrischer Zellen übergehen, welche
sich abrunden. An den dickeren Fäden erhalten hierbei die Glieder
oft erst kurze Scheibenform und teilen sich dann ein- bis mehrmals
der Längsrichtung des Fadens nach in rundliche Zellchen (b, c).
Letztere werden schließlich aus der Scheide befreit, entweder indem
diese ihrer ganzen Länge nach verquillt, oder aber, indem sie sich,
wohl auch durch Verquellung, nur an ihrer Spitze öffnet und die Zellchen dann hier ins Freie treten, sei es passiv hinausgeschoben infolge
des andauernden Längenwachstums der unteren Teile des Fadens, sei
es durch langsame Aufquellung der äußeren Membranschichten. Die in
Rede stehenden Zellchen können nach der Formterminologie Kokken,
nach ihrer Weiterentwicklungsfähigkeit Conidien genannt werden,
letzteres, weil sie, in Sumpfwasser kultiviert, wiederum zu Fäden,
welche ihren Mutterfäden gleich sind, heranzuwachsen vermögen (d, e).

Crenothrix Kühniana ist verbreitet in Gewässern aller Art, auch
in dem Bodenwasser bis 20 Meter Tiefe. In Wasserleitungen, Drain-
röhren u. dergl. kann sie gefürchtete »Wasserkalamität« verursachen, indem sich ihre Fadenflocken und Zooglöen derart vermehren,
dass sie dichte gelatinöse Massen bilden, welche Röhren unwegsam
machen und in Reservoirs zu Schlammschichten von mehreren Fuß
Tiefe anwachsen. Das Leitungswasser wird hierdurch zum Trinken
und für mancherlei technische Verwendung unbrauchbar, wenn auch
eine Schädigung der menschlichen Gesundheit durch die Crenothrix
nicht bekannt ist. Auch von sonstigen Zersetzungswirkungen der
Crenothrix weiß man nichts.

2. Noch häufiger als die Crenothrix ist, zumal in schmutzigen
Gewässern, Fabrikwasser u. dergl., aber auch in Bächen, Sphaerotilus dichotomus (Cladothrix) Cohn (Fig. 8). Sie bildet am Ufer
oft ausgedehnte Überzüge, welche aussehen wie grauweiße, flutende
Flocken. Ihre gleichfalls bescheideten zarten Fäden zeichnen sich
von jenen der Crenothrix im erwachsenen, Zustande vor allem dadurch aus, dass sie verzweigt sind. Die Verzweigung kommt so zu
stande, dass irgend eine Gliederzelle des Fadens mit ihrem einen
Ende aus der Reihe seitlich ausbiegt und dann in der divergenten
Richtung weiter wächst und sich quer teilt. Die Divergenz von der
Richtung des Hauptfadens ist spitzwinklig und zwar in der Regel,
mit Beziehung auf die Ansatzstelle oder Basis derselben, scheitel-
wärts spitzwinklig, seltener umgekehrt. Man hat diese Form der
Verzweigung, welche bei Nostocaceen, z. B. Scytonema, Calothrix,
vielfach vorkommt, darum falsche Verzweigung genannt, weil die

morphologische Beteiligung der Gliederzellen an ihr eine andere ist als bei den meisten übrigen einreihig fadenförmigen niederen Pflanzen. Sonstige Falschheit ist ihr nicht nachzusagen, sie ist eben eine eigenartige Verzweigungsform.

Eine Vermehrung der Fäden findet einmal in der Weise statt, dass ganze Fadenstücke abbrechen und zu neuen Pflanzen heranwachsen. Hauptsächlich findet aber eine Vermehrung durch schwärmende Conidien statt. Die einzelnen Zellen lösen sich noch innerhalb der Scheide voneinander, runden sich an ihren Enden ab und treten einzeln oder in losen kurzen Ketten aneinander hängend heraus. Sehr bald beginnen sie sich zu bewegen und davonzuschwimmen, um sich irgendwo festzusetzen und zu neuen Fäden heranzuwachsen. Die Schwärmer sind dadurch ausgezeichnet, dass sie seitlich, unterhalb des einen Pols, ein Geißelbüschel besitzen (Fig. 10), das an dieser Stelle bei anderen Bakterien bisher nicht beobachtet worden ist.

Die Scheide wird auch bei Cladothrix zuweilen recht dick, und es lagert sich in ihr Eisenoxydhydrat ab, sodass die Scheiden, namentlich die leeren in eisenhaltigen Quellen und Bächen oft dicke, ockergelbe Schlammmassen bilden und leicht mit denen der eigentlichen Ockeralge, Chlamydothrix ochracea (Leptothrix ochracea Rg.) verwechselt werden. Die Fäden der letzteren, ebenfalls zu den Scheidenbakterien gehörenden Art sind aber stets unverzweigt.

Fig. 8.

Aus nicht näher bekannten Ursachen kommt es bei Sphaerotilus dichotomus zuweilen zu einer welligen oder selbst schraubigen Krüm-

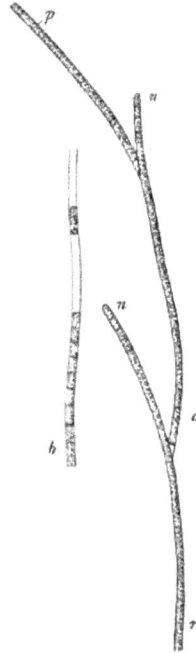

Fig. 8. Sphaerotilus dichotomus. *a* Ende eines lebenden Fadens. Derselbe wuchs ursprünglich in der Richtung *r—p*. Durch seitliche Ausbiegung und nachheriges divergentes Weiterwachsen von Gliederzellen sind die Äste *n, n* entstanden. Im Scheitel dieser ist der Aufbau aus cylindrischen Gliederzellen deutlich, sonst ohne Einwirkung von Reagentien nicht zu erkennen. — *b* Fadenstück mit deutlicher Gliederung und Scheide; letztere ist in der oberen Hälfte, bis auf eine darin steckende cylindrische Zelle, entleert. Bei 600facher Vergr. etwas zu breit gezeichnet.

mung der Fäden, die, losgelöst, Spirillen vortäuschen können; sie sind aber in diesem Zustande unbeweglich.

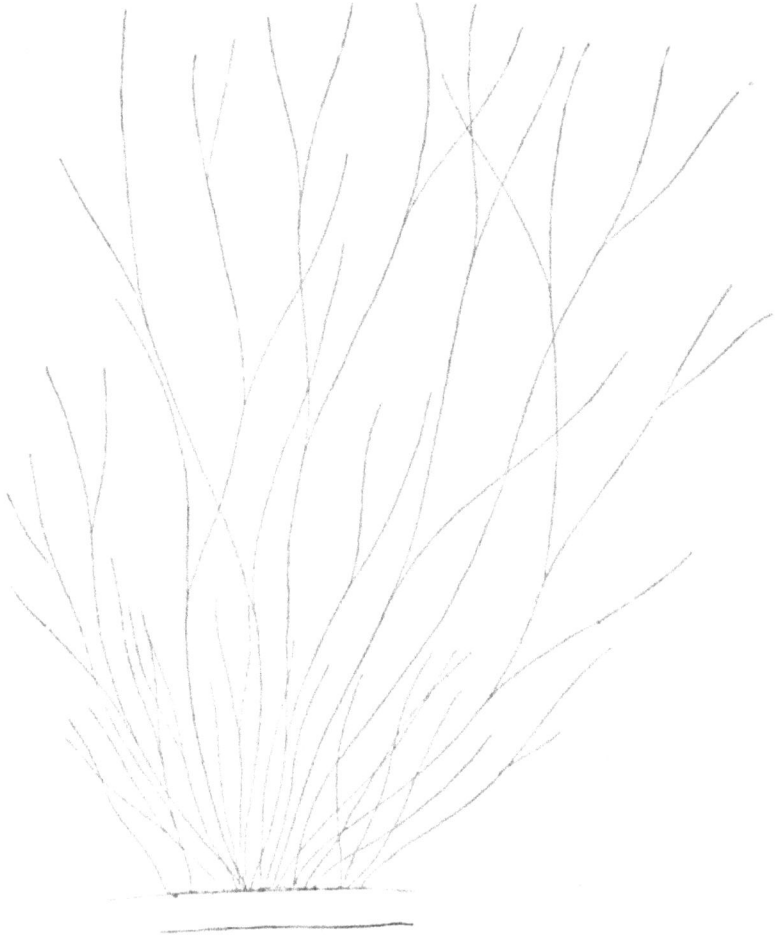

Fig. 9. Räschen von Sphaerotilus dichotomus; festsitzend. Vergr. 80.

Die Zahl anderer, meist weniger auffallender Wasserbakterien, d. h. Bakterien, die speziell an das Leben unserer Gewässer ange-passt sind und darin eine große Verbreitung aufweisen, ist eine sehr beträchtliche. Freilich kommen sie mehr oder weniger häufig auch anderweitig vor, manche in Mistjauche, andere auf Nahrungsmitteln, oder tierischen und pflanzlichen, in Verwesung übergehenden Körpern. Indessen giebt es doch auch einige Arten, welche mit Vorliebe im Sumpfwasser vorkommen und sich nicht leicht kultivieren lassen, wie die zierliche Spirochaete plicatilis Ehrenberg, deren Abbildung später bei der Beschreibung der Sp. Obermeieri gegeben ist. Die eigentümlichen Bewegungserscheinungen, die schlangenartige Biegsamkeit und die sehr engen und feinen Schraubenwindungen lassen sie sofort erkennen.

Als bemerkenswert seien hier noch die Sumpfwasser bewohnenden Spirillen an zwei Beispielen kurz beschrieben. Spirillum Undula Cohn (Fig. 11, *A*) bildet etwa 1 μ dicke, schraubige Stäbchen. Die Weite der Schraubenwindung beträgt (an getöteten Exemplaren) etwa 3 μ, also das Dreifache des Zelldurchmessers, die Höhe eines Schraubenumlaufs 5—6 μ (4—5 μ

Fig. 10.   Fig. 11.

nach Cohn). Ein Exemplar hat meist nur 1½ bis 2 Schraubenumgänge; nach Erreichung dieser Länge trennt es sich quermitten in zwei. Selten werden nach Cohn 3 Umgänge erreicht. Das Stäbchen besteht aus Gliederzellen, welche, soweit sich bestimmen lässt, unmittelbar nach der Teilung die Länge von etwa ½ Schraubenumlauf haben; sie trennen sich schon bei dieser Größe (*a*) oder nach längerem Wachstum voneinander.

Spirillum tenue Cohn (Fig. 11 *B*) ist schmäler und enger gewunden als Sp. Undula und hat in der Regel zahlreiche zusammenhängende Schraubenumläufe; meist 3—4—6. Die Länge der Einzelglieder, aus welchen die Schraube sich aufbaut, beträgt nach der Teilung, soviel ich ermitteln konnte, ebenfalls etwa ½ Umlauf.

Fig. 10. Sphaerotilus dichotomus. Schwärmende Conidien.
Fig. 11. (Vergr. 6—700). *A* Spirillum Undula Cohn; bei *a* Trennung in 2 Teilglieder. *B* Spirillum tenue Cohn. 3 Individuen ungleicher Länge.

Andere Entwicklungserscheinungen als Wachstum und Teilung der Schraubenstäbe konnten bei beiden Arten, auch während monatelanger Kultur, nicht beobachtet werden; in ihren Gestalten und Unterschieden bleiben beide konstant. In den Sumpfgewässern finden sie sich oft vereinzelt; wo sie in Menge und relativ unvermengt mit anderen Arten vorkommen, bilden sie, zumal beim Sp. Undula dichte Schwärme. Getötet und mit färbenden Reagentien (Jod, Anilinfarben) behandelt, zeigen sie bei beiden Arten ein auffallende Sonderung in kurze, unregelmäßige Querzonen von abwechselnd dunkler und heller Färbung — eine Erscheinung, welche von der Quergliederung in obengenannte Einzelzellen wohl zu unterscheiden ist. — Beide Arten endlich sind durch äußerst lebhafte Beweglichkeit ausgezeichnet — meteorartig fahren sie durch das Gesichtsfeld, sagt Cohn — eine zumal bei dem schlanken Sp. tenue sehr elegante Erscheinung.

IX.

Gährungserregende Saprophyten. Milchsäuregährung. Buttersäuregährung. Essigsäuregährung. Cellulosegährung. Schleimgährungen. Kefirgährung. Harnstoffgährungen. Eiweifszersetzungen.

Aus der großen Zahl der verschiedenen durch Bakterien hervorgerufenen Zersetzungsprozesse können hier nur einige der wichtigsten als Beispiele besprochen werden, ebenso wie nur einzelne Vertreter besonderer Gährungen beschrieben werden mögen.

In der Praxis sind die durch Bakterien hervorgerufenen Gährungen der Kohlehydrate die wichtigsten; man unterscheidet nach dem vorwiegenden Gährungsprodukt Milchsäure-, Buttersäure-, Essiggährungen, schleimige Gährungen u. s. w.

Die Zahl der Bakterienarten, welche Milchsäuregährungen hervorrufen, ist eine außerordentlich große; auch viele pathogene Arten produzieren bei der Zersetzung von Zuckerarten Milchsäure, wie die Organismen der asiatischen Cholera. Als Milchsäurebakterien im engeren Sinne fasst man aber eine Gruppe von Bakterien auf, deren Milchsäureproduktion in irgendeiner Weise praktisch verwertbar ist, so bei der Säuerung der Milch, des Hefegutes u. s. w. Die hierher gehörenden Arten stammen aus verschiedenen Gattungen; ihre Unterscheidung ist nicht leicht, zumal da fortwährend neue Arten beschrieben werden, bei denen mehr die physiologischen Leistungen als die morphologischen und entwicklungsgeschichtlichen Eigenschaften studiert werden.

Zu den häufigsten Milchsäurebakterien, namentlich in saurer Milch fast stets vorhanden, gehört das von Hueppe entdeckte Bacterium acidi lactici. Es sind unbewegliche, kurze, plumpe Stäbchen von 1—2,8 μ Länge und 0,3—0,4 μ Dicke, meist zu zweien oder in kurzen Ketten zu 4 angeordnet. Sporenbildung kommt ihm nicht zu. In Milch bewirkt es Gerinnung des Kaseïns, Bildung von Milchsäure und Gasbildung (hauptsächlich Kohlensäure), aber keine Alkoholbildung. Die kleinsten Mengen einer Reinkultur genügen, um bei einer Temperatur von über 15° C in keimfreier Milch innerhalb 2 bis 3 Tagen reichlich Milchsäure zu bilden. In spontan sauer gewordener Milch ist es sehr häufig die Ursache der Säuerung und infolge derselben auch der Gerinnung der Milch.

Fig. 12.

Ähnliche Milchsäurebildner sind nun eine ganze Anzahl beschrieben worden, doch unterscheiden sich viele voneinander dadurch, dass die Gährung bei ihnen einen entschieden anderen Verlauf nimmt, da verschiedene Nebenprodukte gebildet werden, bald Alkohol, bald Essigsäure, bald andere Verbindungen. Auch hinsichtlich der Temperatur machen die einzelnen Arten sehr verschiedene Ansprüche, und es giebt Milchsäurebakterien, die den thermophilen zugerechnet werden müssen, so der von Leichmann gefundene Bacillus lactis acidi aus Milch und Bacillus Delbrücki aus Hefegut (55).

In den meisten Fällen ist die bei der Gährung entstehende Milchsäure optisch inaktiv; es giebt aber Arten, welche optisch aktive, rechtsdrehende Milchsäure (Paramilchsäure) bilden, wie der von Nencki und Sieber gefundene Micrococcus acidi paralactici, und Arten, welche Linksmilchsäure bilden, so Microspira Comma und ähnliche Arten. Die einzelnen Arten bilden aber auch unter verschiedenen Verhältnissen stets dieselbe Milchsäure.

Eine fast ebenso häufige Gährung ist die Buttersäuregährung; sie

Fig. 12. Bacterium acidi lactici Hueppe. Reinkulturpräparat mit Gentianaviolett gefärbt. Vergr. 1000. (Aus Migula, Schizomyceten, in: Engler u. Prantl, Natürl. Pflanzenfamilien.)

wird durch die große Mehrzahl der anaërobiontischen Bakterien ausgelöst, die man früher als Bacillus amylobacter, Bacillus butyricus,
Clostridium butyricum beschrieb. Jetzt hat man aus dieser Sammel-
spezies zahlreiche Arten ausgeschieden und anders benannt; man
darf also nicht übersehen, dass die meisten Angaben früherer Forscher sich nur im allgemeinen auf Buttersäurebacillen beziehen lassen,
nicht auf eine bestimmte der jetzt unterschiedenen Arten. Auch
pathogene Bakterien wie der Rauschbrandbacillus bilden Buttersäure.
Geringer ist die Zahl der aërobiontischen Buttersäurebildner und
auch diese sind meist fakultativ anaërobiontisch.

Die Gruppe der Buttersäurebacillen ist im allgemeinen auch
äußerlich gegenüber den anderen Arten abgegrenzt, wenn auch
natürlich Zwischenformen nach allen Richtungen vorhanden sind.
Es sind meist kräftige, große, bei der Sporenbildung spindelförmig
anschwellende Stäbchen, durch mindestens fakultative Anaërobiose
und durch die Granulosereaktion in gewissen Entwicklungsstadien
ausgezeichnet. Freilich fehlt oft einer Art diese oder jene Eigenschaft, im ganzen bieten sie aber doch ein ziemlich einheitliches Bild.

Bei der Buttersäuregährung können verschiedene Zuckerarten in
Betracht kommen, außer Milchzucker auch Traubenzucker, Saccha-
rose u. s. w. Die einzelnen Arten verhalten sich dabei nicht immer
gleich. So vergährt ein von Beyerinck beschriebener Bacillus (Granu-
lobacter) saccharobutyricus Milchsäure, während dies ein von Grim-
bert beschriebener Bacillus orthobutylicus nicht vermag. Auch die
Nebenprodukte, die bei der Buttersäuregährung entstehen, Butylalkohol,
Isobutylalkohol, Essigsäure, Ameisensäure u. s. w. sind sowohl bei
den einzelnen Arten als auch je nach dem ihnen gebotenen Gährmaterial verschieden.

Auch bei der Reifung des Käses tritt Buttersäurebildung auf,
doch entsteht sie hier in verhältnismäßig geringen Mengen als Neben-
produkt bei der Eiweißzersetzung, wie die Käsereifung überhaupt im
wesentlichen eine Umwandlung der Eiweißverbindungen ist. Dabei
verlaufen aber offenbar zahlreiche verschiedene Umsetzungen gleichzeitig neben- und nacheinander, die die Käsereifung zu einem außerordentlich komplizierten Prozess machen.

Auch in der Milch kommt es zuweilen zu einer Buttersäurebildung, wenn dafür geeignete Bedingungen vorhanden sind, so z. B.
wenn durch Abkochen die rascher wachsenden aërobiontischen Milchsäurebakterien getötet und der Sauerstoff aus der Milch entfernt ist.
Die sporentragenden Buttersäurebakterien halten das Kochen meist

ohne abzusterben aus. Die Milch nimmt dann einen unangenehmen bitteren Geschmack an.

Solche anormale Zersetzungserscheinungen in der Milch sind nicht selten; man bezeichnet sie als Krankheiten der Milch. Bald sind es auffallende Färbungen, die durch farbstoffbildende Bakterien der Milch verliehen werden — blaue Milch, rote Milch, gelbe Milch — bald ist es ein widerwärtiger, bitterer oder seifiger Geschmack, bald eine ekelerregende, fadenziehende oder schleimige Konsistenz. Die blaue Färbung wird oft durch einen als Pseudomonas syncyanea, Bacillus der blauen Milch bezeichneten Organismus hervorgerufen, Die rote durch verschiedene Arten, Bacillus prodigiosus, Bacterium erythrogenes, Sarcina rubra, die gelbe durch Bacillus synxanthus. Als Erreger von bitterem oder seifigem Geschmack, von fadenziehender oder schleimiger Beschaffenheit sind ebenfalls zahlreiche Organismen beschrieben worden, die zu den Bakterien gehören (56).

Die Kefirgährung ist eine mit Kohlensäureentbindung einhergehende Vergährung des Milchzuckers der Milch, wobei gleichzeitig etwas Alkohol entsteht. Kefir oder Kephir ist der Name eines Getränks, einer flüssigen, moussierenden und etwas alkoholhaltigen Sauermilch, welche die Bewohner des hohen Kaukasus aus Kuh-, Ziegen oder Schafmilch bereiten; — daher nicht zu verwechseln mit dem uns hier nicht beschäftigenden, von den Nomaden der Steppe ursprünglich aus Rossmilch bereiteten Kumys. Die Herstellung des Getränkes erfolgt, indem der Milch die eigentümlichen lappig-stumpfhöckerigen Körper zugesetzt werden, welche ebenfalls den Namen Kefir oder Kefirkörner führen. Die Kaukasier benutzen hierbei als Gefäße lederne Schläuche; der gebildete Europäer bedient sich der minder unappetitlichen Glasgefäße. Das Rezept zur Getränkbereitung mit den letzteren lautet in den Hauptzügen folgendermaßen.

Lebende, völlig durchfeuchtete Kefirkörner werden mit frischer Milch angesetzt, sodass auf 1 Volumen Körner etwa 6—7 Volumina Milch kommen. Sie bleiben so, bei Zimmertemperatur, 24 Stunden an der Luft stehen, nur durch lockeren Verschluss gegen Staub geschützt, und das Gemenge wird öfters umgeschüttelt. Nach 24 Stunden wird die Milch von den Körnern abgegossen. Diese können von neuem zu der gleichen Prozedur verwendet werden. Die abgegossene Milch aber, wir wollen sie Gährmilch nennen, wird dann mit doppelt soviel frischer Milch gemengt, in Flaschen gefüllt, gut verkorkt und häufig geschüttelt. Nach einem bis mehreren Tagen ist dann in den Flaschen die mehr oder minder stark moussierende

Sauermilch fertig. Sie hat den durch letzteres Wort bezeichneten
säuerlichen Geschmack, ist, je nach Temperatur und Gährungsdauer
in verschiedenem Maße kohlensäurereich — bis zu dem Grade, dass
die Flaschen platzen oder die Stöpsel explodieren — und enthält,
wie schon gesagt, etwas Alkohol; weniger als 1 % in den hier untersuchten Fällen, 1—2 % nach anderen Angaben.

Die Veränderungen der Milch zur Erzeugung besagten Getränkes
kann man sich nun folgendermaßen aus der kombinierten Thätigkeit von mindestens drei Fermentorganismen erklären. Die Kefirkörner bestehen der Hauptmasse nach aus einem fädig-gelatinösen
Bacterium, dem Bacillus caucasicus, welchen Kern Dispora cauca-
sica genannt hat; zwischen diesem, in die zähe Zoogloea eingeschlossen, sind zahlreiche Gruppen eines bierhefeähnlichen Sprosspilzes, Saccharomyces; dazu kommt drittens ein Milchsäurebacterium,
welches teils (nebst unwesentlichen Pilzen und sonstigen Verunreinigungen) den Körnern anhaftet, teils mit der frischen Milch jedesmal
zugeführt wird.

Von diesen Organismen oder ihren nahen Verwandten kennen
wir die Fermentwirkungen wenigstens so weit, dass wir über den
Gang der beschriebenen Veränderungen eine plausible Vorstellung gewinnen können. Die Säuerung wird dadurch zustande kommen, dass
das Milchsäurebacterium einen Teil des Milchzuckers in Milchsäure
umsetzt. Die Alkoholgährung, d. h. das Auftreten des Alkohols und
wenigstens eines guten Teils der Kohlensäure wird einem andern
Teil des Milchzuckers ihr Material und der Gährthätigkeit des Sprosspilzes ihr Zustandekommen verdanken. In Traubenzuckernährlösung
bewirkt der Kefir sowohl wie der aus ihm stammende Sprosspilz
allein Alkoholgährung, wenn auch schwächere als der Bierhefesprosspilz. Milchzucker wird nun aber durch bekannte Sprosspilze nicht
als solcher in Alkoholgährung versetzt und, wie der Versuch lehrt,
auch nicht durch den in Rede stehenden. Um diese Gährung zu ermöglichen, muss er vorher invertiert, in gährungsfähige Zuckerarten
gespalten werden. Nach Naegeli (18, p. 12) ist nun die Absonderung
eines Milchzucker invertierenden Enzyms eine bei Bakterien verbreitete Erscheinung; Hueppe hat dieselbe speziell für seinen Milch-
säurebacillus wahrscheinlich gemacht; die Rolle der zur Alkoholgährung durch den Sprosspilz erforderlichen Inversion wird daher
jenem Bacillus, oder dem Bacterium der Zoogloea, oder beiden
zufallen.

Endlich sehen wir, dass das Getränk flüssig ist; Gerinnung des

Caseins findet zwar statt, aber entweder von Anfang an nicht in der homogen gelatinösen Form der gewöhnlichen Sauermilch, sondern in Klümpchen und Flocken, die in Serum suspendiert sind; oder aber das anfangs manchmal vorhandene gelatinöse Gerinnsel wird bald teilweise gelöst. Es findet also eine teilweise Verflüssigung (Peptonisierung) selbst des schon geronnenen Caseins statt. Diese muss einem von dem Zoogloeabacterium ausgeschiedenen Enzym zugeschrieben werden, da nach den vorliegenden Kenntnissen dem Milchsäurebacterium peptonisierende oder Casein sonst verflüssigende Wirkungen mangeln.

Mit dieser auch der kurzen Mitteilung Hueppe's über den Gegenstand im wesentlichen entsprechenden Anschauung steht in Übereinstimmung die bemerkenswerte Thatsache, dass in der Gährmilch, mittelst welcher das Getränk bereitet wird, zwar immer reichliche und lebhaft wachsende Sprosspilzzellen und Milchsäurebakterien enthalten sind, von dem Zoogloeabacterium aber nichts oder nur zweifelhafte kleine Mengen. Die Körner halten dieses in der Regel fest zurück, während sie Sprosszellen an die Milch abgeben. Der Annahme, dass von den Körnern abgeschiedene Enzyme in die Gährmilch übergehen und mit dieser dann weiter einwirken, steht natürlich nichts im Wege.

Indessen kommen ganz ähnliche Produkte auch auf anderem Wege ohne Kefir zustande, bei denen die Prozesse vielleicht ähnlich verlaufen, aber von anderen Organismen ausgelöst werden. So fand A. Levy in Hagenau, dass man das moussierende, alkoholhaltige Kefirgetränk ohne alle Kefirkörner, einfach dann erhält, wenn man die sauer werdende Milch häufig stark umschüttelt. Der Versuch überzeugte mich von der Richtigkeit dieser Angabe. Der Schüttelkefir unterschied sich nicht bemerkbar nach Geschmack etc. von dem Körnerkefir, und die Alkoholbestimmung, welche Prof. Schmiedeberg auszuführen die Freundlichkeit hatte, ergab für die Proben Schüttelkefir ca. 1 Volumprocent, für eine Körnerkefirprobe 0,4 Volumprocent Alkohol; für nicht geschüttelte Sauermilch 0 oder zweifelhafte Spur.

Wenden wir uns noch einen Augenblick zu der Lebensgeschichte des Kefirkorns, so mag von dem Saccharomyces kurz bemerkt werden, dass er wächst in der von dem Bierhefesaccharomyces bekannten Sprossform, teils Gruppen und Nester bildend im Innern oder an der Oberfläche der Körner, teils von dieser aus in die umgebende Flüssigkeit tretend. Er ist durchschnittlich kleiner und schmäler als jener;

seine Gestalt mag jedoch hier durch Reproduktion einer Abbildung des sehr ähnlichen Bierhefesaccharomyces veranschaulicht werden (Fig. 13). Von dem Bacterium, aus welchem die Körner ganz vorwiegend bestehen, kennen wir, glaube ich, auch nicht mehr als die vegetative Entwicklung. Es sind, wie oben schon beschrieben, schlanke Stäbchen, in Fadenverband, die Fäden dicht verflochten und durch Gallerte zur Zoogloea zusammengehalten.

Der Ursprung der Körner ist nicht weiter zurückverfolgt als bis in die ledernen Milchschläuche der Gebirgsbewohner; woher sie in dieselben zuerst gelangt sind, ist unbekannt. Zu uns kommen sie in getrocknetem Zustande — sie werden in diesem auch in der Heimat aufbewahrt; das Trocknen muss rasch geschehen, am besten an

Fig. 13.

der Sonne. Von dem trocken versandten Material ist, soweit meine Erfahrung reicht, vieles tot. Das aufgeweichte, lebende Korn wächst in der Milch langsam, unter gleichförmiger Zunahme und Vermehrung aller seiner Teile. Mit der Größenzunahme trennen sich von Zeit zu Zeit einzelne Lappen verschiedener Größe von dem Ganzen ab, sodass eine Vermehrung der Körner erfolgt. Nach einzelnen Beobachtungen halte ich es für möglich, dass zuweilen Disporaglieder aus einem Korn austreten und dann zu neuen Kefirkörnchen heranwachsen können, doch ist das nicht sicher. Distinkte Sporenbildung kennt man zur Zeit nicht. Kern hat solche zwar nicht nur angegeben, sondern das Kefirbacterium sogar Dispora danach benannt, dass in einem Stäbchen jedesmal zwei Sporen, an jedem Ende eine, gebildet würden. Ich habe bei wiederholter Beobachtung nie etwas derartiges gesehen, wohl aber sehr oft Bilder, welche den Kern'schen Darstellungen entsprechen und zustandekommen dadurch, dass ein Stäbchen oder Fadenstück krumm ist und in seinem horizontal liegenden Mittelteil der Länge nach, an einem oder beiden von der Horizontalfläche abgebogenen Enden aber im Querprofil gesehen wird. Durch solche Erscheinungen hat sich Kern täuschen lassen.

Fig. 13. Saccharomyces cerevisiae. *a* Zellen vor der Sprossung, *b—d* (Entwicklungsfolge nach den Buchstaben) Sprossungen in gährender Zuckerlösung. Vergr. 390.

Auch v. Freudenreich (57), der neuerdings diese Art sehr gründlich untersucht hat, konnte keine Sporen finden. Nach ihm kommt dem Bacillus caucasicus überhaupt nur eine untergeordnete Rolle bei der Kefirgährung zu.

Eine andere Zersetzung von Kohlehydratèn, die ein gewisses Interesse beansprucht, ist die Cellulosegährung. Sie wurde früher dem Bacillus Amylobacter zugeschrieben, nach den Untersuchungen von Omelianski (58) ist es aber ein besonderer Organismus, während der Amylobacter und ähnliche Arten Cellulose angreifen. Wahrscheinlich werden jedoch auch bei dieser Gährung verschiedene Organismen beteiligt sein, nur stellen sich ihrer Kultur so beträchtliche Schwierigkeiten in den Weg, dass eine Isolierung der verschiedenen Arten bisher nicht erfolgt ist. Das Gleiche gilt von den Organismen, welche bei der Röstung der Gespinnstfasern beteiligt sind, wobei die Substanz der Mittellamelle, Pektinkörper, aber keine Cellulose angegriffen wird. Hier sind sicher verschiedene Arten vorhanden, von denen einer von Fribes isoliert worden ist (59).

Eine sehr wichtige Gährung ist auch die Essigbildung. Kleine Mengen Essigsäure entstehen zwar als Nebenprodukte bei vielen Gährungen; hier aber handelt es sich um einen bestimmten Vorgang, bei welchem Essigsäure als Hauptprodukt entsteht, um die Oxydation des Alkohols.

Als Essigsäurebildner sind eine ganze Reihe von Arten in neuerer Zeit bekannt geworden; wir wollen uns hier an den am längsten bekannten Organismus halten. Wenn eine Nährlösung, welche einige Procent Alkohol enthält und sauer ist, am besten bei etwa 30—40° betragender Temperatur an der Luft steht, so bildet sich Essig, d. h. der Alkohol wird zu Essigsäure oxydiert. Zugleich trübt sich die Flüssigkeit mehr oder minder, und ihre Oberfläche bedeckt sich mit einem zarten, farblosen Häutchen. Dieses besteht in den meisten reinen Fällen aus der Essigmutter, Bacterium aceti (Mycoderma aceti der alten Pasteur'schen Nomenklatur). Pasteur hat vor 38 Jahren gezeigt, dass dieses Bacterium von den in der Lösung enthaltenen organischen und Mineralstoffen lebt und wächst und, unter Sauerstoffabsorption aus der Luft, den Alkohol zu Essigsäure oxydiert. Der präcise Nachweis hiervon wird geliefert dadurch, dass man reinen Nährlösungen von den S. 54, 60 angegebenen Eigenschaften einige (bis etwa 4) Procent Alkohol, 1—2 % Essigsäure zusetzt und dann eine minimale Menge von einem Essigmutterhäutchen in die Flüssigkeit bringt. In der geeigneten Temperatur und bei freiem Luftzutritt

6 *

wächst die Essigmutter zu der beschriebenen Haut heran, und in
dem Maße, als das geschieht, wird der gelöste Alkohol in Essigsäure
umgesetzt.

Die verschiedenen in der Ökonomie angewendeten Verfahrungsweisen der Essigbereitung, die wir hier nicht ins Einzelne verfolgen,
sind Kulturen des Bacterium aceti, bei der geeigneten Temperatur
und je nach dem speziellen Verfahren verschieden regulierter Lüftung.
Die Essigmischungen — aus Wein, Bier u. s. w. mit Zusatz von bereits gebildetem Essig — haben die wesentlichen Eigenschaften obiger Nährlösungen. Der Essig des praktischen Lebens ist verdünnte
Lösung von Essigsäure und enthält immer mehr oder minder reichliche Mengen des Essigbacteriums. Keime dieses sind auch im übrigen verbreitet und fehlen insbesondere wohl nie in den Gefäßen,
welche der Bereitung und Aufbewahrung alkoholischer Flüssigkeiten dienen. Das Sauer-
werden letzterer bei unvorsichtiger Behandlung
ist wenigstens zum Teil Wirkung des Essigbacteriums. Er besteht gewöhnlich, und wohl in
dem normal vegetierenden Zustande, aus cylindrischen Zellchen, welche nicht viel länger als
breit werden und einen Querdurchmesser von
etwa 0,8—1 µ haben. Dieselben vermehren sich
durch den gewöhnlichen Querteilungsprozess und bleiben oft zu langen
Fadenreihen verbunden, in älteren Kulturen oft aus dem Fadenverband
verschoben, aber durch Gallerte zusammengehalten. Mit dieser kurz-
zelligen Micrococcusform kommen nicht selten Zellenreihen vor, deren
Glieder teils lang stabförmig gestreckt, teils nicht nur mehrmals länger
als breit, sondern auch spindelförmig oder blasig angeschwollen
sind, derart, dass ihre größte Breite den Durchmesser der gewöhnlichen Zellchen um mehr als das Vierfache übertreffen kann. Man
würde diese blasigen Zellen nie für mit den kleinen zusammen-
gehörig halten, wenn sie nicht meistens mit ihnen — einzeln oder
zu mehreren hintereinander — als Glieder derselben genetischen
Reihen, und durch mancherlei Zwischenformen vermittelt, vorkämen.
Erscheinungen dieser Art sind auch bei anderen Bakterien beobachtet; sie sind es, welche wir früher unter dem Naegeli'schen Namen

Fig. 14.

Fig. 14. Bacterium aceti, Essigmutter, einzelne und reihenweise ver-
bundene rundliche Zellen, und Reihen mit stabförmig gestreckten und spindelig
oder flaschenförmig angeschwollenen Gliedern; die letzteren aus einer bei 40°
gehaltenen Kultur. Vergr. 600.

Involutionsformen kennen gelernt haben (vergl. S. 11). O.) sie wirklich, wie dieser Name ausdrücken soll, Rückbildungszustände, oder krankhafte Formen sind, möchte ich für das Essigbacterium dahingestellt lassen. Sie kommen allerdings in manchen Kulturen gar nicht oder vereinzelt, in anderen dagegen außerordentlich zahlreich vor, und in dem letzteren Falle konnte ich nie finden, dass sie »den Eindruck, als seien sie zu weiterer Entwicklung unfähig,« machen. Positive Angaben sind aber derzeit ebensowenig über ihre entwicklungsgeschichtliche Bedeutung wie über die Bedingungen ihres Entstehens oder Ausbleibens möglich.

Von E. Chr. Hansen ist ein Bacterium gefunden und B. Pasteurianum genannt worden, welches sich dem B. aceti in allen Stücken gleich verhält, bis auf den — bei successiven Generationen konstant bleibenden — Unterschied, dass seine Zellen mit Jod die blaue Stärkereaktion (vergl. S. 5) zeigen, während der gewöhnliche B. aceti durch dieses Reagens gelb gefärbt wird.

Diese Thatsache schon zeigt, dass das letztgenannte Bacterium allerdings die gewöhnliche, aber nicht die einzige essigbildende Species ist. Neuerdings sind von Henneberg (60) eine größere Anzahl Essigsäure bildender Bakterien beschrieben worden.

B. aceti kann nicht nur als Essigbildner auftreten, sondern auch als Essigverderber. Nachdem er allen Alkohol einer Flüssigkeit zu Essigsäure oxydiert hat, kann er nämlich, wie Pasteur zeigte, weiter wachsen und letztere weiter oxydieren zu Kohlensäure und Wasser, den Endprodukten aller Verwesung.

Es ist zwar nicht zur Sache gehörig, aber vielleicht nicht überflüssig, zu erwähnen, dass nicht jede weiße Haut, welche auf der Oberfläche einer zur Essigbildung geeigneten Flüssigkeit spontan auftritt, Essigmutter zu sein braucht. Auf abgestandenem Bier oder Wein erscheint meist die bekannte weiße, zuletzt runzlige Kahmhaut. Sie sieht der Essighaut fürs bloße Auge oft zum Verwechseln ähnlich, unterscheidet sich aber unter dem Mikroskop sofort dadurch, dass sie von einem relativ großen Sprosspilze gebildet wird, dem Saccharomyces Mycoderma. Mit der Essigbildung hat dieser direkt nichts zu thun. Er oxydiert vielmehr den Alkohol und andere gelöste Körper zu Kohlensäure und Wasser. Indirekt kann er hierdurch allerdings die Essigbildung insofern fördern, als er ein dem Essigbacterium hinderliches Übermaß von Alkohol und Säure zerstört, jenem daher einen günstigen Vegetationsboden bereitet.

Sehr verschiedenartige Prozesse sind die sogenannten Schleimgährunge.1 (43, p. 572). Ausgepresste, zuckerhaltige Pflanzensäfte, z. B. von Zwiebeln, Rüben, zeigen oft die Erscheinung, dass sie eine klebrige, schleimige Beschaffenheit annehmen. Dabei wird Kohlensäure und oft auch Mannit ausgeschieden. Bestimmte, sogleich zu beschreibende Organismen treten in dem Schleime als Bodensatz auf. Bringt man davon eine kleine Portion in geeignete, sonst keimfreie Rohrzuckerlösung, so findet in dieser das gleiche Schleimigwerden statt unter Wachstum der Organismen. Diese sind daher als die Erzeuger der Veränderung zu betrachten. Besagte Organismen sind, nach Pasteur, zweierlei. Erstens ein dem M. ureae sehr ähnlicher, Rosenkranzreihen bildender Micrococcus; er bildet für sich allein in der Rohrzuckerlösung Schleim und Mannit unter Kohlensäureabscheidung. Zweitens unregelmäßig gestaltete Zellen von etwas beträchtlicherer Größe als die des Bierhefe-Saccharomyces (S. 82), im übrigen nach den vorliegenden Beschreibungen von gänzlich unklaren morphologischen Eigenschaften, aber zu den Bakterien gewiss nicht gehörig; sie sollen für sich allein in der Rohrzuckerlösung nur Schleim, keinen Mannit bilden. Der Schleim selbst, um welchen es sich handelt, ist, nach den vorliegenden Angaben, ein Kohlehydrat von der Formel der Cellulose ($C_6H_{10}O_5$).

Nach diesen freilich noch der Vervollständigung sehr bedürftigen Daten ist wohl nicht anzufechten, dass die freiwerdende Kohlensäure und der Mannit Gährungsprodukte sind; der Schleim selber dürfte aber wohl mit größerer Wahrscheinlichkeit in die Kategorie der unter den Bakterien sowohl wie Pilzen so sehr verbreiteten und uns gelegentlich der Zooglöen so oft begegneten schleimig-gelatinösen Zellmembranen zu rechnen sein, daher ein Produkt nicht der Gährung der Nährlösung, sondern der Assimilation des Gährungerregers.

Diese Anschauung findet ihre besondere Unterstützung in der von Cienkowski und van Tieghem studierten Entwicklungs- und Vegetationsgeschichte des Leuconostoc oder Streptococcus mesenterioides, des Froschlaichbacteriums der Zuckerfabriken, welcher große Tonnen Zuckerrübensaft binnen kurzer Frist in eine schleimiggelatinöse Masse verwandeln und hierdurch erheblichen Schaden anrichten kann. — Durin sah einen Holzbottich mit 50 hl 10procentiger Melasselösung binnen 12 Stunden von einer kompakten Leuconostocgallerte erfüllt werden. Die Entwicklung von Leuconostoc wurde schon oben bei verschiedenen Gelegenheiten berührt. Sie sei hier noch etwas eingehender besprochen. Vergl. Fig. 15.

Die kuglige Zelle (*d*) erscheint zuerst von einer die Dicke der Zelle selbst mehrmals übertreffenden Gallerthülle (*e*) umgeben, aus dem Wachstum und der successiven Querteilung des Plasmakörpers geht dann eine einfache Fadenreihe isodiametrischer Zellen hervor, deren Längswachstum die Hülle folgt, eine dicke, abgerundet cylindrische Scheide von fest-gelatinöser Konsistenz um den Faden darstellend. Auch die Querwände des Fadens werden in den jüngeren Zuständen desselben gelatinös, sie stellen breite, wasserhelle Zwischenstücke, welche sich in die außen verlaufende Scheide fortsetzen, zwischen den Protoplasmakörpern dar (*f—i*). An älteren Fäden verschwindet letzteres Verhalten, die Protoplasmakörper stehen miteinander in Berührung (*b*). Mit dem Längenwachstum nimmt der ein-

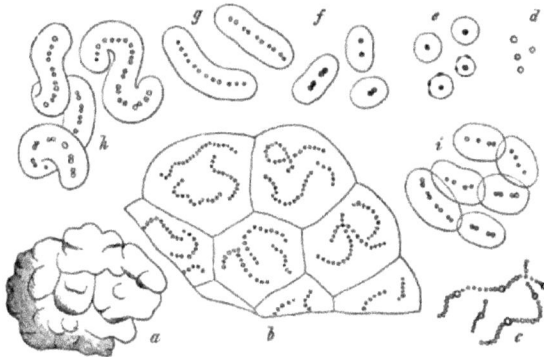

Fig. 15.

zelne aus einer Zelle erwachsene Faden successiv stärkere Krümmungen an, die sich schlingenbildend umeinander und um andere Fäden legen. Mit dem Wachstum ist Trennung der ursprünglich langgestreckten Gallertfäden in kürzere, immer umscheidete und in Verband miteinander bleibende Querabschnitte verbunden (*i*). Es entstehen so dichte Verschlingungen, welche nussgroß und darüber werden können (*a*), und welche jene erwähnten, kompakten Gallertkörper darstellen, deren Anhäufungen die Gefäße erfüllen. Durchschnitte durch die älteren Gallertkörper erscheinen von den Grenzen der Scheiden in Kammern geteilt, in welchen die gekrümmten Zellreihen liegen (*b*). Ist die Entwicklungshöhe erreicht und die Nährlösung erschöpft, so werden die Gallertscheiden verflüssigt, die Zell-

reihen zerfallen und die meisten Zellen sterben ab. Die Dicke der
vegetierenden Protoplasmakörper beträgt nach van Tieghem 0,8—1,2 µ,
die ihrer Scheiden 6—20 µ. Auf Nährböden, die keine vergährbaren
Kohlehydrate enthalten, wächst der Organismus, wie Zopf gezeigt hat,
ohne Bildung von Gallerthüllen (11). Die Gallertscheide entsteht
als neugebildete oder wenigstens beträchtlich wachsende Schicht
der Zellwand, innerhalb der Außenhaut, welche ihrerseits in
Stücke zersprengt wird. Dies ist für ihre Bedeutung als Assimilations-
produkt, als wachsender Teil des wachsenden Fadens, entscheidend.
Die Gallerte hat die gleiche chemische Zusammensetzung wie der
Schleim der »Schleimgährungen«. Das Material für ihre Bildung
wird selbstverständlich von dem Zucker der Lösungen geliefert. In
Glykoselösung kultiviert, unter Luftzutritt und, indem stärkeres Sauer-
werden der Flüssigkeit verhindert wird, wurden in van Tieghem's
Versuchen etwa 40% des verschwundenen Zuckers zur Bildung des
Leuconostoc verbraucht, der Rest wohl großenteils zu Kohlensäure
und Wasser verbrannt, ohne sichtbare Gasentwicklung. Bei Kultur
in Rohrzuckerlösung erfolgt rasch eine Spaltung (Inversion) des Rohr-
zuckers in Glykose und Laevulose — daher die hohe Schädlichkeit
für die Rohrzuckerfabrikation. Dann verschwindet der Zucker, wie
in dem ersten Versuch, zuerst die Glykose, und für den Aufbau
des Leuconostoc werden ebenfalls 40—45% des verschwindenden
Zuckers verbraucht.

Ähnliches Schleimigwerden wie bei der sogenannten Schleim-
gährung der Zuckerlösung beobachtet man als Verderbniserscheinun-
gen sogenannte Krankheiten von Wein und Bier, dieselben
werden fadenziehend, »lang«, wie der populäre Name lautet. Auch
diese Erscheinungen sind auf Bakterien zurückzuführen, ebenso wie
verschiedene andere Krankheiten des Bieres und Weines, auf die
hier nicht näher eingegangen werden kann (61).

Die Bildung von Schleimhüllen ist eine unter den Bakterien sehr
verbreitete Erscheinung, wenn sie auch meist nicht diese Dimensionen annimmt wie bei dem Streptococcus mesenterioides. Auch
pathogene Bakterien (Sarcina tetragena, Bacterium capsulatum u. a.)
zeigen Schleimbildung. Eigentümliche einseitige Schleimbildung entsteht bei einem von Koch und Hosaeus beschriebenen, aus Zuckerrübensaft stammenden Bacterium pedunculatum, das dann schließlich
von verzweigten Gallertstielchen getragen wird.

In anderen Fällen wird die Flüssigkeit selbst schleimig oder
fadenziehend, ohnedass die Bakterien eine besondere Schleimhülle

erkennen lassen. Van Laer (62) hat zwei Bakterienarten als Bacillus viscosus I und II aus Bierwürze beschrieben, welche auch in zuckerfreien Nährlösungen Schleimbildungen hervorrufen. Ebenso finden sich schleimige Gährungen zuweilen, wie bereits oben erwähnt, in Milch, ferner in Wein, in Digitalisinfus u. s. w., und auch das Brot nimmt infolge der Thätigkeit von Bakterien mitunter eine schleimige oder fadenziehende Beschaffenheit an. Die Zahl der beschriebenen Organismen, die zu diesen »Krankheiten« Veranlassung geben können, ist inzwischen eine recht beträchtliche geworden.

Von anderen, durch Bakterien hervorgerufenen Zersetzungen organischer Substanzen seien hier noch folgende kurz besprochen.

Die Harnstoffgährung wird durch zahlreiche Organismen hervorgerufen, doch giebt es einige, welche sich bei der Zersetzung des Harnstoffs unter natürlichen Verhältnissen ganz besonders beteiligen. Normaler Harn vom Menschen und von Fleischfressern nimmt beim Stehen an der Luft anstatt der im frischen Zustande vorhandenen sauren Reaktion alkalische und ammoniakalischen Geruch an. Das rührt davon her, dass der Harnstoff unter Aufnahme von Wasser in kohlensaures Ammoniak umgesetzt wird. Die ursprünglich klare Flüssigkeit wird dabei getrübt, und zwar, wie die Untersuchung lehrt, durch niedere Organismen, unter welchen allerlei Pilze

Fig. 16.

und Bakterien sein können. Unter den letzteren hat Pasteur zuerst den Micrococcus ureae Cohn als den Erreger des in Rede stehenden Prozesses der »Harnstoffgährung« (63; 37, 697) kennen gelehrt, indem er zeigte, dass der Micrococcus, rein erzogen und in reiner, Harnstoff enthaltender Nährlösung kultiviert, hier die gleiche Zersetzung wie im Harn hervorruft.

Der Micrococcus (Fig. 16) besteht aus runden, etwa 0,8 µ großen Zellchen, welche nicht immer, aber gewöhnlich zu längeren, oft mehr als 12gliedrigen Reihen vereinigt bleiben. Diese sind oft wellig gekrümmt und kraus und winden sich schließlich nicht selten zu Knäueln oder, wenn man so sagen will, kleinen Zooglöen zusammen, in denen dann die Zellchen unregelmäßig durcheinander gehäuft erscheinen. Im Anfang der Kulturen sind die Zellen nach v. Jaksch cylindrisch, im übrigen nicht erheblich länger als breit; sie bleiben in dieser Gestalt eine Zeit lang in dem genetischen Verbande fest vereinigt, bilden also aus kurzen Cylindern aufgebaute, stabförmige Reihen, um sich erst später abzurunden. Man kann hiernach, wenn man will, von einer »Stäbchenform« reden, wird jedoch hierdurch

an Klarheit nichts gewinnen. Distinkte Sporen sind bei dem Harn-
micrococcus nicht bekannt. — Leube hat neuerdings außer dem
beschriebenen Micrococcus vier wohlunterschiedene Bakterienarten
kennen gelehrt, welche die gleiche Wirkung haben.

Der M. ureae bedarf, wie die Versuche lehren, für seine Vegetation der Sauerstoffzufuhr. Er kann daher nicht wohl das Alkalisch-
werden des Harns innerhalb der Blase verursachen, welches bei
manchen Blasenkrankheiten beobachtet und seiner Einwirkung zugeschrieben wird, denn der nötige Sauerstoff fehlt hier. Allerdings
werden in solch krankhaft alkalischem Harn kleine Bakterien in
Menge gefunden, und es muss angenommen werden, dass dieselben,
durch die Harnröhre spontan oder gewaltsam (z. B. durch Katheter)
in die Blase gelangt, die Erreger der in Rede stehenden Zersetzung
sind. Es musste hiernach weiter angenommen werden, dass auch
anaërobiontische Species »Harnstoffgährung« oder analoge Prozesse
verursachen können. Leube's Arten scheinen, nach den vorliegenden Angaben, nicht anaërobiontisch zu sein. Miquel (24, 1882) hat
aber in der That eine in dem Staub vorkommende, sehr zarte Stäbchenform gefunden, er nennt sie Bacillus ureae, welche anaërobiontisch vegetiert und den Harnstoff in der gleichen Weise wie der
Micrococcus in kohlensaures Ammoniak umsetzt.

In dem Harn der Pflanzenfresser wird, nach van Tieghem, die
Hippursäure zu Benzoesäure und Glycocoll hydratisiert durch einen
Micrococcus, welcher vielleicht mit dem M. ureae identisch, jedoch
noch näherer Untersuchung bedürftig ist.

Betrachten wir schließlich noch die Zersetzungen, welche in
eiweißartigen Verbindungen und in Leim auftreten, so ist erstlich außer Zweifel, dass dieselben, insbesondere jene mit Gasentwick-
lungen verbunden, welche gewöhnlich Fäulnisprozesse heißen,
von Bakterien hervorgerufen werden. Nach den vorliegenden Daten
sind die hier stattfindenden Prozesse und die Beteiligung der einzelnen Bakterienarten bei denselben begreiflicherweise sehr mannig-
faltig. Die Unterscheidung der einzelnen beteiligten Bakterienarten
und ihrer spezifischen Wirkungsformen steht noch in ihren ersten
Anfängen.

In erster Linie ist hier aufmerksam zu machen auf die Verflüssigung der Gelatine, welche bei Kulturen vieler Bakterien, z. B. Bac.
subtilis, Megaterium, eintritt, bei anderen nicht.

Weiter ist hier wiederum der vielseitige Amylobacter zu nennen. Nach den Arbeiten von Fitz und Hueppe zersetzt derselbe das

Caseïn der Milch derart, dass es zuerst, und zwar durch von dem Bacillus abgeschiedenes Enzym, ähnlich wie bei Labwirkung, zur Gerinnung kommt, dann verflüssigt, in Pepton und dann in weitere, einfachere Spaltungsprodukte übergeführt wird, unter welchen Leucin, Tyrosin und schließlich Ammoniak nachgewiesen sind. Die Flüssigkeit nimmt hierbei einen mehr oder minder ausgesprochenen bitteren Geschmack an. Ähnliche, wenn auch nicht identische Einwirkungen auf das Caseïn der Milch fand Duclaux für die Bacillen, welche er Tyrothrix nennt (vgl. S. 46), und welche größtenteils auch morphologisch dem Amylobacter nahestehen dürften. Für Tyrothrix tenuis z. B. erst Labgerinnung, dann Verflüssigung, ferner Leucin, Tyrosin, valeriansaures Ammoniak, kohlensaures Ammoniak. Es kann keinem Zweifel unterliegen, dass in diesen und sich daran anschließenden Veränderungen das Wesentliche der Erscheinungen beruht, welche den Reifungsprozess des aus der geronnenen Milch bereiteten Käses darstellen, in welchem die genannten Bakterien nebst anderen enthalten sind und aus welchem sie zur Untersuchung gewonnen werden können.

Bienstock (64) hat die in menschlichen Fäces vorkommenden Bakterien näher untersucht und gefunden, dass darin, bei Erwachsenen, neben anderen für die in Rede stehenden Prozesse indifferenten Formen ein Bacillus konstant enthalten ist, den er für den spezifischen Fäulniserreger nicht nur der in den Fäces enthaltenen, sondern der Albumin- und Fibrinkörper überhaupt erklärt. Rein kultiviert zerlegt er für sich allein Eiweiß resp. Fibrin in die bei der Fäulnis sonst nachgewiesenen successiven Spaltungsprodukte bis zu den letzten Endprodukten, Kohlensäure, Wasser und Ammoniak. Lässt man ihn auf ein bereits vorhandenes Produkt der Spaltungsreihe einwirken, z. B. Tyrosin, so setzt er die Spaltung in der Reihenfolge der regulären Fäulnisspaltungen fort. Von anderen Bakterien, welche Bienstock untersuchte, zeigte keines diese Wirkungen. Caseïn sowohl wie künstlich dargestellte Alkalialbuminate werden von dem Bienstock'schen Bacillus nicht in Fäulnis versetzt; vom Caseïn wird selbst angegeben, dass es völlig unverändert bleibe. Dementsprechend fehlt im Darme von Säuglingen mit dem Bacillus die spezifische Zersetzung mit dem charakteristischen Fäkalgeruch.

Was die morphologischen Eigenschaften dieses Bacillus der Eiweißzersetzungen betrifft, so geht aus den Beschreibungen des Autors hervor, dass er ein endosporer Bacillus ist, in seiner Gestaltung wenigstens zur Zeit der Sporenbildung dem B. Amylobacter ähnlich und

wie dieser bewegliche »Köpfchenbakterien« (vergl. S. 17) bildend,
welche der Autor mit Trommelschlägeln vergleicht. Er ist jedoch
kleiner als B. Amylobacter und selbst B. subtilis. Im übrigen ist es
kaum möglich, aus den gegebenen Untersuchungen und Beschreibungen eine klare Vorstellung von dem Entwicklungsgange dieser Form
zu erhalten, sodass hierüber weitere Untersuchungen abzuwarten sind.

Seit Bienstock seinen Bacillus der Eiweißzersetzung beschrieben,
sind nun eine ganze Menge verschiedener Organismen bekannt geworden, die eine ähnliche Thätigkeit entwickeln. Überhaupt werden
ja Eiweißkörper von der überwiegenden Mehrzahl der Bakterien zersetzt. Die dabei vor sich gehenden Spaltungen sind gewiss sehr ver-
wickelter Natur und nur sehr wenig bekannt, wir kennen meist nur
einen Teil der Endprodukte derselben. Unter den letzteren befinden
sich als Gase Kohlensäure, Ammoniak, Wasserstoff, Methylmerkaptan,
Schwefelwasserstoff. Andere Stoffwechselprodukte bei der Eiweißzersetzung sind beispielsweise Indol, Skatol, Leucin, Tyrosin sowie
die giftigen Toxalbumine und Ptomaine. Dabei sind diese Stoffwechselprodukte aber nicht nur nach den Bakterienarten, welche die
Zersetzung veranlassen, sondern auch nach der Beschaffenheit der
Eiweißkörper, nach Luftzutritt, Temperatur u. s. w. außerordentlich
verschieden, und der Chemismus dieser Vorgänge ist noch sehr wenig
bekannt.

X.

**Die Schwefelbakterien. — Bakteriopurpurin. — Distinkte Arten:
Beggiatoa, Thiothrix. — Rote Schwefelbakterien. — Veratmung
des Schwefelwasserstoffs und des Schwefels. — Sulfatreduzierende
Bakterien.**

Die Schwefelbakterien bilden eine eigene Gruppe von Organismen, die sich durch ihre physiologischen Eigentümlichkeiten von
den schwefelfreien Bakterien unterscheiden, in Form und Bau der
Zelle ihnen aber so nahestehen, dass sie nicht von ihnen getrennt
werden können. Allen Arten kommt die Eigenschaft zu, in schwefel-
wasserstoffhaltigem Wasser festen Schwefel in ihrem Zellinhalt abzuscheiden. Ein Teil derselben, die roten Schwefelbakterien oder

Purpurbakterien, besitzen außerdem noch einen eigentümlichen Farbstoff, das Bakteriopurpurin, wodurch sie sich leicht von anderen
Arten unterscheiden lassen.

Die farblosen Schwefelbakterien umfassen außer einigen noch
nicht hinreichend bekannten Arten
hauptsächlich die beiden Gattungen Beggiatoa und Thiothrix, die
von verschiedenen Forschern, am
gründlichsten von Winogradsky (65)
untersucht worden sind. Beggiatoa alba, die häufigste Species,
zeigt die Fäden farblos, im ganz in-
takten Zustande feste Körper überziehend, sehr leicht jedoch sich
ablösend und dann also frei, von
ungleicher, zwischen etwa 1 µ und
5 µ wechselnder Dicke. Sie bestehen aus Zellen von mehr oder
minder gestreckt cylindrischer bis
flach scheibenförmiger Gestalt —
letzteres zumal bei den dickeren
Exemplaren. Sie entbehren der
distinkten, die Zellreihe umkleiden-
den Scheide. Während ferner
bei Crenothrix und Cladothrix der
Protoplasmakörper homogen trüb
oder feinkörnig ist, findet er sich
hier mit relativ dicken, runden,
stark lichtbrechenden, daher dunkel konturierten Körnern durch-
sät, welche, nach Cramer, aus
Schwefel bestehen. Auch in den
von Zopf hierher gerechneten, nicht
fädigen Zuständen oder Formen
sind solche Schwefelkörner enthalten. Ihre Menge ist individuell
ungleich; in manchen Fäden sind

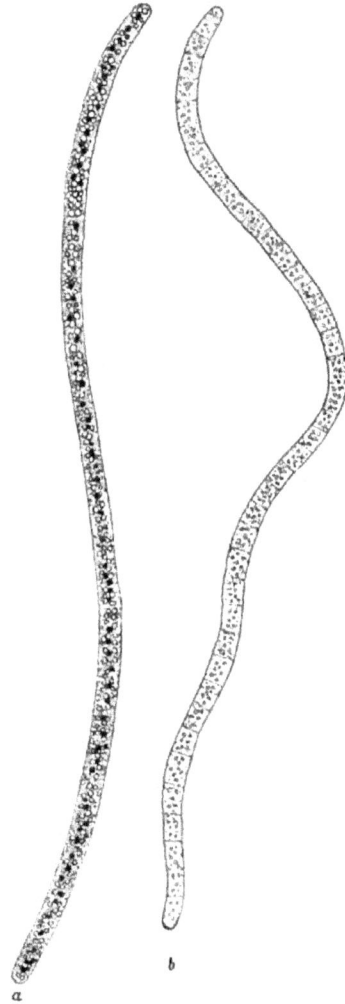

Fig. 17.

Fig. 17. Beggiatoa alba Trev. *a* Faden mit Schwefelkörnern, lebend;
b nach Behandlung mit Schwefelkohlenstoff. Vergr. 1000.

sie spärlich vorhanden, können auch wohl streckenweise ganz fehlen;
die meisten Fäden enthalten sie reichlich, bis zu dem Maße, dass
die Struktur durch sie ganz undeutlich wird — der Faden sieht aus
wie ein Stab, dessen homogen trübe Masse von schwarz um-
schriebenen Körnern dicht durchsetzt ist. Erst die Anwendung stark
wasserentziehender Reagentien macht die Unterscheidung der Zellen
möglich.

Die Fäden zeigen ferner ihrerseits meist lebhafte Bewegungen,
in der Form, wie sie bei den schon mehrfach erwähnten grünen
Oscillarien, den unzweifelhaften nahen, chlorophyllführenden Verwandten der Beggiatoen bekannt sind: Fortrücken der Länge nach,
in einer oder in wechselnd entgegengesetzten Richtungen, unter
Drehung in der Mantelfläche eines sehr spitzen Kegels oder Doppel-
kegels, wie solches oben (S. 7) für Bewegungen von Stabbakterien
beschrieben wurde. Bei minder genauer Betrachtung erscheinen
diese Bewegungen wie ein Fortgleiten unter pendelartiger Hin- und
Herschwingung der Fadenenden. Dazu kommen oft Krümmungen,
die oft ruckweise mit Wiedergeradestreckung abwechseln und eine
hohe Biegsamkeit des ganzen Fadens anzeigen. Außer dieser Art
sind noch eine Anzahl anderer bekannt, so B. mirabilis Cohn, eine
riesige, bis 20 und 30 μ dicke Species; B. arachnoidea Roth u. a. m.
B. alba ist einer der häufigsten Bewohner der Gewässer. Sie findet
sich verbreitet sowohl in Sumpfwässern, Fabrikabflüssen, Schwefelthermen, an diesen Orten oft gesellig mit Cladothrix, wie auch im
Meere an seichten Küsten. Die Beggiatoen bewohnen verwesende
Reste von Organismen, zumal Pflanzen, daher vorzugsweise den
Grund der Gewässer, auf welchem diese sich anhäufen. Bei reichlicher Entwicklung bedecken sie diesen als schleimige, weiße Häute
oder flockige Überzüge.

Den Beggiatoen wurde früher ganz allgemein die Eigenschaft
zugeschrieben, die in dem Wasser, welches sie bewohnen, enthaltenen Sulfate, speziell Natriumsulfat und Gyps, zu reduzieren unter
Abscheidung von Schwefel und Schwefelwasserstoff. Dass dieser
Prozess in dem lebenden Protoplasma seinen Sitz hat, hielt man
durch das Auftreten der Schwefelkörner in diesem für erwiesen.
Die Schwefelwasserstoffbildung hatte alsdann zur Folge erstens die
Niederschlagung von Schwefeleisen in dem hierdurch schwarzen,
von Beggiatoen bewohnten Schlamme; sodann den Gehalt besag-
ter Gewässer an gelöstem resp. durch Verdampfung freiwerdendem
Schwefelwasserstoff, welcher den bekannten Gestank des Wassers

verursachen und auf die wasserbewohnende Tierwelt schädigend einwirken kann. Der von Beggiatoen bedeckte »weiße« Grund der
Kieler Bucht z. B. heißt auch der »tote«, weil er zwar nicht von
allen Tieren, aber von Fischen gemieden wird (66). In der Ökonomie
der Natur sowohl wie des Menschen wäre hiernach diesen Gewächsen eine eigentümliche und wichtige Rolle zugeteilt. Nach einigen
Angaben sollen sie dieselbe übrigens teilen mit anderen, grünen Gewächsen aus der Verwandtschaft der Oscillarien und der Ulo-
thricheen.

Erst durch die ausgezeichneten Untersuchungen Winogradsky's (65)
hat sich herausgestellt, dass die Beggiatoen gerade den umgekehrten
Prozess auslösen; sie bilden nicht Schwefelwasserstoff aus den Sulfaten, sondern sie oxydieren den vorhandenen Schwefelwasserstoff
zu Sulfaten. Sie können überhaupt nur in einem Wasser leben,
welches hinreichende Mengen Schwefelwasserstoff enthält. Dieser
Schwefelwasserstoff entsteht in Sümpfen, Fabrikabwässern u. s. w.
zumeist durch den Abbau der Eiweißverbindungen durch die Fäulnisbakterien; er wird aber überall da, wo Sulfate vorhanden sind, auch
durch sulfatreduzierende Bakterien gebildet. Ungebunden ist er in
vielen Schwefelthermen in großer Menge enthalten. Ein Zuviel an
Schwefelwasserstoff ist aber den Beggiatoen ebenso schädlich wie
ein Zuwenig.

Im allgemeinen wird bei reichlichem Gehalt des Wassers an
Schwefelwasserstoff dieser zunächst zu Schwefel oxydiert, welcher
sich in einer weichen, durchsichtigen Modifikation in Form von stark
lichtbrechenden Körnchen im Innern der Beggiatoafäden abscheidet,
und zwar mitunter in solcher Menge, dass die einzelnen Körnchen sich
gegenseitig berühren und den ganzen Inhalt der Zelle auszumachen
scheinen. Je ärmer das Wasser an Schwefelwasserstoff ist, desto weniger Schwefel wird gespeichert; bei Mangel an Schwefelwasserstoff wird
auch der bereits gespeicherte Schwefel weiter oxydiert unter Bildung
von Schwefelsäure resp. Sulfaten. Die Beggiatoafäden erscheinen
dann körnchenfrei, durchsichtig. Hält der Mangel an Schwefelwasserstoff längere Zeit an, so bekommen die Fäden ein krank-
haftes Aussehen, zerfallen in einzelne Glieder und sterben ab.

Die Oxydation des Schwefelwasserstoffs ist also bei den Schwefelbakterien ein durchaus notwendiger Lebensprozess, der mit der Atmung
anderer Organismen vollkommen verglichen werden kann. Die Schwefelbakterien oxydieren Schwefel, andere Organismen Kohlenstoffverbindungen, um die nötige Energie für die Lebensfunktionen zu gewinnen.

Die Kultur der Schwefelbakterien ist, seitdem man ihre Lebensbedingungen kennt, durchaus nicht so schwierig; sie sind mit sehr
bescheidenen Mengen organischer Substanz zufrieden, brauchen aber
eine bestimmte Menge Schwefelwasserstoff, der nie vollkommen aus
den Kulturen verschwinden darf.   Nach Winogradsky kann man
Beggiatoen sehr leicht und mit großer Sicherheit erhalten, wenn man
Wurzelstöcke von Sumpfpflanzen, am besten von Butomus unbellatus,
zerschneidet, in hohen Gefäßen mit Brunnen-
wasser übergießt und etwas Gyps zufügt.   Der
Gyps wird von den Beggiatoen nicht etwa direkt
angegriffen, sondern es wird vielmehr aus ihm
durch die sulfatzersetzenden Bakterien Schwefelwasserstoff entwickelt.   Dieser giebt dann erst
die Existenzbedingungen für die Beggiatoen, die

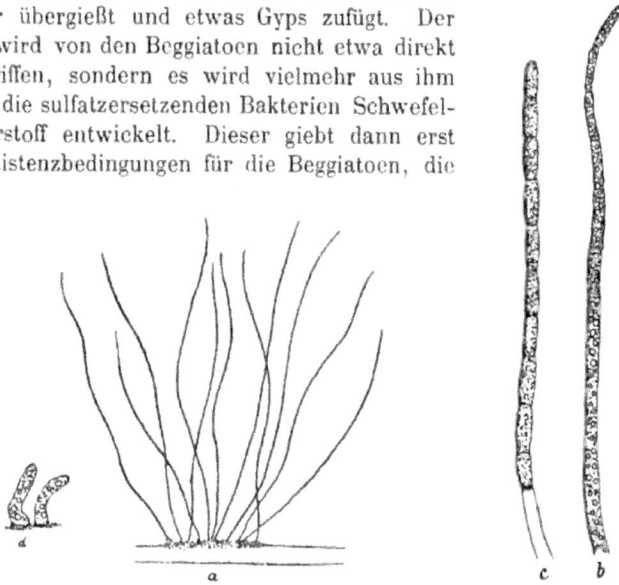

Fig. 18.

sich erst nach dem Auftreten von Schwefelwasserstoffgeruch als feiner
weißer Schleier am Boden des Gefäßes und namentlich an den Bu-
tomusrhizomen entwickeln.   Sowohl die sulfatreduzierenden Bakterien
wie die Beggiatoen sind bei ihrer weiten Verbreitung in Sumpfwässern
sicher an den Butomusstücken enthalten und mit diesen in die Kultur gelangt.   Die sich sehr langsam zersetzenden Butomusrhizome
liefern den Beggiatoen die organische Substanz.

Fig. 18.   Thiothrix nivea Winogradsky.   *a* festsitzendes Räschen (80:1);
b Fäden; *c* losgerissener absterbender Faden, nach Behandlung mit Schwefelkohlenstoff; *d* auskeimende Conidien.   Vergr. 1000.

Eine Gruppe sehr ähnlicher Schwefelbakterien fasst Winogradsky in die von ihm zuerst unterschiedene Gattung Thiotrix zusammen, die sich von Beggiatoa durch das Vorhandensein einer Scheide um die Fäden sowie durch den Mangel der Bewegung unterscheidet. Auch kommt bei den Angehörigen dieser Gattung eine Vermehrung durch Stäbchenconidien mit langsam kriechender Bewegung vor, während bei den Beggiatoen nur durch Knickung und Trennung der Fäden Vermehrung erfolgt. Im übrigen sind die Thiotrixarten, deren verbreitetste Th. nivea ist, in ihrem physiologischen Verhalten den Beggiatoen vollkommen ähnlich.

Die zweite Gruppe der Schwefelbakterien, die Purpurbakterien,

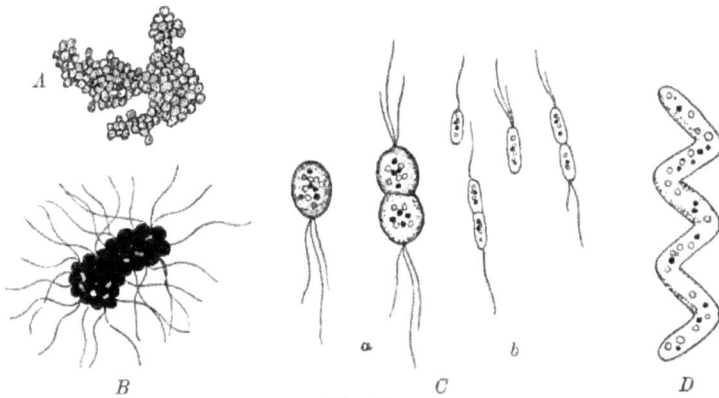

Fig. 19.

zeichnen sich außer durch den Gehalt an Schwefel noch durch einen roten Farbstoff, das Bakteriopurpurin, aus, welches nach Fischer's (67) neuesten Untersuchungen durch den ganzen Zellinhalt verteilt ist. Es gehören hierher ziemlich zahlreiche Arten, die im allgemeinen die bei den farblosen Bakterien vorkommenden Formen wiederholen, Mikrokokken, Stäbchen und Schrauben. Unter den letzteren ist namentlich Thiospirillum Jenense eine riesige Bakterienform, ebenso Th. sanguineum, welches 3 µ dick und gegen 20 µ lang wird. Es besitzt, wie die Gattung Spirillum, polare Geißelbüschel und lebt zeitlebens beweglich zwischen anderen roten und farblosen Schwefel-

Fig. 19. Formen roter Schwefelbakterien. *A* Thiopolycoccus ruber. *B* Thiocystis violacea Winogradsky. *C a*: Chromatium Okenii, *b*: Chr. roseum. *D* Thiospirillum sanguineum. Vergr. 1000.

bakterien. Das Gleiche gilt von der Gattung Chromatium, deren häufigster Vertreter, Chr. Okenii, eiförmig-cylindrische Zellen von 5—6 μ Dicke und 7—15 μ Länge besitzt. Weit verbreitet, in Sümpfen Lemna und andere Wasserpflanzen zuweilen mit trüb purpurroten oder pfirsichblütroten Schleimmassen überziehend, sind eine Anzahl kleinzelliger Formen, Lamprocystis roseo-persicina, Thiocystis violacea, Thiocapsa roseo-persicina u. a., gesellig oft in vielen Arten untereinander vorkommend. Dieses gesellige Vorkommen, die gleiche Färbung des Zellinhaltes sowie die Unmöglichkeit, die einzelnen Formen gesondert voneinander zu beobachten, haben wiederholt zu der Annahme Veranlassung gegeben, dass es sich hier nur um einen einzigen, aber sehr pleomorphen Organismus handle. Dieser Annahme ist durch Winogradsky's sehr gründliche Untersuchungen der Boden entzogen worden, obwohl eine Isolierung der Schwefelbakterien und Züchtung derselben in Reinkultur bisher nicht geglückt ist.

Das Bakteriopurpurin ist ein Farbstoff, der vielleicht den Lipochromen zuzurechnen ist oder doch wenigstens in mancher Hinsicht ähnliche Eigenschaften besitzt, z. B. die intensive Blaufärbung durch koncentrierte Schwefelsäure. Es ist übrigens nicht einmal sicher, ob allen roten Schwefelbakterien derselbe Farbstoff zukommt, denn die einzelnen Arten zeigen sich sehr verschieden gefärbt: pfirsichblütrosa, purpurrot, blutrot, violett, braunrot. Ebenso möglich ist es aber, dass gewisse chemische Verhältnisse die Nüance des Farbstoffes beeinflussen und die Ursache der Verschiedenfarbigkeit sein können.

Welche Aufgabe dem Bakteriopurpurin in der Bakterienzelle zukommt, ist noch unbekannt; Engelmann (68) ist der Ansicht, dass es eine dem Chlorophyll entsprechende Aufgabe hinsichtlich der Kohlensäureassimilation zu erfüllen habe. Dies ist jedoch deshalb nicht wahrscheinlich, weil die roten Schwefelbakterien hinsichtlich des Sauerstoffbedarfs durchaus auf andere grüne Organismen angewiesen sind. Würden sie mithilfe des Bakteriopurpurins Kohlensäure zersetzen können, so müssten ihnen durch diesen Zersetzungsprozess genügende Mengen Sauerstoff zur Verfügung stehen. In manchen dieser roten Schwefelbakterien hat man übrigens neben dem Bakteriopurpurin auch noch einen grünen Farbstoff beobachtet, doch ist über diesen scheinbar nicht regelmäßig vorhandenen Farbstoff nichts Näheres bekannt.

Der Bildung von Sulfaten durch die Schwefelbakterien wirken sulfatreduzierende Arten entgegen, wie bereits oben erwähnt; von den hierher gehörenden Arten ist nur eine, Spirillum desulfuricans, durch Beyerinck genauer bekannt geworden. Es ist ein streng anaërober Organismus (69).

XI.

Kreislauf des Stickstoffs. Denitrifikation. Zersetzung organischer stickstoffhaltiger Stoffe. Bindung freien Stickstoffs. Clostridium Pasteurianum. Leguminoseknöllchenbakterien. Nitrit- und Nitratbildner.

Stickstoff ist ein wesentlicher Bestandteil der Eiweißstoffe, aus denen das Protoplasma, der Träger des Lebens, besteht. Stickstoff ist deshalb im tierischen und pflanzlichen Organismus sehr verbreitet; die Tiere beziehen ihren Stickstoff direkt oder indirekt von den Pflanzen, denn sie vermögen ihn nur dann sich nutzbar zu machen, wenn er bereits in organischer Form gebunden ist. Die grünen Pflanzen aber, die für die Stickstoffernährung der Tiere im wesentlichen allein in Betracht kommen, beziehen ihren Stickstoff hauptsächlich aus den salpetersauren Salzen, den Nitraten des Bodens. Viel weniger günstig und auch in viel geringerer Menge vorhanden sind die Ammoniakverbindungen, ganz ungeeignet ist freier Stickstoff oder der bereits organisch gebundene als Stickstoffquelle für grüne Pflanzen.

Pflanzen und Tiere brauchen also fortwährend große Stickstoffmengen, die ursprünglich aus den salpetersauren Salzen des Bodens stammen. Diese müssten längst erschöpft sein, wenn sie nicht immer wieder von neuem gebildet würden. Ein kleiner Teil der salpetersauren Salze entsteht durch physikalisch-chemische Vorgänge, durch Oxydation des elementaren Stickstoffs bei Gewittern, der überwiegend größere Teil dagegen wird durch Bakterien gebildet, die wir, so verschieden ihre Thätigkeit auch im einzelnen ist, unter dem gemeinsamen Namen der Stickstoffbakterien zusammenfassen können. Denn alle besitzen die Fähigkeit, elementaren Stickstoff oder sauerstoffarme Stickstoffverbindungen zu sauerstoffreichen zu oxydieren.

Einige Stickstoffbakterien gleichen darin den Schwefelbakterien, dass sie ihre Energie nicht durch Oxydation organischer, sondern

7*

anorganischer Stoffe gewinnen nnd wie jene nur Spuren oder überhaupt gar keine organische Substanz zu ihrem Leben brauchen. Man
kann drei Gruppen von Stickstoffbakterien unterscheiden: 1. Arten,
welche freien, elementaren Stickstoff oxydieren; 2. Arten, welche
Ammoniak zu salpetriger Säure oxydieren, und 3. Arten, welche
salpetrige Säure in Salpetersäure verwandeln.

Zu der ersten Gruppe gehört das Clostridium Pasteurianum und
die Bakterien der Leguminoseknöllchen. Die erstere, von dem Entdecker Winogradsky (70) als »Clostridium« bezeichnete Art ist ein
ziemlich großer, beweglicher Bacillus, der nur bei Sauerstoffabschluss
zu gedeihen vermag, also streng anaërob ist. Der Bacillus ist 1,2 μ
breit und gegen 5 μ lang, schwillt aber zur Zeit der Sporenbildung
spindelförmig an, sodass er den früher beschriebenen Buttersäurebacillen sehr ähnlich ist. Er ist auch ein Buttersäurebildner und
vermag Zucker in Buttersäure, Essigsäure, Kohlensäure und Wasserstoff zu zersetzen. Auch darin stimmt er mit vielen Buttersäurebakterien überein, dass er sich mit Jod blau färbt, also die Granulosereaktion zeigt. Er ist aber auch imstande, elementaren Stickstoff zu binden und zum Aufbau organischer Substanz zu verwenden,
während gebundener Stickstoff für ihn nutzlos, in größeren Mengen
direkt schädlich ist. Die nötige Energie zur Oxydation des Stickstoffs gewinnt er aus der Vergährung des Zuckers; je mehr Zucker
ihm geboten wird, desto größere Quantitäten Stickstoff werden gebunden, und zwar auf 1 g gährungsfähigen Zuckers 2$\frac{1}{2}$—3 mg Stickstoff. Diese Bindung des Stickstoffs findet auch in künstlichen Kulturen,
die übrigens bei diesem Organismus ziemlich schwierig sind, statt.

Ein besonderes Interesse bieten die sogenannten Knöllchenbakterien der Leguminosen, die vorläufig, bis ihre Morphologie und
Entwicklungsgeschichte besser bekannt ist, noch unter dem gemeinsamen, ihnen von Beyerinck gegebenen Namen Bacillus radicicola
zusammengefasst werden mögen (71).

Dem Landwirt war schon lange, ehe sich die Wissenschaft mit
diesen Dingen beschäftigte, die Thatsache bekannt, dass Hülsen-
früchte, insbesondere Lupinen, in grünem Zustande (Gründüngung)
untergepflügt, den Boden erheblich verbessern, dass Lupinen auch
auf schlechtem, ungedüngtem Lande gedeihen, und danach andere
Früchte weit höheren Ertrag liefern als ohne den vorhergehenden
Bau von Lupinen. Genaue chemische Untersuchungen haben dann
gezeigt, dass diese günstige Wirkung der Lupinen in einer Anreicherung von Stickstoffverbindungen des Bodens besteht. Selbst auf

stickstoffarmem Boden gedeihen Lupinen und andere Leguminosen und entziehen bei ihrer Entwicklung dem Boden nicht nur keinen Stickstoff, sondern hinterlassen ihn am Ende der Vegetation weit stickstoffreicher, als er vorher war. Dabei speichern sie in ihrem Körper selbst noch erhebliche Quantitäten organisch gebundenen Stickstoffs. Die einzige Quelle dieser Stickstoffzunahme kann nur der elementare Stickstoff der Luft sein; indessen blieb die Frage, in welcher Weise die Leguminosen den Stickstoff zu binden imstande sind, zunächst noch ungelöst. Eine ganze Reihe von Forschern beteiligte sich an der Untersuchung dieser eigenartigen Verhältnisse, die jetzt, besonders nach den grundlegenden Untersuchungen von Hellriegel und Wilfahrt (72), ziemlich geklärt sind. Ohne auf die umfangreiche Litteratur und die einzelnen Stadien in der Entwicklung unserer Kenntnisse von der Stickstoffspeicherung der Leguminosen weiter einzugehen, sei hier erwähnt, was wir jetzt über diese Verhältnisse ungefähr wissen.

An den Wurzeln der weitaus meisten Leguminosen finden sich kleine Knöllchen von Stecknadelkopf- bis Erbsengröße und selbst darüber, die, solange die Pflanze kräftig wächst, ziemlich hart und fest erscheinen, später aber, namentlich zur Zeit der Samenreife, welk werden und zusammenschrumpfen. Macht man durch ein solches noch festes Knöllchen feine Schnitte, so kann man unter dem Mikroskop im Innern der Knöllchen ein ziemlich großzelliges Gewebe erkennen, welches je nach dem Alter des Knöllchens resp. der Entwicklung ein verschiedenes Aussehen bietet. Im ersten Stadium sieht man eigentümliche, Pilzhyphen ähnliche Gebilde, die Infektionsfäden, die Zellen durchsetzen; es sind dies dichte Bakterienkolonien, die von einer ziemlich derben, gemeinschaftlichen Membran umgeben sind und sich in den jungen Zellen eines Würzelchens verzweigen. Der Reiz, der durch diese Bakterieninvasion auf die feinen Wurzeln ausgeübt wird, veranlasst eine ausgiebige Zellvermehrung, wodurch allmählich die Knöllchen entstehen. Die Zellen des Knöllcheninneren nennt man das Bakteroidengewebe, weil sich hier die mit den Infektionsfäden eingedrungenen Bakterien entwickeln und allmählich in die eigentümlichen Bakteroiden umwandeln. Diese Bakteroiden sind nichts anderes als Involutionsformen der unter dem Einfluss des Plasmas der Pflanzenzellen nach und nach absterbenden Bakterienzellen. Sie stellen zuletzt bakterienähnliche, aber unregelmäßige, oft verzweigte, dreiarmige Körper dar, die schließlich zerfallen und von dem Plasma der Pflanzenzellen aufgenommen werden.

Entnimmt man aus dem Innern nicht zu alter Knöllchen unter
den gebotenen Vorsichtsmaßregeln etwas Material und überträgt es
auf eine zur Kultur geeignete Nährgelatine (73), so entwickeln sich
schmutzigweiße, etwas durchscheinende Kolonien des Bacillus radicicola Beyerinck. Unter dem Mikroskop erscheint der Organismus als
kleines, plumpes, unbewegliches Stäbchen, doch sollen demselben
nach Beyerinck auch bewegliche Zustände zukommen. Sporen bildet
B. radicicola nicht. Morphologie und Entwicklungsgeschichte dieser
Art ist aber noch immer nicht in wünschenswerter Weise erforscht.

Dass dieser Bacillus radicicola thatsächlich die Knöllchenbildung
bei den Leguminosen hervorruft, ist dadurch bewiesen, dass diese
Pflanzen, in sterilisiertem Boden erzogen, keine Knöllchen bilden,
dies aber sofort thun, wenn man ihnen den Bacillus radicicola zufügt. Dabei hat sich allerdings herausgestellt, dass die Knöllchenbakterien der verschiedenen Leguminosen sich an bestimmte Pflanzen-
arten angepasst haben und nur für diese knöllchenbildend sind, nicht
aber für andere. Aus Knöllchen von Ornithopus gezogene Bakterien
rufen keine Knöllchen bei Vicia Faba hervor (Beyerinck), diejenigen
der Erbse nicht bei Rotklee u. s. w. Bei nahe verwandten Leguminosen können sich die Knöllchenbakterien gegenseitig vertreten.
Doch scheinen sich die verschiedenen Knöllchenbakterien bis zu
einem gewissen Grade an verschiedene Leguminosenarten anpassen
zu können.

Weiter hat man durch exakte Versuche nachweisen können, dass
nur solche Leguminosen Stickstoff speichern, welche Knöllchen besitzen. In sterilem Boden erzogene Lupinen z. B., die keine Knöllchen bilden, können keinen Stickstoff sammeln und sind, wie andere
Pflanzen, auf den Gehalt des Bodens an Nitraten angewiesen; ist
derselbe gering, so verkümmern sie und gehen schließlich ein. Damit
ist der Beweis geliefert, dass die Leguminosen nur mithilfe der
Knöllchenbakterien imstande sind, elementaren Stickstoff zu binden.
Ob aber die Knöllchenbakterien für sich oder nur in Verbindung mit
den Leguminosen zu dieser Stickstoffbindung befähigt seien, war
lange Zeit zweifelhaft. Erst durch neue Untersuchungen von Macé (74)
scheint es sichergestellt, dass sie auch ohne Symbiose mit Leguminosen in Kulturen Stickstoff zu binden imstande sind.

Diese eigentümliche Fähigkeit der Knöllchenbakterien hat man
versucht für die Landwirtschaft nutzbar zu machen. Es unterliegt
nämlich keinem Zweifel, dass die Knöllchenbakterien nicht in jedem
Boden vorhanden sind, namentlich nicht diejenigen einer bestimmten

Leguminosenart, die in der betreffenden Gegend lange nicht gebaut worden ist. Der Ertrag solcher Leguminosen ist dann nicht nur ein geringerer, sondern ihre Kultur entzieht dem Boden auch noch beträchtliche Stickstoffmengen, anstatt dieselben zu vermehren. Bringt man aber die entsprechenden Knöllchenbakterien in den Boden, so gestalten sich die Verhältnisse ganz anders: die Leguminosen bilden Knöllchen, liefern einen größeren Ertrag und vermehren den Stickstoffgehalt des Bodens. Man bringt deshalb seit einigen Jahren Knöllchenbakterien der verschiedenen Leguminosen in Kulturen unter dem Namen Nitragin in den Handel, die dem Boden beigemengt werden oder mit dem Samen vermengt ausgesät werden. Dass die erhoffte Wirkung auf besseren Ertrag sich nur da bemerkbar machen kann, wo vorher die Knöllchenbakterien fehlten, liegt auf der Hand.

Außer den Leguminosen kommen auch noch den Elaeagnaceen und Erlen ähnliche Knöllchen zu, die mit größter Wahrscheinlichkeit eine ähnliche Bedeutung haben wie bei jenen.

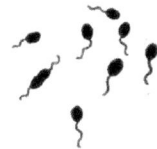

Fig. 20.

Ein nicht geringeres Interesse beanspruchen diejenigen Bakterien, welche die Fähigkeit besitzen, Ammoniakverbindungen in Nitrite und diejenigen, welche Nitrite in Nitrate überzuführen vermögen. Die ersteren bezeichnet man als Nitrosobakterien, die letzteren als Nitrobakterien. Von den ersteren sind mehrere Arten bekannt, die der Entdecker Winogradsky (75) als Nitrosomonas und Nitrosococcus bezeichnete. Die in Europa vorkommende Nitrosomonas europaea ist eine Pseudomonas mit einer polaren Geißel, beweglich, 1,2—1,8 μ lang und 0,9—1,0 μ breit. Ähnliche Arten fand Winogradsky in Erdproben aus Afrika (N. africana) und Tokio (N. japonica); eine andere aus Buitenzorg (N. javanica) ist sehr klein, fast kugelig und besitzt eine Geißel von außerordentlicher Länge, bis 30 μ, während der Bakterienkörper nur 0,5—0,6 μ Durchmesser hat. Aus Erdproben von Südamerika und Australien züchtete Winogradsky unbewegliche, kugelige Nitrosobakterien, die er in die physiologische Gattung Nitrosococcus zusammenfasst. Alle Nitrobakterien werden zunächst als Nitrobakter zusammengefasst, da einzelne Arten noch nicht unterschieden worden sind.

Um zu zeigen, mit welchen Schwierigkeiten Winogradsky bei seinen glänzenden Untersuchungen zu kämpfen hatte, seien hier zu-

Fig. 20.   Pseudomonas europaea (Winogradsky) Migula.   Geißelfärbung.

zunächst die Kulturmethoden, deren er sich zur Isolierung der Nitrobakterien bedienen musste, kurz besprochen.

Durch die Arbeiten von Schlösing und Müntz (76), von Frankland u. a. (77) war es sehr wahrscheinlich geworden, dass die Oxydation der Ammoniakverbindungen im Boden unter Mitwirkung von
Mikroorganismen vor sich gehe, aber es war niemandem gelungen,
diese Mikroorganismen zu isolieren. Auch war es bei der Kleinheit
und geringen morphologischen Verschiedenheit nicht möglich gewesen, eine bestimmte Form als Erreger dieser Oxydationsprozesse
nachzuweisen.

Winogradsky suchte nun zunächst die günstigsten Bedingungen
für Nitritbildung und Nitratbildung herzustellen und fand dabei nicht
nur, dass diese beiden Prozesse unabhängig voneinander sind und
nicht gleichzeitig nebeneinander herlaufen, sondern auch, dass größere
Mengen organischer Substanz der Nitrit- und Nitratbildung durchaus
nicht förderlich, sondern direkt schädlich sind. Er nahm ferner
wahr, dass in geeigneten Nährlösungen allmählich eine Anreicherung
der Nitroso- und Nitrobakterien stattfand und dass bei weiteren Um-
züchtungen der Stammkultur die gleiche Menge Ammoniakverbindungen resp. Nitrite immer rascher oxydiert wurde, während gleichzeitig andere Organismen, Bakterien und Pilze immer mehr abnahmen,
da ihnen die Bedingungen zu einer lebhaften Entwicklung nicht
günstig waren. Je mehr die letzteren aber an Zahl abnahmen, um
so eher war zu hoffen, die Nitrit- und Nitratbildner zu isolieren.
Da nun jedoch eine sichere Isolierung von Bakterien nur mithilfe
der Plattenkultur resp. einer Methode von ähnlichem Prinzip zu erreichen ist und diese Stickstoffbakterien auf den an organischen
Substanzen so reichen Nährböden, die bisher für Plattenkulturen im
Gebrauch waren, nicht wachsen, musste ein ganz neues Verfahren
ermittelt werden. Winogradsky fand das passende Substrat nach
verschiedenen Versuchen in einer Kieselsäuregallerte, die beim Zusatz gewisser, als Nährstoffe fungierender Salze gerinnt und so eine
von organischen Stoffen freie Substanz für Plattenkulturen liefert.
Auf diesem Substrat gelang es ihm, die Nitrit- und Nitratbildner zu
isolieren. Jetzt sind durch ihn und Omelianski allerdings einfachere
Methoden zur Isolierung dieser Organismen bekannt geworden (78).

Über die Thätigkeit dieser Organismen wissen wir jetzt ungefähr
Folgendes: Die Nitrosobakterien sind imstande, die Ammoniakverbindungen des Erdbodens in salpetrige Säure überzuführen; die bei
der Oxydation des Ammoniaks gewonnene Kraft liefert ihnen die

für die Lebensprozesse nötige Energie, wie die Atmung, d. h. die Oxydation organischer Verbindungen bei anderen Pflanzen und Tieren. Ihre Thätigkeit im Erdboden beginnt jedoch erst, wenn die vorhandenen gährbaren organischen Substanzen durch die Fäulnisbakterien völlig zersetzt sind, denn schon geringe Spuren zersetzbarer organischer Verbindungen hindern ihre Entwicklung vollkommen. Mit der Überführung sämtlicher Ammoniakverbindungen in salpetrige Säure hört ihre Thätigkeit auf, und nun setzt diejenige der Nitratbildner ein. Diese sind zwar ebenfalls gegen organische Substanzen empfindlich, doch in viel geringerem Grade als die Nitritbildner, dagegen sind sie äußerst empfindlich gegen die geringsten Mengen von Ammoniak; ihre Thätigkeit kann erst beginnen, wenn aller Ammoniak durch die Nitritbildner in salpetrige Säure übergeführt ist. Auch sie gewinnen die zu ihrem Leben nötige Energie durch die Oxydation anorganischer Verbindungen, indem sie die salpetrige Säure zu Salpetersäure oxydieren.

Die nitrificierenden Bakterien haben in der Natur eine äußerst wichtige Aufgabe zu erfüllen: den Stickstoff, der aus seinen organischen Verbindungen durch die Fäulnisbakterien als Ammoniak abgeschieden wird, wieder in Nitrate überzuführen und so in eine für die Pflanzen leicht assimilierbare Form zu bringen. Sie bilden also ein wichtiges Glied in der großen Kette des Stickstoffkreislaufes. Überblicken wir diesen Kreislauf, so finden wir, dass der elementare Stickstoff nur zum kleinen Teil durch nicht organische Kräfte, durch die Wirkung der Elektrizität bei Gewittern, in einer Form gebunden wird, die von den grünen Pflanzen aufgenommen werden kann, also der Gesamtheit' des organischen Lebens nutzbar wird. Ein größerer Teil wird durch niedere Organismen, von denen uns Clostridium Pasteurianum und die Leguminoseknöllchenbakterien bekannt sind, in organischer Form gebunden. Der in Pflanzen und Tieren gebundene Stickstoff wird nach dem Tode derselben durch die Fäulnisbakterien aus den organischen Verbindungen gelöst und zumeist in Ammoniak übergeführt. Aus diesem bilden die nitrificierenden Bakterien wieder Nitrate, die von den grünen Pflanzen aufgenommen werden und aufs neue in dieser Form die Wanderung des Stickstoffs beginnen.

Eine andere Eigenschaft der nitrificierenden Bakterien macht diese in wissenschaftlicher Hinsicht im höchsten Grade interessant. Sie besitzen nämlich nach den Untersuchungen von Winogradsky und später von Godlewsky (79) die Eigenschaft, auch im Dunklen

Kohlensäure zu assimilieren. Diese Eigenschaft, die bisher nur von den grünen Pflanzen durch die Einwirkung des Sonnenlichtes bekannt war, kommt nun also auch Organismen zu, welche kein Chlorophyll besitzen und bei welchen eine Lichtwirkung dazu nicht notwendig ist. Sie sind imstande, in vollständig von organischen Verbindungen freien Nährlösungen zu gedeihen, und beziehen den zum Aufbau ihres Körpers notwendigen Kohlenstoff aus der Kohlensäure der Luft. Die zur Spaltung der Kohlensäure nötige Energie gewinnen sie ebenfalls durch die Oxydation des Stickstoffs.

Gegenüber den nitrificierenden Bakterien giebt es eine Gruppe von Organismen, die diesem Prozesse entgegenwirken und Nitrate resp. Nitrite reduzieren. Es sind dies die denitrificierenden Bakterien, anaërobe Arten, welche die salpetersauren Salze zu Nitriten reduzieren und diese, unter Abscheidung von freiem Stickstoff, zu spalten vermögen. Ihre Thätigkeit ist dem Landwirt natürlich sehr unerwünscht, da durch sie ein Teil des im Dünger enthaltenen Salpeters für die Pflanzen verloren geht. Übrigens wird ihre schlimme Wirkung gegenwärtig wohl etwas überschätzt.

Die interessante Erscheinung, dass erst durch die Lebensthätigkeit gewisser Organismen die Existenzbedingungen für andere geschaffen werden und die man als Metabiose bezeichnet, kommt gerade bei dem Kreislauf des Stickstoffs in besonders klarer Weise zum Ausdruck. Die Fäulnisbakterien vernichten die organische Substanz und bilden Ammoniak, beides notwendige Bedingungen für die Existenz und das Gedeihen der Nitritbildner; diese verbrauchen Ammoniak und bilden Nitrite, ebenso notwendige Vorbedingungen für das Leben der Nitratbildner.

XII.

Parasitische Bakterien.   Die Erscheinungen des Parasitismus.

Wir gehen nun über zu der anderen, oben S. 58 nach der Lebenseinrichtung unterschiedenen Kategorie der Bakterien, den parasitischen.

Parasiten, Schmarotzer, nennt man in der Biologie solche Lebewesen, welche auf oder in anderen Lebewesen Wohnung nehmen

und sich von der Körpersubstanz derselben ernähren. Das Tier oder
die Pflanze, welche einem Parasiten Wohnort und Nahrung liefert,
wird sein Wirt oder Ernährer genannt. Man kennt Parasiten aus
sehr verschiedenartigen Abteilungen des Tier- und Pflanzenreiches
und hat über viele derselben gute und sichere Erfahrungen. Ich
brauche nur zu erinnern einerseits an die Eingeweidewürmer, andererseits an die große Reihe der zumal in Pflanzen schmarotzenden
(echten) Pilze. Die Erfahrung an solchen der Untersuchung relativ
leicht zugänglichen Formen lehrt, dass in der Einrichtung parasitischer Lebensweise eine außerordentliche Mannigfaltigkeit, die verschiedenartigsten Abstufungen von Fall zu Fall, d. h. von Species zu
Species bestehen, und zwar einerseits nach der mehr oder minder
strengen Forderung parasitischer Lebensweise und andererseits
nach den Wechselbeziehungen zwischen Parasit und Wirt.

Es würde hier viel zu weit führen, auf die hier stattfindenden
Verhältnisse auch nur einigermaßen ausführlich einzugehen. Einige
Hauptpunkte müssen wir jedoch zu unserer Orientierung hervorheben.

Mit Beziehung auf das Postulat der parasitischen Lebensweise
kennen wir erstlich als den von den Saprophyten extremst ab-
weichenden Fall jenen der obligaten Parasiten, d. h. solcher,
welche bei den bestehenden Natureinrichtungen ihren Entwicklungsgang nur in parasitischer Lebensweise und nicht in saprophytischer
durchlaufen können. In aller Strenge, mit Ausschluss jeder saprophytischen Abschweifung gilt dies, um vom Bekanntesten zu reden,
z. B. von Entozoen, wie Bandwürmern, Trichinen; unter den
Pilzen von jenen pflanzenbewohnenden, welche als Rostpilze
(Uredineen) bezeichnet werden. Thatsächlich leben diese Wesen
nur in ihren lebenden Wirten und von denselben. Man kann sich
ja die Möglichkeit wohl denken, dass auch außerhalb des lebenden
Wirtes die Bedingungen für ihre Entwicklung eintreten oder künstlich hergestellt werden könnten, und es wäre gewiss ein instruktives
Experiment, einen Bandwurm in Nährlösung aus dem Ei zu erziehen;
aber thatsächlich ist das noch nicht geschehen und findet dergleichen
in der Natur nicht statt. Es besteht in solchen Fällen ein obligater
und zwar ein streng obligater Parasitismus.

Das Adjektiv streng setzen wir darum hinzu, weil es eine
Modifikation des obligaten Parasitismus giebt, welche darin besteht,
dass zur Vollendung des ganzen Entwicklungsganges einer Species
zwar parasitische Lebensweise notwendig, faktisch auch oft allein
vorhanden ist, dass aber die Fähigkeit besteht, wenigstens in

bestimmten Entwicklungsstadien saprophytisch zu leben. Aus dem Tier—
reich fällt mir kein Beispiel hierfür ein; es wird deren auch geben.
Unter den Pilzen giebt es eine Anzahl Arten der Gattung Cordy-
ceps, welche Insekten, zumal Raupen, bewohnen und an denen
diese Einrichtung in ausgezeichneter Weise auftritt. Die aus Sporen
auf einer Raupe erwachsenen Keime dringen in das Tier ein, entwickeln sich in diesem weiter und töten dasselbe schließlich, um
unmittelbar nach dem Tode den ganzen Tierkörper mit Pilzgewebe
zu durchwuchern. Aus diesem wachsen dann, bei günstigen Vegetationsbedingungen, stattliche, bis mehrere Zoll lange Pilzkörper hervor, welche die Früchte des Pilzes und in diesen Sporen bilden.
Von letzteren geht der gleiche Entwicklungsprozess wiederum aus,
falls sie wiederum auf ein geeignetes lebendes Insekt gelangen.
Findet dies aber nicht statt, so vermögen die Sporen auch auf toter
organischer Substanz, z. B. einer Nährlösung, zu keimen und die
Keime hier zu Pilzpflanzen heranzuwachsen. Die charakteristischen
Früchte, welche ich vorhin nannte, bilden letztere aber nicht. Sie
bilden andere Sporen als die in jenen Früchten erzeugten, dieselben
vermögen auch saprophytische Weiterentwicklung einzuleiten; gelangen sie aber auf das geeignete Wirttier, dann kann von ihnen
aus die Entwicklung wieder beginnen, welche mit der beschriebenen
Fruchtbildung ihren Höhepunkt erreicht. Das sind also Parasiten
mit der Fähigkeit, ihren Entwicklungsgang in saprophytischer Existenz zwar nicht bis zur Erreichung des Höhepunktes, nämlich die
Früchtebildung, aber doch eine Strecke weit zu durchlaufen; man
kann sie in Kürze fakultative Saprophyten nennen.

Drittens giebt es noch fakultative Parasiten. Das sind solche
Species, welche sich in beiderlei Lebensweise, der saprophytischen
und der schmarotzenden, gleich oder doch wenigstens annähernd
gleich vollkommen zu entwickeln vermögen. Das »oder« deutet
schon an, dass auch innerhalb dieser Kategorie Abstufungen vorkommen, und zwar sind diese, wie zu erwarten, derart, dass die
einen in der parasitischen, die anderen in der saprophytischen
Lebensweise die günstigeren Bedingungen finden, noch andere endlich in dieser Beziehung keinen Unterschied bemerken lassen. Unter
den Pilzen giebt es für diese Modifikationen des fakultativen Parasitismus viele Beispiele. Wir werden solche auch bei den Bakterien
alsbald kennen lernen.

Unabhängig von diesen nach Einzelfall verschieden strengen For-
derungen des Parasitismus gestalten sich die jedesmaligen Wechsel-

beziehungen zwischen Parasit und Wirt, die Abhängigkeit des einen
vom anderen, der Nutzen oder Schaden, welchen der eine vom anderen hat. Von Fällen wie den Trichinen z. B. ist man gewöhnt,
dieses Verhältnis sich als ein einseitiges vorzustellen, derart, dass
einerseits der Parasit von dem lebenden Wirt seine ganzen Existenz-
mittel erhält und dass andererseits der Wirt durch jenen nur ge-
schädigt wird mittelst der notwendig erfolgenden Substanzentziehung
und mannigfaltiger sonstiger chemischer und mechanischer Störungen.
Die Zustände der Störung in dem — jedesmal erfahrungsgemäß fest-
zustellenden — normalen Dasein eines Lebewesens nennen wir
Krankheiten; die in Rede stehenden Parasiten verursachen also
solche, sie sind krankmachende, Krankheitserreger. Der Parasit kann dann weiter durch seine Keime, Sporen, Eier und wie die
Propagationsorgane sonst heißen mögen, von dem durch ihn erkrankten Wirt auf andere übertragen werden und diese dann auch erkranken machen. Die durch Parasiten verursachten Erkrankungen
sind daher von Wirt zu Wirt übertragbar, ansteckend, wie der
übliche Ausdruck lautet.

Diese einseitig schädigenden, krankmachenden Parasiten sind
aber nur das eine Extrem der bekannten Fälle. Es giebt andere,
bei welchen beide Teile gemeinsamen Haushalt führen mit beider-
seits gleichem Nutzen, und zwischen diesen Extremen wiederum alle
Abstufungen. Es giebt endlich Fälle, wo ein Parasit einen Wirt bewohnt, ohne diesem weder zu schaden noch bemerkbar zu nützen,
höchstens seine Nahrung beziehend von den Abfällen des wirtlichen
Stoffwechsels. Im Extrem dieser Fälle, welches selbstverständlicher-
weise an der Grenze der Erscheinungen wirklichen Parasitismus
liegt, reden wir dann von Wohnparasiten.

Für sämtliche nach den angedeuteten Gesichtspunkten unterscheidbare Kategorien von Parasiten gilt weiter die jedem mehr
oder minder bestimmt bekannte Erfahrung, dass eine Parasitenspecies
zwischen den Wirten, welche sie occupiert, eine Wahl treffen kann,
wie man anschaulich sagt, d. h. den einen Wirt befällt und in oder
auf ihm gut und vollständig gedeiht, andere entweder ganz ver-
schmäht oder in ihnen wenigstens minder gut wächst. Auch in
diesen Beziehungen bestehen wiederum alle erdenklichen Abstufungen. Erstlich bezüglich der Wahl der Wirtsspecies seitens einer
Parasitenspecies. Das eine Extrem besteht in engster Einseitigkeit.
Ein streng obligater, sehr ausgezeichneter parasitischer Pilz, die
S. 34 genannte Laboulbenia Muscae z. B., wächst ausschließlich

auf der Stubenfliege, auf anderen Insekten nicht, wenigstens nach den vorliegenden Untersuchungen. Andere Pilze und sonstige Schmarotzer sind insoweit vielseitiger, als sie eine größere Zahl von Wirtsspecies, aber zunächst nur solche befallen, welche einem engeren Verwandtschaftskreise, einer Gattung, Familie u. s. w. angehören. So wachsen z. B. von den obengenannten Cordycepsarten manche in den Larven der verschiedennamigsten Schmetterlinge und anderer Insekten. Innerhalb eines solchen Wahlkreises bleiben aber manchmal einzelne Wirtspecies aus Gründen, die wir nicht kennen, von der Wahl ausgeschlossen. Endlich sind obligate und fakultative Parasiten bekannt, welche ihre Entwicklung in Wirten der verschiedensten Verwandtschaftskreise gleichgut durchmachen können. Ich brauche da nur wiederum an Trichina spiralis zu erinnern, die in Nagern, Schweinen, Menschen u. s. w. vortrefflich gedeiht. Aus der Pilzreihe ließen sich nicht minder Beispiele genug anführen. Aber auch hier kommen in einem Wahlkreise absonderliche Exceptionen vor, derart, dass ohne bestimmbaren Grund manche Wirtsspecies von den Parasiten verschont werden. Um nur ein Beispiel zu nennen, so befällt ein nach seiner Vielseitigkeit Phytophthora omnivora genannter Pilz die heterogensten Pflanzen, wie Oenothereen und andere Kräuter und Gartenblumen, Sempervivum, die Buche (Fagus) u. s. w., dagegen schlechterdings nicht die Kartoffelpflanze, in welcher dafür sein Nächstverwandter, Phyt. infestans, vorzugsweise gedeiht.

Es ist bis jetzt kaum möglich, die physiologischen Ursachen dieser Auswahlen präcis anzugeben. Dass es sich dabei wesentlich um chemische und physikalische Eigenschaften und Unterschiede handelt, ist andererseits selbstverständlich.

Wenn nun Auswahl nach Species stattfindet, so muss solche auch, in gewissem Maße, nach Individuen eintreten, denn die Unterschiede zwischen den einzelnen Species sind von jenen, welche zwischen Individuen einer und derselben Species bestehen, nicht prinzipiell, sondern nur gradweise verschieden. Sie sind geringer als jene; sie werden daher bei der Wirtswahl eines Parasiten auch minder scharf hervortreten, manchmal nicht oder kaum bemerkbar sein; jene Abstufungen von Fall zu Fall, denen wir überall begegnen, mangeln aber auch hier nicht.

Drücken wir diese durch die ganze große Reihe der Parasiten gehenden Erscheinungen umgekehrt, d. h. nicht mit Rücksicht auf den Parasiten, sondern auf die Wirte aus, so sind diese, nach Species und Individuum, für den Angriff eines Parasiten verschieden

geeignet, disponiert, prädisponiert. Wir können reden von
Prädisposition einer Species, eines Individuums, verschiedener Zustände, Entwicklungs-, Altersstufen der letzteren. Für solche individuelle Prädispositionen mag noch besonders hervorgehoben werden,
dass sie, nicht minder wie die anderen, im allgemeinen in der jedesmaligen chemischen, physikalischen, anatomischen Beschaffenheit
ihren Grund haben müssen. Für bestimmte, pflanzenbewohnende
Pilze aus den Gattungen Pythium, Sclerotinia u. a. lässt sich
z. B. zeigen, dass die Individuen derselben Wirtsspecies je nach dem
relativen Wassergehalt ungleiche Empfänglichkeit und Widerstandsfähigkeit für die Angriffe des Parasiten haben. Da in diesen Fällen
der relative Wasserreichtum junger Pflanzen größer ist als der von
älteren, so ist hiernach auch eine Altersprädisposition gegeben.

Für solche Fälle, wo der Parasit in der erfahrungsgemäß normalen Vegetation des Wirtes eine Störung, die man Krankheit nennt,
hervorruft, redet man im Falle einer individuellen Prädisposition gewöhnlich von krankhafter Prädisposition. Das kann zutreffen, insofern die Prädisposition für den Angriff des Parasiten verbunden
sein kann mit Abweichungen von dem Zustande, den man erfahrungsgemäß den gesunden nennt. Es muss aber nicht zutreffen, denn es
ist durchaus kein Grund vorhanden, dass die Disposition für Para-
sitenangriff jedesmal einen Zustand anzeigt, welcher auch dann
krankhaft genannt werden darf, wenn kein Parasit vorhanden ist.
Als Beleg hierfür genügt das angeführte Beispiel der nach Alter
wechselnden Prädisposition. Auch hier muss von Fall zu Fall unterschieden werden, und in der Beurteilung des einzelnen Falles ist
Vorsicht geboten.

Ein Beispiel mag das noch etwas mehr hervortreten lassen. Es
betrifft einen relativ sehr genau bekannten Fall. Die gewöhnliche
Gartenkresse (Lepidium sativum) wird häufig befallen von einem
parasitischen, relativ stattlichen Pilz, Cystopus candidus. Sie zeigt
infolge hiervon starke Degenerationen, Schwellungen, Verkrümmun-
gen des Stengels, oft auch der Früchte, und an diesen Teilen sowohl
wie den Laubblättern weiße, später verstäubende Flecke und Pusteln,
welche von den sporenbildenden Organen des Cystopus gebildet werden und nach welchen die ganze Erscheinung der weiße Rost der
Kresse heißt. Das sind Krankheitserscheinungen, und zwar so auf-
fällige, dass sie jeder mit bloßem Auge sofort bemerkt. Nun findet
man in einem etwa in der Blütezeit stehenden Kressebeet eine bestimmte Anzahl rostiger Pflanzen, z. B. zwei oder zwanzig. Sie stehen

mitten unter den anderen hundert oder tausend, und diese sind gesund und pilzfrei und bleiben so, bis die Vegetationszeit zu Ende
ist. Das verhält sich so, obgleich der Cystopus in den weißen Rost-
pusteln unzählige Sporen bildet, die verstäuben, die sofort entwicklungsfähig sind, auch die Bedingungen für ihre erste Weiterentwicklung auf dem Kressebeet finden, und durch deren Vermittlung die
weiße Rostkrankheit eminent ansteckend ist. Nichtsdestoweniger
werden jene hundert oder tausend Pflanzen nicht angesteckt. Alles
bisher Gesagte ist streng richtig, und wenn man nicht weitersieht,
wird man in den beschriebenen Erscheinungen einen flagranten Fall
von individuell verschiedener Prädisposition erblicken; wenn man
vorschnell urteilt, vielleicht auch von krankhafter Prädisposition der
befallenen Pflanzen, denn sie werden ja krank und die anderen
nicht. Trotz alledem verhält sich die Sache anders. Jede gesunde Kressepflanze ist für die Angriffe des Cystopus und die durch
ihn verursachte Rostkrankheit gleich empfänglich, nur ist die
Empfänglichkeit an ein bestimmtes Entwicklungsstadium gebunden
und hört ein für allemal auf, wenn dieses vorüber ist. Die keimende
Kressepflanze entfaltet nämlich zuerst zwei dreilappige Blättchen,
die Keimblätter oder Cotyledonen. Ist sie ein Stück weiter ge-
wachsen und hat mehr Laub gebildet, so welken die Cotyledonen
und fallen ab. Es zeigt sich nun, dass die Keime des weißen Rost-
pilzes in alle Cotyledonen eindringen und sich hier weiterentwickeln
können; und hat letzteres einmal angefangen, so erstarkt der Pilz
alsbald in dem Gewebe, in welches er gedrungen ist, und wächst
in und mit der heranwachsenden Pflanze weiter und erzeugt die
Krankheit. In sämtliche übrigen Teile der Pflanze vermögen die
Keime des Cystopus zwar auch ein kurzes Stück einzudringen, ohne
aber im Innern erstarken und weiterwachsen zu können. Die
Pflanze ist daher vor den Angriffen des Pilzes ein für allemal geschützt, sobald die Cotyledonen abgefallen sind. Jene zwei oder
zwanzig rostigen Stöcke in dem Beet sind solche, bei denen der
Pilz rechtzeitig die Cotyledonen getroffen hat; hätte er sie an den
tausend übrigen auch rechtzeitig getroffen, so wären alle rostig geworden. Sie sind gesund geblieben, weil sie nicht in dem Stadium
angesteckt worden sind, in welchem sie ansteckungsfähig, prädisponiert waren.

Schon aus dem über die mancherlei Abstufung der Wechselbeziehungen Gesagten geht hervor, dass der Verlauf und der Ausgang der Krankheit wiederum in der mannigfaltigsten Abstufung

verschieden sein muss, je nach den beiderseitigen Species und auch,
in geringerem Maße, Individuen. Die landläufigsten Erfahrungen von
Trichinen, Bandwürmern, Krätzmilben u. dgl. legen das jedem so
nahe, dass es genügen wird, in Kürze darauf hingewiesen zu haben.

XIII.

Harmlose Parasiten der Warmblüter. — Darmbewohner. — Sarcina. Leptothrix. — Mikrokokken, Spirillum, Kommabacillus der Mundschleimhaut.

Es schien mir nützlich, obigen kurzen Überblick über die Erscheinungen des Parasitismus und seiner Konsequenzen zu geben,
weil das, was wir von parasitischen Bakterien wissen, lediglich
Spezialfälle der überall wiederkehrenden Haupterscheinungen sind;
und was wir von ihnen vermuten, nicht minder. Das Verständnis
dieser Dinge wird also wohl durch Anlehnung an alte, längst bekannte Erscheinungen gefördert werden.

Gehen wir nun über zur Betrachtung wichtigerer Beispiele parasitischer Bakterien, so wird es sich empfehlen, zuerst und am meisten
von den Parasiten der Warmblüter, inclusive der Species Homo sa-
piens, zu reden, nachher von denen anderer Tiere und der Pflanzen.

Unter den erstgenannten unterscheiden wir für unseren Zweck
am besten die spezifischen Krankheitserreger von den anderen nicht
oder minder schädigenden. Von diesen zuvörderst einige Worte.

Der Verdauungskanal und die Respirationswege, insbesondere
ersterer, sind ein reicher Fundort niederer Organismen, wenn wir
das Gewürm beiseite lassen, von Pilzen und Bakterien. Eine ganze
Anzahl Pilze benutzt den Darmkanal als regelmäßigen (wenn auch
meistens nicht streng notwendigen) Durchgang, insofern sie, mit der
Speise und dem Futter eingeführt, in demselben Wohnung und Nahrung für ihre erste Entwicklung finden und diese dann auf den entleerten Faeces vollenden. Die reiche und merkwürdige Pilzflora des
Mistes liefert hierfür die Belege.

Von Bakterien kennt man das zahlreiche und formenreiche
Vorkommen in dem Darminhalt. Eine eingehendere Sichtung und

Sonderung der meisten Arten ist noch vorzunehmen. In dem menschlichen Darm hat Nothnagel Bacillus subtilis, Amylobacter und andere nicht näher definierte Formen unterschieden; Bienstock (64) seinen Trommelschläger. In dem Darm von Hühnern fand Kurth sein Bacterium Zopfii. Das nach van Tieghem wesentliche und konstante Vorhandensein des Bacillus amylobacter im Pansen der Wiederkäuer ist hier anzuschließen (80).

In dem normalen Mageninhalt, bei Wiederkäuern im Labmagen, kann die Säure des Magensaftes das Aufkommen von Bakterien verhindern. Koch's nachher zu besprechende Milzbranduntersuchungen haben sogar gezeigt, dass die vegetativen Zustände des Bac. anthracis durch den Magensaft getötet werden und nur die Sporen denselben lebend passieren. Für manche, jedoch nicht alle anderen Fälle gilt das Gleiche, und es ist von Wichtigkeit,

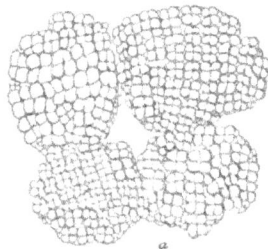

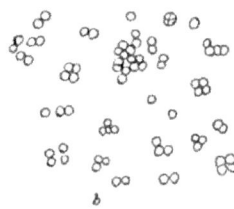

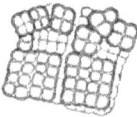

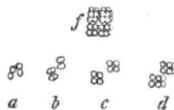

Fig. 21.   Fig. 22.   Fig. 23.

dass in dieser Weise in dem normalen Magen eine Art Sortierung stattfinden kann, vermöge deren von den mit der Nahrung eingeführten Bakterien nur bestimmte lebensfähig in den Darmkanal gelangen.

Fig. 21. Sarcina ventriculi Goodsir. Großzellige Form, frisch aus dem Mageninhalt eines Patienten entnommen und in weicher Gelatine eingebettet. Relativ kleines Würfelpacket. Ansicht einer Fläche; nur links und oben stehen andere Flächen wenig über den Rand jener vor. In der gezeichneten Fläche sind die doppelt konturierten Zellen nach scharfer Einstellung ausgeführt. Die einfach konturierten kamen mit ihnen nicht zur scharfen Einstellung, weil sie in tieferem Niveau liegen. Vergr. 600.

Fig. 22. Sarcina minuta. Vgl. unten Anm. 81. Gelatine-Objektträgerkultur. a—d Successive Zustände desselben Exemplars, welches als Doppelpaar runder Zellen (a) zur Beobachtung kam um 4 Uhr Nachm., b um 6 Uhr, c 9 Uhr, d 10 Uhr Nachm. In c sind die Tetraden noch einschichtig, in d hat in jeder Zelle eine Teilung in der Ebene des Papiers stattgefunden, aus jeder Tetrade ist ein 8zelliges Würfelpacket geworden. — f 32zelliges Packet.

Fig. 23. Sarcina ventriculi. a große Packete aus Magensaft. b Zellen von aus demselben Magensaft erhaltenen Reinkulturen der S. ventriculi.

Dass der Magensaft nicht immer schädlich wirkt, sondern auch hier eine Differenz von Fall zu Fall stattfindet, zeigen die Untersuchungen von Miller und W. de Bary (80). Und eine in dem menschlichen Magen ganz vorzugsweise gedeihende Species kennt man in der vielberühmten Sarcina ventriculi (Fig. 21). Dieselbe stellt annähernd würfelförmige Packete rundlicher Zellen dar, welch letztere in regelmäßige, den Flächen des Würfels parallele Schichten geordnet und durch zäh gelatinöse Membranen in festem Verband gehalten sind. Wie man bei anderen, sehr ähnlichen Species direkt beobachten kann (vgl. Fig. 22), entstehen die Packete aus einer runden Anfangszelle durch abwechselnd nach drei Raumesrichtungen erfolgende, successive Teilungen. Mit dem Wachstum trennen sich die Packete successive in Teilpackete, deren jedes die Nachkommenschaft einer der Zellen früherer Teilungsordnungen enthält, und indem diese sich wiederholt, findet Vermehrung der Packete statt. Weiteres weiß man von der Entwicklungsgeschichte der Magensarcina nicht.

Sarcina ventriculi ist derzeit nur aus dem menschlichen Magen und Darm bekannt. Bei Krankheiten, zumal Erweiterungen des Magens, findet sie sich in diesem oft in entsetzlicher Menge. Eine ursächliche Beziehung ihres Vorkommens zu bestimmten Krankheitserscheinungen ist jedoch nicht nachgewiesen, sie kann, ceteris paribus, reichlich oder spärlich oder gar nicht vorhanden sein; letzteres wohl in der überwiegenden Mehrzahl der Magen Kranker wie Gesunder. Die Ursachen von alledem sind unbekannt, und woher sie in den Magen kommt, weiß man auch nicht. Ein Vorkommen außerhalb der genannten Orte (selbstverständlich mit Ausnahme der entleerten Faeces) ist nicht mit irgendwelcher Sicherheit beobachtet. Kulturen sind in neuerer Zeit wiederholt erfolgreich angestellt worden. In Kulturen zeigt sie jedoch nicht die schön ausgebildeten Packete wie im Magensaft (Fig. 23).

Allerdings kennt man eine Anzahl Formen resp. Species, deren Würfelpackete der S. ventriculi so ähnlich sind, dass sie als nahe verwandte Arten neben diese gestellt werden müssen. Dieselben finden sich einerseits außerhalb lebender Organismen, als Saprophyten, andererseits im lebenden Tierkörper, auch dem menschlichen. Dass sie nicht gerade allverbreitet sind, wird anschaulich durch die Thatsache, dass die Befunde ihres Vorkommens jedesmal einzeln erwähnt werden.

Saprophytische Formen sind zufällig, d. h. ohne absichtliche

Aussaat, von Cohn und Pasteur auf allerlei Nährlösungen gefunden
worden, von Schröter auf gekochten Kartoffeln, von mir auf essig-
sauer gewordenem Bier und auf geronnener Milch u. s. w. Bei diesen
Funden sind die gelben Formen (S. lutea, S. flava) mehrfach beteiligt (81).

Sarcinaformen, welche den lebenden Tierkörper bewohnen, sind
beschrieben aus der Harnblase (S. Welckeri), der Lunge (S. pul-
monum Virchow), dem Munde und anderen Körperhöhlen, selbst
aus dem Blute des Menschen, aus den Höhlen und dem Darm anderer
Warmblüter.

Diese Formen, sowohl die saprophytischen als die parasitischen,
sind, soweit die vorliegenden Angaben ein Urteil zulassen, von der
Sarcina ventriculi unzweifelhaft gut verschieden. Leider sind
allerdings viele Angaben so mangelhaft, so sehr, kann man sagen,
auf das Wort Sarcina beschränkt, dass ein Urteil über die Identität
unmöglich ist. Für die parasitischen Formen gilt im übrigen auch,
was für S. ventriculi hervorgehoben wurde: ihr Vorkommen steht,
soweit die Kenntnisse reichen, nicht in nachgewiesener ursächlicher
Beziehung zu bestimmten Krankheitserscheinungen, sie sind vorläufig
einfach als Wohnparasiten zu betrachten (81).

Auf Mund- und auch Nasenschleimhaut werden vielerlei
Bakterien beobachtet. Von letzterer machte die Angabe einiges
Aufsehen, dass Bakterien bei dem unter dem Namen Heufieber
bekannten Frühsommerkatarrh in dem Nasenschleim konstant auftreten. Ich kann, als Besitzer dieses lästigen Übels, die Angabe von
mir selbst bestätigen, wenn auch mit dem Hinzufügen, dass in den
10—11 Monaten der heufieberfreien Zeit auch Bakterien vorhanden
sind. Es sind, soweit ich sie kennen gelernt habe, kurze, dem »B.
termo« ähnliche Stäbchen. Ob etwa zu verschiedenen Zeiten spezifisch verschiedene Formen vorhanden sind oder vorherrschen, ist
nicht untersucht.

Besser bekannt ist die üppige Bakterienvegetation der Mundschleimhaut. Sie findet sich am reichlichsten am Zahnfleisch zwischen und an den Zähnen; auf der übrigen Fläche und in entleer-
tem Speichel kommen ihre Angehörigen mehr vereinzelt, doch auch
noch zahlreich genug vor. Eine Probe des von einem Zahn ab-
gekratzten Schleims zeigt sich zum größten Teile gebildet aus einer
Form, welche der alte Name Leptothrix buccalis Robin bezeichnet (Fig. 24 a). Es sind lange, straffe Fäden, zu dichten Bündeln
verklebt, spröde, leicht der Quere nach in Stücke zertrennbar, von

ungleicher Dicke: die stärkeren mit einem Querdurchmesser von über 1 μ, andere nur halb so dick. Auch die Glieder-(Zellen-)länge ist ungleich, den Querdurchmesser einerseits nicht, andererseits mehrmals übertreffend. Die Fäden, zumal die kurzgliedrigen und dicken, zeigen vielfach Granulosereaktion (S. 5), doch kann derselbe Faden mit Jod streckenweise wechselnd Blaufärbung oder Gelbfärbung annehmen. Rasmussen (82) will aus der Lept. buccalis drei distinkte Formen durch Kultur gesondert haben. Inwieweit dies richtig ist, kann ich um so weniger entscheiden, als mir die Arbeit Rasmussen's nur aus einem Referat bekannt ist.

Zweitens liegen in den Leptothrixmassen oft runde »Kokken«, nicht selten zu dichten gelatinösen Haufen unregelmäßig zusammengeballt, gleich den Leptothrixformen bewegungslos (Fig. 24 m).

Mehr vereinzelt und erst nach Zusatz von Flüssigkeit in dieser in der Umgebung der Leptothrixmassen hervortretend, findet sich drittens allgemein eine Spirillumform, S p i r o c h a e t e Cohnii Winter (Sp. buccalis oder Sp. dentium), Fäden von äußerster Zartheit, ohne deutliche Quergliederung, in drei bis sechs und mehr steilen und oft unregelmäßigen Windungen korkzieherartig gedreht, biegsam, in langsam drehender Bewegung oder unbeweglich (Fig. 24 e). Weiter endlich kommt dazu oft, wenn auch nicht immer, ein dünnes, kurzes, bogig gekrümmtes Stäbchenbakterium, der zuerst von M i l l e r , dann von L e w i s (83) beschriebene »Kommabacillus« des Mundschleimes; es zeigt in Flüssigkeit meist lebhaft hüpfende Bewegung.

Fig. 24.

Es war von vornherein als sicher anzunehmen, dass außer diesen Formen noch andere Bakterien in dem Mundschleim vorkommen; Miller hat deren nach neueren Mitteilungen 25 gefunden. Schon

Fig. 24. B a k t e r i e n d e s Z a h n s c h l e i m s. Aus einem und demselben Präparat, e u. b nach Färbung, die übrigen frisch gezeichnet. Vergr. 600. a Leptothrix buccalis, Fäden oder Fadenstücke verschiedener Stärke; b ein Fadenstück, stärkere Vergr., nach Einwirkung alkoholischer Jodlösung die Gliederung deutlich zeigend; c einerseits stark verschmälertes Fadenstück, ohne Einwirkung von Reagentien, Gliederung deutlich zeigend. — d Lewis' Kommabacillus, d. h. kurzgliedriges S p i r i l l u m. — e Spirochaete Cohnii (Spirochaete des Zahnschleims, Cohn, Beitr. I, 2, p. 180 u. II, p. 421. — m Micrococcushaufen.

Hueppe giebt zwei Milchsäure bildende Mikrokokken aus dem menschlichen Munde an. In größerer Menge scheinen aber andere Formen
in gesunden Individuen nicht zur Entwicklung zu kommen. Man
kann vielleicht sagen, dass ihre Invasion durch die Gegenwart der
genannten charakteristischen Mundbewohner verhindert wird.

Ich hebe nochmals hervor, dass ich diese letzteren hier nur als
thatsächlich nebeneinander vorhandene Formen beschrieben wissen
möchte. Inwieweit sie zueinander in genetischer Beziehung stehen,
soll hier nicht weiter diskutiert werden. Nach dem Eindruck, den
sie machen, und den vorhandenen Untersuchungen hat die Ansicht
die größte Wahrscheinlichkeit, dass mehrere gesellige, distinkte Species
vorliegen.

Die beschriebenen Bewohner der Verdauungs- und Respirationswege, denen sich noch andere, bei Säugetieren gefundene verwandte
anschließen, sind, soweit unsere Kenntnis reicht, wohl zum größten
Teil unschädliche Gäste, Wohnparasiten, die Mundbewohner vielleicht
selbst nützliche Beschützer gegen die Invasion störender Gährungserreger. Bestimmte Formen machen jedoch hiervon eine unerfreu-
liche Ausnahme, insofern sie die Caries, das Hohlwerden der Zähne
verursachen. Jeder hohle Zahn ist von Bakterien durchwuchert,
und zwar kommen von Fall zu Fall verschiedene Formen oder Arten
vor; Miller (83) hat ihrer bei Untersuchung von Hunderten von
Zähnen 5 isoliert. Für eine derselben, eine Micrococcusform, hat
Miller durch vollständig durchgeführte Versuche gezeigt, dass dieselbe
in zucker- oder stärkehaltigem Substrat Milchsäure bildet. Durch
die ausgeschiedene Säure werden die in der Zahnsubstanz abgelager-
ten Kalksalze gelöst, dem Bakterium hierdurch das Eindringen in
den Zahn ermöglicht, und unter fortschreitender Entkalkung dringt
das Bakterium dann in den Kanälchen des Zahnbeins vor, um
schließlich den ganzen Zahn zu durchwuchern und zu zerstören.
Für die vier anderen Arten Miller's ist eine gleiche Wirkung kaum
zu bezweifeln.

XIV.

Pathogene Bakterien. Einwirkung auf den tierischen Körper. Toxine und Antitoxine. Toxalbumine. Disposition, Immunität, Schutzimpfung, Heilserum.

In welcher Weise die pathogenen Bakterien auf den tierischen Körper einwirken, war lange Zeit völlig unbekannt und wurde bald damit erklärt, dass sie dem Körper wichtige Substanzen entzögen, das Blut zersetzten oder die Blutcirkulation durch Verstopfen der feinen Kapillaren hinderten oder endlich, dass sie im Körper schädliche, giftige Stoffe erzeugten. Von allen diesen Annahmen hat sich in neuerer Zeit nur diese letzte als wirklich zutreffend erwiesen; die von den Bakterien gebildeten giftigen Stoffwechselprodukte, die Toxine sind es, welche schädlich auf den tierischen Organismus einwirken. Wenn durch die Zersetzung von wichtigen Bestandteilen des tierischen Organismus oder durch Verstopfung der Blutkapillaren nebenbei ebenfalls Störungen des normalen Zustandes bei Tieren hervorgerufen werden, so spielen doch diese Verhältnisse keine Rolle gegenüber der immensen Giftwirkung der Toxine.

Die Toxine oder, mit der früheren Bezeichnung, Toxalbumine sind die heftigsten von allen bekannten Giften; schon $1/4$ mg des Tetanustoxins reicht zur Tötung eines Menschen hin, und ähnlich verhalten sich die von anderen pathogenen Bakterien gebildeten Gifte. Es sind Stoffe, welche den Eiweißkörpern nahestehen, aber, wie es scheint, Spaltungsprodukte derselben und von einfacherer Konstitution. Eine Reindarstellung ist bisher nicht geglückt, und ihre Zusammensetzung ist demnach unbekannt. Sie werden ebensowohl in künstlichen Kulturen als im tierischen Körper gebildet und können aus den ersteren ausgelaugt werden. Durch Alkohol werden sie aus wässrigen Lösungen zugleich mit einer Anzahl mehr oder weniger indifferenter Stoffe gefällt.

Durch Injektionen dieser Toxine werden genau dieselben Symptome ausgelöst wie bei der Krankheit selbst, weshalb man mit Recht behaupten kann, dass die Toxine es sind, welche die Krankheit hervorrufen. Die Toxine sind es auch, welche die Widerstandskraft, die jedem tierischen Körper gegenüber den eingedrungenen

Bakterien innewohnt, lähmen und so die weitere Entwicklung der Parasiten ermöglichen.

Zwischen den Parasiten und dem tierischen Organismus findet ein Kampf statt, denn auch die tierischen Zellen sind mit Eigenschaften begabt, die zur Abwehr und Bekämpfung der Eindringlinge dienen. Freilich sind uns diese Verhältnisse im einzelnen noch durchaus nicht sicher bekannt, und die Vorstellung, die wir uns davon machen, baut sich auf verschiedene, nicht immer gut begründete Hypothesen auf. Auch sind die Ansichten der berufenen Forscher auf diesem Gebiete noch sehr geteilt (84).

Wenn wir den Kampf zwischen tierischem Körper und pathogenen Bakterien im einzelnen etwas näher verfolgen wollen, so stößt uns gleich anfangs die Thatsache auf, dass pathogene Bakterien auf die verschiedenen Tierspecies verschieden wirken können, dass selbst die gleiche Tierspecies nach Rasse, Alter und Individuum verschieden empfänglich, verschieden disponiert für dieselbe Bakterienart ist. So sind junge Hunde für Tuberkelbacillen empfänglich, alte fast gar nicht. Das Schwein ist nicht für Cholera, das Pferd ist nicht für Schweinerotlauf empfänglich, sie sind immun gegenüber diesen Bakterien. Während aber diese Tiere von vornherein nicht disponiert für die genannten Krankheiten sind, also angeborene Immunität besitzen, kommt es in vielen Fällen nach dem einmaligen Überstehen einer Krankheit zu einer erworbenen Immunität, die entweder nur vorübergehend oder längere Zeit andauernd sein kann, sodass die betreffenden Tiere erst nach kürzerer oder längerer Zeit oder gar nicht mehr von der Krankheit befallen werden. Vorübergehende Immunität bleibt beim Menschen z. B. nach Cholera, längere Zeit oder selbst zeitlebens andauernde nach Pocken, Masern, Scharlach zurück.

Die Frage: wie kommt die Immunität zustande? ist noch nicht befriedigend gelöst, wenn man auch recht plausible Erklärungen dafür gefunden hat. Auch hier hat man sehr verschiedene und oft gerade entgegenstehende Hypothesen zur Erklärung herangezogen. Zuerst nahm man an, dass sich die Bakterien im Körper von Tieren nur so lange zu halten vermöchten, als ihnen gewisse, zu ihrem Gedeihen durchaus nötige, aber in geringer Menge vorhandene Stoffe geboten würden. Seien diese Stoffe verbraucht, dann höre die Entwicklung auf, und da die Stoffe sich nur sehr langsam oder gar nicht im Körper wieder erzeugten, könnten sich auch die Bakterien nicht darin von neuem entwickeln.

Das Unwahrscheinliche dieser Annahme liegt aber auf der Hand. Denn erstens müssten für jede pathogene Bakterienart andere derartige Stoffe vorhanden sein, weil der Verbrauch durch die eine Art durch das Überstehen einer ansteckenden Krankheit durchaus nicht vor dem Erkranken an einer anderen Seuche schützt, und ferner müssten diese undefinierbaren Stoffe auch in allen künstlichen Kulturen, wo sich die Bakterien sehr üppig vermehren, vorhanden sein. Man hat deshalb auch sehr bald diesen Versuch der Erklärung aufgegeben.

Einen anderen Versuch zur Erklärung der Immunität hat Metschnikoff gemacht. Wir müssen Metschnikoff's Anschauung über das Zustandekommen der Immunität hier etwas eingehender behandeln, weil seine Darlegungen sich auf interessante wissenschaftliche Experimente und Beobachtungen stützen, die etwas Licht in diese dunklen Vorgänge bringen, wenn sie auch durchaus nicht alle Erscheinungen erklären können.

Es ist bekannt, dass in dem Blute der Wirbeltiere, in dem flüssigen Blutplasma suspendiert sind die roten Blutkörperchen und außer ihnen, in erheblich geringerer Menge, farblose oder weiße Blutkörperchen oder Blutzellen. Niederen Tieren fehlen die roten Blutkörper, die farblosen Blutzellen kommen ihnen allein zu. Letztere sind ungefärbte, kernführende Protoplasmakörper. Von ihren mancherlei bemerkenswerten Eigentümlichkeiten interessiert uns hier zunächst die, dass sie, gleich vielen anderen Protoplasmakörpern ähnlichen Baues, während des Lebens stete Gestaltsveränderungen ihres weich schleimigen Leibes zeigen, welche als wechselnd wellenförmige Bewegung ihres Umrisses, wechselndes Austreiben und Wiederzurückfließen von Fortsätzen erscheint (vgl. Fig. 25). Mit dieser, wie man sagt, amöboiden Beweglichkeit ist weiter verbunden das Vermögen, kleine feste Körper, Fetttröpfchen u. dergl. in die weiche Körpersubstanz aufzunehmen, zu verschlucken. Kommt der fremde Körper in Berührung mit der Oberfläche der amöboiden Zelle, so treibt diese Fortsätze an ihm empor, welche ihn umfassen und allmählich über ihm zusammenfließen, wie die Wogen über dem Ertrinkenden, sodass der Fremdkörper ins Innere der weichen Zellsubstanz zu liegen kommt. Er kann später wieder ausgestoßen werden, kann aber auch im Innern der Amöboidzelle Zersetzungen erfahren, getötet werden, schwinden.

Im Anschluss an solche bekannte Thatsachen und ferner an die Beobachtung, dass bei einer von ihm untersuchten Erkrankung kleiner Crustaceen durch einen eigentümlichen eingedrungenen Sprosspilz die Zellen dieses von den farblosen Blutzellen des Tiers verschluckt und in denselben zersetzt werden, dass sozusagen ein Kampf stattfindet zwischen dem parasitischen Pilze und den Amöboidzellen des Tieres, untersuchte Metschnikoff das Verhalten der farblosen Blutzellen von Wirbeltieren zu dem Milzbrandbacillus. Er fand, dass die virulenten Stäbchen, wenn sie einem milzbrandempfänglichen Tiere (Nager) eingeimpft sind, nur ausnahmsweise von Blutzellen eingeschluckt werden. Von den Blutzellen immuner Tiere, wie Frösche, Eidechsen, bei nicht künstlich erhöhter Temperatur, werden sie reichlich verschluckt (Fig. 25) und gehen dann im Innern jener zu Grunde. Das Gleiche tritt ein, wenn man zur Unschädlichkeit abgeschwächten Bacillus anthracis milzbrandempfänglichen Tieren eingeimpft hat. Chaveau hatte schon früher angegeben, dass die

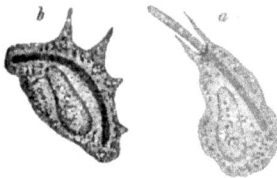

Fig. 25.

abgeschwächten Bacillen bis in Lunge und Leber des Tieres gelangen und dann verschwinden. Nach allen diesen Daten muss man mit Metschnikoff annehmen, dass der Bacillus unschädlich ist, weil er von den Blutzellen aufgenommen und zerstört wird, und schädlich, weil dieses nicht stattfindet; oder wenigstens, dass die Unschädlichkeit eintritt, wenn die Zerstörung durch die Blutzellen rascher und ausgiebiger geschieht als Wachstum und Vermehrung des Bacillus, und umgekehrt.

Wenn diese Vorstellungen richtig sind, und es ist ein sonst virulenter Bacillus nach einer Schutzimpfung unschädlich und ohne diese nicht, so muss konsequenterweise weiter angenommen werden, dass die Schutzimpfung den Effekt gehabt hat, den Blutzellen für die Aufnahme und Zerstörung der virulenten Bacillen die vorher nicht vorhandene Befähigung zu geben. Bestimmte Untersuchungen hierüber liegen allerdings nicht vor; allein es ist, wiederum mit Zugrundelegung obiger Vorstellungen, kaum eine andere Annahme möglich, als dass die geschehene Aufnahme von minder virulenten Bacillen die Blutzellen eines Tieres successive befähigt zur Aufnahme und

Fig. 25. a Blutzelle eines Frosches, im Begriffe, ein Stäbchen von Bac. anthracis zu verschlucken, lebend, in einem Tropfen Humor aqueus beobachtet. b dieselbe, einige Minuten später; die Gestalt ist verändert, der Bacillus völlig eingeschluckt. Starke Vergrößerung; nach Metschnikoff kopiert.

Zerstörung virulenterer, welche ohne solche Vorbereitung nicht aufgenommen worden wären.

Immunität und Infektionsempfänglichkeit eines Tieres für den krankmachenden Parasiten, welcher in das Blut gelangt ist, würden hiernach abhängen von der Reaktion der Blutzellen gegen jenen; und die Reaktionsfähigkeit der letzteren würde verändert werden können durch die successive Gewöhnung gleichsam an successiv virulentere Individuen derselben. Eine teilweise Erklärung der Wirksamkeit von Schutzimpfungen mit Material von aufsteigender Virulenz wäre hierdurch gewonnen.

Mit diesen Erscheinungen steht auch die wiederholte Beobachtung im Einklang, dass Bakterien, die für eine Tierspecies nicht pathogen sind, sofort von den weißen Blutkörperchen, den Phagocyten, wie Metschnikoff sie nennt, aufgenommen werden. Sie kommen also gar nicht dazu, sich in dem Tiere zu entwickeln. Je virulenter aber Bakterien für ein Tier sind, umsoweniger werden sie von den Phagocyten aufgenommen, ja diese letzteren zerfallen sogar zweifellos unter dem Einfluss der Bakterien. Es findet also hier ein Kampf zwischen Bakterien und Tierzellen statt, und der Ausgang dieses Kampfes bedeutet Genesung oder Tod für das Tier.

Es fragt sich aber nun weiter: warum werden die virulenten Bacillen von den Blutzellen eines unvorbereiteten Tieres so gut wie nicht aufgenommen und die abgeschwächten mit Leichtigkeit? Da wir auch in den extrem verschiedenen Fällen morphologische oder anatomische Unterschiede der jedesmal konkurrierenden Teile nicht finden, so bleibt nichts übrig als die Annahme, dass in stofflichen Differenzen, Unterschieden des chemischen Verhaltens der Konkurrenten der Grund des verschiedenen Verhaltens liegt. Und da es sich handelt einerseits um Teile des in seinen Gesamteigenschaften für unsere Wahrnehmung nicht wesentlich veränderten Tieres, andererseits um den bei der Abschwächung in seinen gerade hier in Betracht kommenden Eigenschaften wesentlich veränderten Bacillus, so müssen die Änderungen der chemischen Eigenschaften der Hauptsache nach auf Seiten des Bacillus liegen. Auch die Erscheinungen der Schutzimpfung, der Gewöhnung, wie wir sagten, der Blutzellen an die Aufnahme successiv virulenterer Bacillen stehen damit nicht in Widerspruch. Vielmehr kennen wir von amöboiden, feste Körper aufnehmenden anderen Protoplasmakörpern (z. B. den Myxomycetenplasmodien), Erscheinungen der Angewöhnung an die Berührung mit und wahrscheinlich auch an die Aufnahme von Körpern

bestimmter chemischer Eigenschaften, von welchen sie sich im An-
fange der Berührung energisch zurückziehen; und es ist auch ohne
sonstige Argumente aller Grund vorhanden, für die Blutzellen die
gleiche Befähigung anzunehmen, weil sie mit jenen anderen in allen
übrigen hier in Betracht kommenden Eigenschaften übereinstimmen.

Dieser Theorie Metschnikoff's, die für sich allein jedenfalls nicht
ausreicht, alle Erscheinungen auf dem Gebiete des Kampfes zwischen
Tier und Bakterien zu erklären, stehen andere gegenüber, die namentlich in Deutschland besonderen Anklang gefunden haben.

Hiernach sollen die Phagocyten selbst nur eine untergeordnete
Rolle spielen, dagegen giftige Stoffe, Alexine, Antitoxine, die
vom Körper erzeugt werden, den Kampf mit den Bakterien auf-
nehmen.

In der That ist einwandsfrei nachgewiesen worden, dass auch
zellenfreies Blutserum eine oft sehr ausgeprägte bactericide Eigenschaft besitzt und dass sich in ihm Stoffe finden, die ganz allgemein
für die Bakterien schädlich sind. Diese in ihrer Zusammensetzung
übrigens gänzlich unbekannten Stoffe werden Alexine genannt. Sie
finden sich in verschiedener Menge in den Körpersäften eines jeden
Tieres, auch selbstverständlich des Menschen, und sind zum Teil
jedenfalls schon vor einer Invasion der Bakterien in einem Tierkörper vorhanden. Durch den Reiz, den die Bakterienzellen auf
den Tierkörper ausüben, werden dann noch weitere Mengen gebildet.
Je mehr solcher Alexine im Körper vorhanden sind, umsoweniger
werden sich die pathogenen Bakterien im Tier entwickeln können,
um so widerstandsfähiger wird also das betreffende Tier gegen ansteckende Krankheiten sein. Es ist nicht unwahrscheinlich, dass
diese Schutzstoffe hauptsächlich von den Leukocyten, den Phagocyten
Metschnikoff's, erzeugt werden und dass so die Leukocyten, auch
wenn man ihre Thätigkeit als »Fresszellen« bezweifeln will, den-
noch zur Zerstörung der eingedrungenen Parasiten beitragen. Die
Menge der Schutzstoffe, die von Individuum zu Individuum wechselt,
erklärt auch die ungleiche Empfänglichkeit, die individuelle Disposition bis zu einem gewissen Grade.

Nicht erklärt durch das Vorhandensein der Alexine wird jedoch
die Entstehung der erworbenen Immunität nach dem Überstehen
einer ansteckenden Krankheit, und dieser Punkt wird durch Metschnikoff's Phagocytenlehre auch nicht befriedigend erklärt. Wie wir
oben gesehen haben, sind es hauptsächlich die von den pathogenen
Bakterien ausgeschiedenen Gifte, die Toxine, welche den befallenen

Organismus schädigen. Der tierische Körper besitzt nun die Fähigkeit, Gegengifte zu produzieren, Antitoxine, welche imstande sind,
die Bakteriengifte zu zerstören. Und es ist eigentümlich, dass der
Tierkörper jedem verschiedenen Bakteriengift auch ein entsprechen-
des Gegengift entgegensetzt, welches anderen Bakteriengiften gegenüber keine Wirkung äußert. Das Tetanusantitoxin übt gegen das
Tetanustoxin eine vollständig vernichtende Wirkung aus, gegenüber
dem Diphtheriegift gar keine. Es ist wahrscheinlich, dass diese
Antitoxine erst infolge des Reizes, den die Toxine auf das tierische
Gewebe ausüben, gebildet werden, und zwar hauptsächlich in den
Drüsenorganen, in Schilddrüse, Thymusdrüse, Milz u. s. w. Ihre
Wirkung erstreckt sich aber nicht oder nur in sehr geringem Maße
auf die pathogenen Bakterien selbst, sondern nur auf deren giftige
Stoffwechselprodukte.

Die Bakterien selbst werden aber durch eine andere Gruppe
von Stoffen, die man als Agglutinine bezeichnen kann, vernichtet. Dieselben bilden sich ebenfalls erst infolge der Einwirkung
pathogener Bakterien auf den Tierkörper und sind im Blutserum
gelöst.

Diese neueren Entdeckungen haben der Aussicht auf einen er-
folgreichen Kampf gegen die ansteckenden Krankheiten ein weites
Feld eröffnet und in der That schon Ergebnisse geliefert, die nicht
bloß theoretisches, sondern eminent praktisches Interesse besitzen.
Wir müssen uns deshalb, ohne auf die rein medizinische Seite weiter
einzugehen, noch etwas näher mit dem Gegenstande beschäftigen
und wollen dabei ein Beispiel wählen, welches in den letzten Jahren
große Bedeutung gewonnen hat.

Es ist bekannt, dass der Organismus der Diphtherie ein sehr
heftig wirkendes Gift im Körper erzeugt, gleichzeitig aber das tierische
Gewebe zur Produktion eines intensiven Gegengiftes anregt. Auch
viele Tiere, u. a. Meerschweinchen, Pferde, sind für Diphtheriebacillen empfänglich. Diese Tiere lassen sich nun künstlich gegen
Diphtherie immunisieren, und zwar in der Weise, dass man ihnen
entweder zuerst wenig virulente, allmählich immer virulentere Diphtheriebakterien einimpft, oder indem man ihnen anfangs geringe,
später größere Mengen Diphtheriegift ohne lebende Bakterien einimpft, oder schließlich, indem man ihnen Diphtherieantitoxin injiziert.
Im ersten Falle vermögen sich die abgeschwächten Diphtheriebakterien wohl zu entwickeln und auch Gifte abzuscheiden, jedoch
nicht in dem Maße, dass sie den Sieg über den Körper davontragen.

Es erfolgt also nur eine leichte, in Heilung übergehende Erkrankung, durch welche jedoch genügend Antitoxine im Körper erzeugt werden, um auch eine Infektion mit virulenteren Bakterien abzuwehren. Jedesmal werden neue Mengen Antitoxin erzeugt, sodass schließlich auch bei Infektion mit hochvirulentem Material die vorhandenen Antitoxinmengen imstande sind, die von den Diphtheriebakterien gebildeten Gifte unschädlich zu machen. Es ist damit eine Form der Immunität erreicht, welche man als Giftfestigkeit bezeichnet, weil dabei weniger die eingedrungenen Bakterien als die von diesen produzierten Gifte vernichtet werden.

Ebenso wie die schwachvirulenten und später hochvirulenten Kulturen wirkt nun auch die Injektion von anfangs geringen, später größeren Mengen Diphtherietoxin, da ja überhaupt das von den Diphtheriebakterien abgeschiedene Gift es ist, welches die Produktion von Antitoxin im Körper verursacht. Dabei ist es natürlich gleichgültig, ob das Gift erst im Körper erzeugt wird oder gleich in den Körper hineingelangt. Bei der Injektion von Antitoxin handelt es sich von vornherein darum, dem Tierkörper einen Schutz gegen die Krankheit zu verleihen, ohne ihn selbst zur Bildung der Schutzstoffe zu veranlassen. Dieser Weg empfiehlt sich von vornherein als Mittel zur Bekämpfung der bereits ausgebrochenen Krankheit.

Gerade bei der Diphtherie ist nun die Erzeugung des Antitoxins in den letzten Jahren im großen betrieben worden, um ein Heilmittel gegen diese überaus gefährliche Krankheit, die etwa 6 % der Todesfälle bei uns veranlasst, zu gewinnen. Es ist besonders das Verdienst Behring's (85), die Methoden der Gewinnung dieses Heilmittels, des Diphtherieheilserums, auf eine Höhe gebracht zu haben, dass nicht nur bei der Bekämpfung der Diphtherie eine sehr wirksame Hilfe geboten ist, sondern dass auch Anhaltspunkte von Bedeutung für die Herstellung anderer Heilsera gegeben sind. Es ist kein Zweifel, dass auch für andere Infektionskrankheiten über kurz oder lang passende Heilmittel werden gefunden werden, wenn auch ebenso noch mancherlei Misserfolge zu erwarten sind.

Die Gewinnung des Diphtherieheilserums wird im großen in der zuerst beschriebenen Weise erreicht, indem Pferde mit abgeschwächten, später mit vollvirulenten Diphtheriebacillen geimpft und dadurch immunisiert werden. Es wird ihnen dann eine bestimmte Menge Blut entzogen, und das Serum desselben enthält das Antitoxin. Neuerdings ist es auch gelungen, das Antitoxin in haltbarem, trocknem Zustande herzustellen. Bestimmte Mengen des Heilserums werden dann an Diphtherie erkrankten Personen eingespritzt und so die schädliche Wirkung des Diphtheriegiftes paralysiert.

Je nachdem ein Tier gegen Bakterien von geringerer oder größerer Virulenz immunisiert worden ist, besitzt sein Serum auch eine geringere oder größere immunisierende Kraft. Man berechnet die Wirkung desselben nach seiner Fähigkeit, gewisse Mengen des Diphtheriegiftes zu zerstören, dessen Intensität wieder durch seine Wirkung auf Meerschweinchen festgestellt ist.

In anderer Weise wirken Schutzstoffe des Körpers, welche z. B. beim Überstehen von Cholera oder Typhus erworben werden; hier handelt es sich nicht um Giftfestigkeit, sondern um Bakterienfestigkeit. Diese Stoffe, welche als Agglutinine bezeichnet werden, wirken direkt bakterientötend. Hat man z. B. ein Kaninchen in ähnlicher Weise gegen Cholera immunisiert wie Pferde gegen Diphtherie — die Methoden sind im einzelnen freilich verschieden — so besitzt sein Blutserum für Cholerabakterien eine direkt bactericide Kraft. Bringt man einen Tropfen solchen Immunserums mit einer frischen virulenten Bouillonkultur von Cholerabakterien zusammen, so ballen sich die letzteren zusammen, verkleben zu kleinen Flöckchen, »agglutinieren«, wie Gruber (87) es nennt; die Membranen der Zellen verschleimen, und die Zellen selbst treten in einen Auflösungsprozess ein und sterben ab. Das Immunserum hat dabei noch die eigentümliche Eigenschaft, gerade nur für diese eine pathogene Art, also im vorliegenden Falle Cholerabakterien, in dieser Weise vernichtend zu wirken; andere Bakterienarten, auch wenn sie noch so ähnlich sind, werden durch das Choleraimmunserum nicht berührt. Man hat deshalb auch solches Immunserum mit großem Erfolge bei Cholera und Typhus zur Feststellung der Erreger dieser Krankheit benutzt, was bei der großen Zahl der kaum von diesen unterscheidbaren ähnlichen Arten sonst große Schwierigkeiten bieten würde. Die Methoden dieser sogenannten Serumdiagnose sind besonders von Pfeifer, Gruber und Widal ausgearbeitet worden (86, 87, 88).

Auch diese baktericiden Stoffe, die Agglutinine, sind zur Schutzimpfung bei Cholera und Pest mit Erfolg herangezogen worden, doch ist es noch zweifelhaft, wieweit die praktische Durchführbarkeit des Verfahrens einen Kampf gegen diese Krankheiten im großen ermöglichen wird.

Endlich sei zur Erklärung der erworbenen Immunität bei ansteckenden Krankheiten auch noch die Gewöhnung des Körpers an

Gifte hervorgehoben. Jedenfalls ist der menschliche und tierische Körper ebenso wie gegenüber anderen Giften, Nikotin, Morphium, Arsen, auch gegenüber den Bakteriengiften bis zu einem gewissen Grade der Angewöhnung fähig, und diese Giftgewöhnung wird gewiss viel zur Immunität beitragen. Aber die alleinige Ursache derselben ist sie nicht, ja sie spielt dabei wahrscheinlich nicht einmal eine besonders große Rolle, da die Bildung der Antitoxine, die auch, wie bei Diphtherie, einen nicht giftgewöhnten Organismus schützen, zur Erklärung der Immunität in vielen Fällen genügt.

Im Kampf gegen die ansteckenden Krankheiten sind uns also, wenn wir von allgemeinen hygienischen Maßnahmen absehen, zwei Mittel gegeben, einmal die Schutzimpfung, die als Präventivmaßregel dient, und zweitens die Bekämpfung der ausgebrochenen Krankheit. Als spezifische Mittel bei der letzteren kommen wieder im großen und ganzen dieselben Stoffe in Betracht, die auch bei der ersteren wirksam sind. Bei der Schutzimpfung erregen die abgeschwächten Organismen oder deren giftige Stoffwechselprodukte eine leichte, in Heilung übergehende Krankheit, wobei Antikörper entstehen, welche bei einer erneuten Infektion den eindringenden Parasiten oder deren Stoffwechselprodukten vernichtend gegenübertreten; bei der Behandlung der ausgebrochenen Krankheit werden die in einem anderen Organismus gebildeten Antikörper direkt verwendet.

Schutzimpfungen werden gegenwärtig namentlich bei Tieren vielfach mit großem Erfolge angewendet, so namentlich beim Rauschbrand, Schweinerotlauf, Milzbrand. Für den Menschen wichtige Schutzimpfungen sind besonders die seit mehr als einem Jahrhundert bekannte Pockenimpfung und die Schutzimpfung gegen Tollwut; beide haben zweifellos günstige Erfolge aufzuweisen. Bei allen diesen Schutzimpfungen handelt es sich darum, durch Infektion mit abgeschwächtem Impfmaterial Antikörper im menschlichen oder tierischen Organismus zu erzeugen und ihn dadurch gegen Infektion mit virulentem Material widerstandsfähig zu machen.

Als Heilmittel gegen bereits ausgebrochene Infektionskrankheiten sind ebenfalls eine größere Anzahl Antikörper gewonnen, so das oben eingehender erörterte Diphtherieheilserum, das Tetanusantitoxin u. a. Es mag darauf hingewiesen werden, dass Koch mit seinem Tuberkulin, welches kein Antikörper, sondern das Bakteriengift selbst ist, die ganze Frage erst angeregt hat, und dass die Entdeckung der wichtigsten Hilfsmittel im Kampfe gegen die Infektionskrankheiten sehr wesentlich eine Folge seiner ersten Arbeiten auf diesem Gebiete war. Wenn sich daher die Hoffnungen, die man an die Entdeckung des Tuberkulins geknüpft hatte, auch nicht direkt erfüllt haben, so hat doch diese Entdeckung einen großen Fortschritt in bezug auf die Herstellung spezifischer Heilmittel gegen ansteckende Krankheiten im Gefolge gehabt.

XV.

Milzbrand und Hühnercholera.

Die Erreger der Zahncaries führten uns zu den krankmachenden Parasiten der Warmblüter.

Wir werden von denselben, ihrer Lebensweise und ihren Wirkungen am besten eine anschauliche Vorstellung gewinnen, wenn wir zuerst einige relativ genau bekannte Beispiele betrachten.

Als erstes wählen wir die als Milzbrand, Anthrax, charbon, sang de rate bezeichnete Krankheit und deren Erreger, Bacillus anthracis (89).

Der B. anthracis ist oben schon mehrfach besprochen worden. Seine Beschreibung sei daher hier nur kurz rekapituliert unter Reproduktion der Abbildung (Fig. 26, 27). Er besteht aus cylindrischen Zellen, welche etwa 1—1,5 μ dick sind und drei- bis viermal so lang werden. Im Blute der Tiere sind dieselben meist zu langen, geraden Stäbchen verbunden (Fig. 26 c), welche ohne genauere Untersuchung homogen erscheinen, d. h. die Gliederung in Einzelzellen nicht hervortreten lassen. Bei Kultur in totem Substrat wachsen diese heran zu sehr langen Fäden, welche vielfach geknickt sind, Krümmungen, Schlingen bilden, auch an den Knickungsstellen in stabförmige Stücke durchgetrennt werden und meist in großer Zahl zu Bündeln oder Garben vereinigt und umeinander gedreht sind (Fig. 26 a). Die Stäbchen und Fäden sind ohne lokomotorische Bewegung. Die Bildung und Keimung der Sporen erfolgt nach dem oben (III.) beschriebenen Modus endosporer Bacillen; bei der Keimung findet einfaches Längenwachstum der Spore statt (Fig. 26 b), scheinbar meist ohne Abhebung einer distinkten Sporenhaut. Die reife Spore ist breit ellipsoidisch, so breit wie ihre cylindrisch bleibende Mutterzelle, aber viel kürzer, und liegt ungefähr in der Mitte dieser, bevor sie durch Verquellung der Membran frei wird.

Durch die Bewegungslosigkeit und die Keimungsform ist B. anthracis von dem meist auch schmäleren, sonst sehr ähnlichen, aber nicht parasitischen B. subtilis mikroskopisch verschieden. Dazu kommt in den gewöhnlichen Fällen der makroskopische Unterschied, dass er, auf der Entwicklungshöhe, in Nährlösungen einen flockigen Bodensatz bildet, B. subtilis dagegen die trockene Haut auf der Ober-

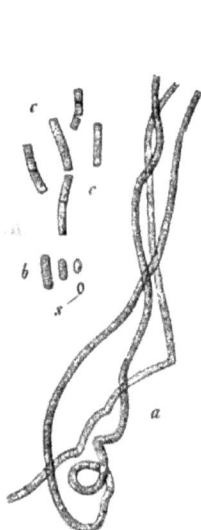
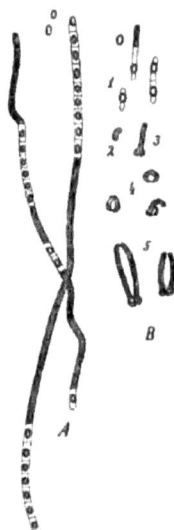

Fig. 26.   Fig. 27.

fläche (vgl. S. 12). Von Ausnahmeerscheinungen wird nachher die Rede sein.

Die Mizbrandkrankheit befällt vorwiegend Säugetiere. In erster Linie Pflanzenfresser, zumal Nager und Wiederkäuer; von beobachteten Species sind Hausmaus, Meerschweinchen, Kaninchen, Schafe,

Fig. 26. Bacillus anthracis. *a*, *b*, aus Objektträgerkulturen in Fleischextraktlösung. *a* Stück einer Gruppe kräftig wachsender Fäden; die Gliederung in Zellen ist nicht sichtbar — wohl aber vorhanden. — *b* drei successive Stadien einer keimenden Spore; daneben, *s*, reife Spore vor der Keimung. — *c* Stäbchen aus dem Blute eines inficierten Meerschweinchens, einige Stunden nach dessen Tode, unter Einwirkung von destilliertem Wasser. — Vergr. 6—700.
Fig. 27. Bacillus anthracis und Bac. subtilis. Erklärung siehe S. 20.

Rinder in absteigender Folge empfänglich. In zweiter Linie sind empfänglich Omnivoren, auch der Mensch; in dritter die Fleischfresser; unter den letzteren z. B. Katzen mehr als Hunde. Auch für einige Vögel wird Empfänglichkeit angegeben; Gibier fand Frösche, Metschnikoff Eidechsen (Lacerta viridis) dann empfänglich, wenn sie bei der ungefähren Temperatur des Warmblüterkörpers gehalten wurden. Wir lassen, unter Verweisung auf die Speziallitteratur (89), die Kontroversen hier beiseite und halten uns an die sicheren Fälle, speziell Säugetiere. Wie aus dem Gesagten hervorgeht, ist die Empfänglichkeit für die Erkrankung nach Species verschieden; innerhalb einer Species ist sie es nach Rasse, Alter und Individuum.

Der Milzbrand ist eine weit verbreitete Krankheit. Es ist aber eine alte Erfahrung, dass er in manchen Gegenden besonders häufig auftritt, dass solche Milzbranddistrikte für das Herdenvieh besonders gefährlich und von den Viehzüchtern gefürchtet sind.

Das klinische Bild der Krankheit ist nach der befallenen Tierspecies ungleich; für größere Tiere wird ein relativ langsamer Verlauf unter heftigem Fieber u. s. w. und vorwiegend, doch nicht immer tötlicher Ausgang angegeben. Mäuse und Meerschweinchen erliegen der Krankheit in den beobachteten Fällen so gut wie immer, ohne bis zum Tode besonders anffallende Symptome zu zeigen. Speziell die Meerschweine sah ich oft anscheinend munter, fresslustig, bis sie auf einmal (etwa 48 Stunden nach der Infektion) umfallen und nach ganz kurzem Kampfe verenden.

Untersucht man ein erkranktes Tier kurz vor oder unmittelbar nach dem Tode, so findet man in dem Blute die vegetativen Stäbchen des Bacterium anthracis (Fig. 26 c). Bei größeren Tieren, wie Rindern, scheint ihre Häufigkeit, den vorhandenen Angaben zufolge, von Fall zu Fall ungleich zu sein. Ich sage scheint, aus nachher anzugebenden Gründen. Gefunden werden sie jedoch immer in den Kapillaren innerer Organe, mindestens in der Milz. Bei Kaninchen und Mäusen sind sie, nach R. Koch, in dem Blute nicht zahlreich, um so mehr in Lymphdrüsen und Milz. Bei den Meerschweinchen, welche ich vorzugsweise untersucht habe, ist die ganze Blutmasse von den Stäbchen durchsetzt; jedes dem bloßen Auge kaum sichtbare Blutströpfchen, welches man aus einer kleinen Wunde in Ohr, Zehe u. s. w. gewinnt, enthält sie; in den kleinen Gefäßen und Kapillaren der Leber, Niere, in der Milz u. s. w. sind sie massenhaft enthalten. Auch einige Zeit nach dem Tode bleibt das gleiche Verhältnis bestehen. Später, wenn die Totenstarre vorüber ist, ändert

9*

sich dasselbe oft scheinbar; man kann aus den großen Blutgefäßen,
aus dem Herzen des Tieres erhebliche Blutmengen gewinnen, ohne
darin ein Stäbchen zu sehen. Die Stäbchen finden sich aber doch,
und zwar in den Fibringerinnseln, in welchen sie oft in Menge eingeschlossen sind, und von welchen man, beiläufig bemerkt, leicht
das sauberste Material für die Kultur des Bacillus gewinnen kann.
Es ist wohl möglich, dass Befunde geringer Häufigkeit der Stäbchen
in einem Übersehen der in die Faserstoffgerinnsel eingeschlossenen
ihren Grund hatten, wenn das tote Tier nach erfolgter Blutgerinnung
untersucht worden war; das ist bei den obenerwähnten Angaben
über ungleiche Häufigkeit zu berücksichtigen.

Die Stäbchen sind zuerst, 1850, von Rayer, dann 1855 unabhängig von diesem von Pollender gesehen worden. Die kausale
Beziehung des Bacillus, welchem sie angehören, zu der Milzbrandkrankheit wurde 1863 von Davaine zuerst bestimmt hervorgehoben
und ist, nach mancherlei Widerspruch, derzeit unbestritten. Es ist
bestimmt nachgewiesen, dass die Krankheit nur auftritt, wenn der
Bacillus in das Blut gelangt ist, und andererseits, dass absichtliche
Einbringung desselben in das Blut die charakteristische Infektion.
Erkrankung zur Folge hat. Die Infektion erfolgt sowohl, wenn der
Bacillus lebend direkt in das Blut gebracht wird von absichtlich
angebrachten oder nicht beabsichtigten Hautwunden aus: Impfmilz-
brand, Wundmilzbrand, als auch von der unverletzten Darmschleimhaut aus: Darmmilzbrand. Auch bei Einatmung von
Sporen kann Milzbrand sich entwickeln und ruft dann den stets
tötlich verlaufenden Lungenmilzbrand (Hadernkrankheit) hervor.
Die Infektion kann geschehen sowohl durch lebende Stäbchen als
auch durch Sporen, welch letztere dann in dem Blute oder im Darm
keimen. In beiden Fällen ist es gleichgültig, ob das zur Infektion
verwendete Material direkt von einem kranken Tiere gewonnen
ist oder von einer der nachher zu besprechenden Kulturen, in
welchen jede Spur eines tierischen Krankheitsproduktes
ferngehalten ist. Abgestorben, getötet ist der Bacillus zur Infektion untüchtig.

Einmal in die Blutbahn des infektionsfähigen Tieres gelangt,
wächst und vermehrt sich der Bacillus in der Stäbchenform und
verbreitet sich teils durch sein Wachstum selbst, teils indem die
Stäbchen mit der Blutbewegung fortgeführt werden, in der obenerwähnten Weise. In dem Maße, wie dieses geschieht, schreitet die
Erkrankung fort bis zum Tode. Eine minimale Menge lebender

Bakterien genügt, um diese Prozesse hervorzurufen. Ein Meerschwein z. B. stirbt unter den beschriebenen Erscheinungen nach 48 Stunden, wenn ihm eine der Nadelspitze anhaftende, mit der Lupe unsichtbare Quantität Sporen oder Stäbchen durch eine kleine, unblutige Stichwunde in die Haut gebracht ist.

Impf- und Wundmilzbrand werden hervorgerufen durch Einbringung sowohl von Sporen als auch von lebenden Stäbchen. Der Darmmilzbrand kommt dagegen, wie Koch und seine Mitarbeiter gezeigt haben, thatsächlich nur durch in den Körper gebrachte Sporen zustande. In dem natürlichen Verlaufe der Dinge kann der Bacillus auf die Darmschleimhaut nur gelangen vom Munde aus, d. h. wenn er mit der Nahrung verschluckt wird. Er hat dann den Magen zu passieren, und hierdurch werden die Stäbchen, wohl infolge der Einwirkung des sauren Magensaftes, wirkungslos; ob vollständig getötet, mag dahingestellt bleiben. Die Sporen dagegen gehen unverändert durch den Magen; in dem Darminhalt finden sie die geeigneten Keimungsbedingungen, und die aus der Keimung erwachsenen Stäbchen findet man in die Darmschleimhaut eingedrungen, vorzugsweise wohl durch die Lymphfollikel und die Peyer'schen Haufen. In der Schleimhaut ist dann durch die Capillargefäße der Weg in die Blutbahn wiederum offen.

Nach den Untersuchungen der genannten Forscher sind Wiederkäuer für diese Darminfektion empfänglich. Die Experimente wurden mit Schafen angestellt. Die Erfahrungen an nicht absichtlich inficierten Rindern weisen in Übereinstimmung mit jenen Experimenten auf die Darmempfänglichkeit auch dieser Tiere hin. Sie ergeben ferner das praktisch wichtige Resultat, dass die bei diesen Tieren vorkommenden spontanen, d. h. nicht absichtlich experimentell erzeugten Milzbrandfälle vorwiegend Darmmilzbrand, also durch Aufnahme von Sporen mit dem Futter hervorgerufen sind.

Andere Tiere sind für Darmmilzbrand weniger empfänglich; doch gelangen einige der angestellten Infektionsversuche bei Meerschweinen, Kaninchen und Mäusen; bei Ratten, Hühnern und Tauben blieben alle erfolglos.

Nach diesen Erfahrungen fragt es sich vor allen Dingen: woher kommen die Sporen in ein Tier? Dieselben werden weder in dem lebenden Tiere noch in dem ungeöffneten Kadaver gebildet, hier findet nur vegetative Entwicklung statt. Der Bacillus kann aber, wie schon bei früherer Veranlassung gezeigt wurde, auch außerhalb des Tierkörpers nicht nur keimen und üppig vegetieren, sondern er bildet seine Sporen, unter günstigen Bedingungen sehr reichlich, nur außerhalb des Tierkörpers. Die Bedingungen dieser nicht parasitischen Entwicklung sind die oben für Saprophyten allgemein erörterten. Sauerstoffzutritt ist zur vollkommenen Ausbildung erforderlich: die Optimaltemperatur für die Sporenbildung ist 30—37°; als Nährstoffe können, wie die Versuche lehren, sehr vielerlei organische Körper dienen; nicht nur solche tierischen Ursprungs, Teile des Milzbrandkadavers oder die oft blutigen Ausleerungen der erkrankten Tiere oder die Fleischextraktlösung, in welcher früher (S. 12) die Kultur des Bacillus demonstriert wurde, sondern auch die verschiedensten, nicht allzu sauren Pflanzenteile, wie Kartoffeln, Rüben, Samen u. s. w. Auf der feuchten Oberfläche solcher Teile wächst der Bacillus zu massigen Hautüberzügen heran, welche am Ende ihrer Vegetation unzählige Sporen produzieren.

Es ist hiernach klar, dass der Milzbrandbacillus in die Kategorie der fakultativen Parasiten gehört, wie sie oben (S. 108) charakterisiert wurden. Er ist in erster Linie Saprophyt, denn er vermag als solcher nicht nur seine Existenz zu fristen, sondern bedarf der saprophytischen Lebensweise zur Erreichung seiner Entwicklungshöhe der Sporenbildung. Er hat auf der anderen Seite die Fähigkeit des Parasitismus, wenn er in den geeigneten Wirt gelangt, und wirkt alsdann in der beschriebenen Weise als Krankheitserreger.

Die Erscheinungen des Auftretens der Milzbrandkrankheit erklären sich jetzt aus der Lebensweise des Bacillus in den wesentlichen Punkten vollständig, wenn man seine Existenz in demselben Sinne wie jene irgendeiner anderen Tier- oder Pflanzenspecies als gegeben hinnimmt. Die Thatsache, dass der Milzbrand spontan gewöhnlich als Darmmilzbrand auftritt, zeigt nach dem, was wir kennen gelernt haben, dass er, in Sporenform, aus dem saprophytischen Zustand in den parasitischen übertritt, und dass der Weg hierfür der nämliche sein muss wie für das vom Tiere aufgenommene Futter. Ausgangsorte für diese Wanderung müssen dann die Produktionsorte des Futters sein, Wiesen, Weideplätze u. s. w. Es ist einleuchtend, dass auf den toten organischen Körpern, die sich an diesen Orten immer finden, der Bacillus die Mittel der Vegetation, in warmer Sommerszeit auch die für seine Sporenbildung nötige Temperatur findet, dass er, einmal vorhanden, an diesen Orten überwintern (vgl. oben S. 45) und so jahraus jahrein zum parasitischen Angriff bereit bleiben kann.

Welches die Gründe sind, warum die einen Gegenden bevorzugte

Milzbrandherde sind, andere nicht, ist schwieriger präcis zu entscheiden. R. Koch hat dieselben als in den Feuchtigkeits- und Über-
schwemmungsverhältnissen gelegen plausibel gemacht, insofern diese
auf Vegetation und Verbreitung des Bacillus von Einfluss sind. Mir
fehlen hierfür die nötigen Materialien zu sicherer Beurteilung. Aus
dem parasitischen Dasein, aus dem Körper des befallenen oder getöteten Tieres braucht nach dem Vorgetragenen der Bacillus gar
nicht wieder an den Infektionsorten zur saprophytischen Vegetation
zu gelangen, denn der Parasitismus muss von ihm nicht durch-
gemacht werden, er kann, wie die Erfahrung bei Kultur lehrt, unbegrenzte Generationen als Saprophyt durchleben. Auf der anderen
Seite lehrt aber ebenso sichere Erfahrung, dass er aus dem kranken
oder toten Tiere wiederum auf den Weg des Saprophytismus zurückkehren kann. Denn er bleibt in jenem bis lange nach dem Tode
lebend und wachstumsfähig, und er kann thatsächlich wiederum auf
den Boden, in saprophytische Bedindungen kommen mit den blutigen
Dejekten, welche, den Beschreibungen zufolge, schwer milzbrandkranke größere Tiere von sich geben, mit den in Zersetzung übergehenden Kadavern und ihren Ausflüssen, welche günstiges Nährmaterial für ihn sind.

Der Bacillus kann somit auch als Parasit verschleppt, Orte, an
welchen milzbrandkranke Tiere fallen oder ihre Kadaver verscharrt
werden, können zu Milzbrandherden werden, wie die Praxis das längst
erfahren hat. Aus denselben Gründen kann eine Lokalität eventuell
auch als Milzbrandgegend dauernd erhalten werden. Auch wenn
Viehherden fernbleiben, so können kleine Tiere, speziell die für Milzbrand so empfänglichen Nager, Einschleppung und Konservation be-
sorgen. Nur ist das alles, wie gesagt, zum Bestehen des Bacillus
und der Milzbrandgefahr nicht direkt notwendig, soviel Aufhebens
auch über einige hierhin gehörige Verhältnisse gemacht worden ist.

Fügen wir schließlich noch, um diese Betrachtung zu vervoll-
ständigen, hinzu, dass der Bacillus und seine Wirkungen nach dem
Mitgeteilten selbstverständlich von lebendem Tier zu Tier übertragbar, die Krankheit durch solche Übertragung ansteckend ist. Natürlich gehört diese Ansteckung in die oben unterschiedene Kategorie
des Impf- oder Wundmilzbrandes. Sie kann nur mittelst der vegetierenden Stäbchen geschehen, weil in dem lebenden Tiere diese allein
vorhanden sind, und die Stäbchen müssen, wie wir sahen, direkt ins
Blut des lebenden Tieres kommen, um sich weiterentwickeln zu
können. Hiermit sind die Bedingungen der Ansteckung für unsere

Zwecke hinreichend bezeichnet. Eine wohl übertriebene Bedeutung als Ansteckungsvermittler wird Stechfliegen und Mücken zugeschrieben, insofern dieselben, wenn sie an einem bacillushaltigen Tiere gesogen haben und dann zu gleichem Zwecke ein gesundes stechen, an diesem eine Milzbrandimpfung in des Wortes strenger Bedeutung vollziehen können.

Als Parasit hat der Milzbrandbacillus für die erwähnten Tiere und Fälle krankheitserregende Wirkungen, welche denen eines Giftes einstweilen verglichen, also giftig, virulent genannt werden können.

Diese Virulenz kann abgeschwächt werden, gradweise, bis zur völligen Unschädlichkeit selbst für die infektionsempfänglichste Versuchstierspecies, die Hausmaus. Nach Pasteur's Verfahren geschieht dies, wenn man den Bacillus in neutraler Nährlösung, Fleischbrühe, speziell Hühnerbrühe, unter reichlichem Sauerstoffzutritt bei 42—43° kultiviert. Toussaint und Chauveau erreichen dasselbe bei höherer Temperatur. Das Ende solcher Kultur besteht im Absterben des Bacillus. Es tritt, nach Pasteur's Angaben, nach etwa 1 Monat ein, wohl auch etwas später. Bis dahin vegetiert der Bacillus, ohne seine morphologischen Eigenschaften zu ändern, außer dass die Sporenbildung bis zum gänzlichen Ausbleiben verhindert wird; dass sie immer ausbleibt, wird von Koch, Gaffky und Löffler auf Grund direkter Beobachtung bestritten. Bevor die Tötung eingetreten ist, kann sich der Bacillus in neuen Kulturen jederzeit normal weiterentwickeln, auch bei geeigneter Temperatur wiederum normale Sporen bilden. Geht die Temperaturerhöhung weiter, so erfolgt völlige Abschwächung in kürzerer Zeit: bei 45° sind dafür wenige Tage, bei 47° einige Stunden, bei 50—53° nur Minuten erforderlich. Zwischen 42° und 43° ist nach den drei Berliner Beobachtern eine erhebliche Differenz in der zur gänzlichen Abschwächung erforderlichen Zeit nach Temperaturunterschieden von Zehntelgraden zu bemerken, im Sinne der Beschleunigung durch Temperaturerhöhung.

Kultiviert man nun zwischen 42° und 43°, so erhält man Material, welches successive unschädlich wird für die Tierspecies in der Reihenfolge ihrer durchschnittlichen Infektionsempfänglichkeit, also z. B. zuerst für Kaninchen, später auch für Meerschweinchen, zuletzt auch für die Hausmaus. Nach individueller Empfindlichkeit, Lebensalter u. s. w. der Tiere finden, wie zu erwarten, Schwankungen statt.

Es wurde schon gesagt, dass die Bacillen nach der Virulenzabschwächung jeden Grades vor dem Tötungstermin zu weiterer Vegetation fähig sind. Unter den Optimalbedingungen weiter kultiviert, wachsen sie in normaler Gestaltung und bilden normale Sporen; die successiven Generationen behalten dabei aber nichtsdestoweniger, auch aus Sporen erzogen, in der Regel denselben Grad der Abschwächung bei, welchen die Anfangsgeneration hatte; die einen töten also z. B. Mäuse und sind für Meerschweinchen unschädlich, andere lassen auch die Hausmaus gesund. Kulturen der letzteren Qualität sind von Koch, Gaffky und Löffler zwei Jahre fortgesetzt worden, ohnedass eine Veränderung, eine Rückkehr zur Virulenz eintrat.

Anders verhalten sich die bei höheren, 47—50° und mehr betragenden Temperaturen rasch abgeschwächten Bacillen; sie erlangen in optimalen Kulturen die Virulenz bald wieder.

Rückkehr von dem abgeschwächten zu dem virulenten Zustande ist jedoch auch bei den langsam abgeschwächten Formen nicht ganz ausgeschlossen. Pasteur sagt, wenn man Material, welches erwachsene Meerschweinchen nicht, wohl aber ganz junge, ersttägige tötet, von einem solchen auf successive ältere verimpft, so wird schließlich die Virulenz erreicht, welcher auch die alten Tiere erliegen. Koch und seine Mitarbeiter haben in ihren Versuchen diese Angaben nicht bestätigt gefunden, und wenn die Anordnung jener von der Pasteurschen auch etwas abweicht, so geht aus denselben doch hervor, dass die Gesetzmäßigkeit, welche man nach Pasteur's Angaben vermuten könnte, hier nicht herrscht. Auf der anderen Seite haben die genannten Autoren in einzelnen, untereinander wenig ähnlichen Fällen allerdings Rückkehr zu höherer Virulenz mit Bestimmtheit konstatiert.

Sie haben endlich auch konstatiert, dass umgekehrt Fälle vorkommen, in welchen die Virulenz einer Kultur spontan, d. h. ohne nachgewiesene äußere Ursache, plötzlich sinkt: aus Sporen von Material, welches Kaninchen und Meerschweine tötete, wurde 8 Wochen später eine Generation erzogen, welche diese Tiere unversehrt ließ, wohl aber Mäuse noch tötete.

Ich habe vorhin von Gleichbleiben der Gestaltung bei den virulenten und abgeschwächten Formen gesprochen. In den Haupterscheinungen findet das immer statt, einzelne Gestaltungsmodifikationen sind jedoch beobachtet. So geben Koch und seine Mitarbeiter an, dass der nur noch Mäuse tötende Bacillus die Capillaren, namentlich der Lungen, in Form langer Fäden erfüllt, deren Kontinuität sich häufig aus den Capillaren bis in größere mikroskopische Gefäße verfolgen lässt, während der virulentere Milzbrand in den Capillaren gewöhnlich in Form kurzer Stäbchen enthalten ist.

Auf Grund anderweiter Erfahrungen, von denen z. T. vorher schon die Rede war, haben Pasteur und Toussaint mit Erfolg versucht, abgeschwächten Milzbrandbacillus zu benutzen für Schutzimpfungen gegen virulenten Bacillus. Impft man ein Tier mit dem für dasselbe, d. h. die Species, bis zu gewissem Grade abgeschwächten Bacillus, so erkrankt es nicht oder leicht und übersteht die Krankheit. Es widersteht dann der Infektion mit minder abgeschwächtem Bacillus und bei der nächsten Impfung auch demjenigen, welcher den höchsten Grad der Virulenz besitzt. Die Sicherheit solcher Erfolge und damit im Zusammenhang ganz besonders ihre Bedeutung für die Praxis des Tierzüchters wird zwar von verschiedenen Seiten sehr verschieden hochgeschätzt; zumal Koch und seine Mitarbeiter haben sehr wohlbegründete Bedenken gegen die Lobpreisungen der Pasteur'schen Schule vorgetragen. Auf diese Fragen der Praxis können wir hier nicht näher eingehen. Die Thatsache des häufigen Erfolgs der Schutzimpfung steht aber fest, sie wird auch von den Gegnern der Überschätzung ihrer praktischen Wichtigkeit reichlich bestätigt. Wir haben sie daher als eine Erscheinung von hohem wissenschaftlichem Interesse zu merken.

Jetzt nur noch ein Wort über die Abschwächung der Virulenz. Wenn wir uns vorstellen, dass der Bacillus anthracis eine distinkte Species ist, so erscheint es nach den gewöhnlichen Erfahrungen in hohem Grade auffallend, dass dieselbe das eine Mal giftig wirkt, das andere Mal nicht. Analoge Erscheinungen sind jedoch nicht selten. Es mag hier nur an das, wenn ich nicht irre, von Nägeli zuerst in diesem Zusammenhang hervorgehobene Beispiel von der süßen und bitteren Mandel erinnert werden. Letztere ist (infolge des Amygdalingehaltes) giftig, wenn auch nicht schlimm für den Menschen; die süße enthält kein Amygdalin und ist nicht giftig. Der süße Mandelbaum ist von dem bittern spezifisch nicht verschieden; aus dem süßen Samen kann ein Baum mit bittern Samen erwachsen; bittere und süße Kerne können sogar von einem und demselben Baume erzeugt werden in morphologisch nicht voneinander unterscheidbaren Blüten und Früchten. Woher das alles kommt, welches die Ursachen sind, davon hat man keine Ahnung. Zur wirklichen Erklärung der uns beschäftigenden Erscheinung kann daher das Beispiel auch nicht dienen. Es soll nur zeigen, dass wir auch hier es nicht zu thun haben mit einer ausschließlich Bakterien oder einem Bacterium zukommenden Besonderheit, sondern wiederum mit einem Spezialfall einer weitverbreiteten Erscheinungsreihe.

Cholera, Typhoid oder Pest der Hühner (90) wird eine Krankheit genannt, welche das Hausgeflügel befällt und in den Erscheinungen, welche uns hier interessieren, ein dem Milzbrand analoges Verhalten zeigt. Beim Huhne tritt sie nach den Untersuchungen Pasteur's auf in einer akuten und in einer chronischen Form. Charakteristische Symptome für erstere sind ein tiefer Betäubungszustand, Sopor; das Tier sitzt mit geschlossenen Augen, gesträubten Federn bewegungs- und teilnahmslos da; sodann Diarrhöen, die in Entzündungen und Ulcerationen des Darms ihren Grund haben. Die Sektion weist weiter Abscesse in verschiedenen Organen, speckige Entartung der Muskeln nach. Der Zustand endet nach 2—21 Tagen meist mit dem Tode; Genesung ist selten. Die chronische Form zeigt die gleichen Symptome minder heftig, in bestimmten Fällen nur lokale Abscesse; ihre Dauer kann sich über viele Wochen erstrecken, Genesung öfter eintreten.

Die Sektion weist in den kranken oder an der Krankheit gestorbenen Tieren im Blute, in den Abscessen, auch auf der Darmschleimhaut, also eigentlich überall große Quantitäten eines kleinen Bacteriums nach. Die Zellen desselben erscheinen nach Kitt's Angaben fast rund, 0,3—0,5 μ groß, oft paarweise zusammenhängend, manchmal auch in größerer Zahl gruppenweise vereinigt. Thatsächlich sind es aber kleine, ellipsoidische bis eiförmige Stäbchen, die nur wie Diplokokken im gefärbten Präparat aussehen, weil sich nur die Pole färben und zwischen beiden ein schmaler Spalt freibleibt. Dieser ungefärbte Streifen in der Mitte ruft nun den Eindruck hervor, als ob die beiden Pole völlig voneinander getrennte Kokken wären. Es hat keine lokomotorische Beweglichkeit; distinkte Sporen sind auch nicht beobachtet.

Das Bacterium kann außerhalb des Tieres leicht gezüchtet werden; nach Kitt auf den gewöhnlichen Kulturböden, Gelatine, Blutserum, Kartoffeln; nach Pasteur besonders üppig in neutralisierter Hühnerfleischbrühe. Sauerstoffzutritt ist für seine Vegetation notwendig. Es blieb in Pasteur's Kulturflüssigkeit, nach Ablauf der Vegetation und Erschöpfung der Nährlösung zu Boden sinkend, bei Luftzutritt etwa 8 Monate, bei Luftabschluss (in zugeschmolzenen Kolben) länger lebendig und fähig, in geeignetem Nährboden neu zu vegetieren.

Frisch aus dem kranken oder toten Tiere oder aus dessen Exkrementen oder aus einer von kranken Tierteilen absolut freien
künstlichen Kultur entnommen und einem gesunden Tiere beige-
bracht, ruft eine minimale Quantität des Bacteriums unter ent-
sprechendem Wachstum und Vermehrung wiederum die Krankheit
hervor. Die Infektion findet statt sowohl durch Impfung in oder
unter die Haut, als auch durch Einführung in den Digestionskanal
mit der aufgenommenen Nahrung. Außer dem Geflügel konnte
Pasteur durch Impfung die Krankheit auch auf Säugetiere übertragen, und zwar auf Kaninchen mit tötlichem Ausgang, auf Meerschweinchen nur mit Bildung von Abscessen an dem Impforte, welche
Abscesse das Bacterium reichlich enthielten, aber immer begrenzt
blieben und ausheilten. Kitt hat die Versuche mit ähnlichen Erfolgen auch auf Mäuse, Schafe, ein Pferd ausgedehnt.

Das Gesagte genügt, um zu zeigen, dass es sich hier wie bei
dem Milzbrandbacillus um einen spezifisch krankheitserregenden,
fakultativen Parasiten handelt, dessen Lebensgeschichte und Lebenseinrichtungen, zumal mit Rücksicht auf ihre saprophytischen Abschnitte, allerdings nicht ganz so klar vorliegen wie für jenen.

Pasteur fand weiter, dass die Infektionstüchtigkeit des Bacteriums
der Hühnercholera mit längerer Aufbewahrung bei ungehindertem
Luftzutritt vermindert wird; die Zahl der gelingenden Impfungen und
die Intensität der Erkrankungen bei denselben nimmt mit dem Alter
des angewendeten Impfmaterials ab. Die vorhin erwähnten Fälle
leichterer und mit Genesung endigender Erkrankungen sind vorzugsweise Impffälle der in Rede stehenden Kategorie. Es findet also,
mit anderen oben gebrauchten Worten, mit dem Alter eine Abschwächung der Infektionstüchtigkeit oder Virulenz des Bacteriums
statt.

Genesene Individuen erwiesen sich nun — in der Regel, nicht
immer — gegen neue virulente Infektionen unempfänglich, immun,
und hierauf gründete Pasteur die Indikationen und das Verfahren
der Schutzimpfung, welches er dann auf den Milzbrand ausdehnte.

Wurde aus einer frischen Bouillonkultur die Flüssigkeit von dem
Bacterium abfiltriert, was durch Papierfilter nicht gelingt, da Bakterien durch diese immer mit hindurchgehen, was dagegen möglich
ist mittelst Filtration durch Thonzellen, so war die Flüssigkeit nicht
imstande, die Krankheit vollständig hervorzurufen, selbst dann nicht,
wenn die gesamten in 120 g Kulturflüssigkeit enthaltenen gelösten Be-
standteile einem Tier in das Blut injiciert wurden. Wohl aber trat

ein charakteristisches Symptom der Krankheit hervor, der Sopor. Die Tiere wurden nach der Infektion schläfrig, wie betäubt, ein Zustand, welcher etwa 4 Stunden dauerte und dann normalem Wohlbefinden wich.

Diese Beobachtung zeigt, dass hier in der That ein von dem Bacterium trennbares, narkotisch wirkendes Gift abgesondert wird, und hierdurch wird die Hühnercholera für die Beurteilung der krankheitserregenden Wirkungen solcher Parasiten besonders lehrreich. Dass die Wirkung des Giftes in diesen Versuchen eine relativ geringfügige und rasch vorübergehende ist, lässt sich erklären aus seiner geringen in der Flüssigkeit enthaltenen Menge und daraus, dass es wie andere Gifte entweder im inficierten Organismus zersetzt oder auf den Wegen der normalen Sekretion aus diesem entfernt wird. Ist der gifterzeugende Organismus selbst in dem Tiere vorhanden, dann steht, auch abgesehen von den wahrscheinlich günstigeren Bedingungen für die Produktion des Giftes, die Sache anders. Während dasselbe vom Tiere vielleicht auch stets zersetzt oder auf den normalen Sekretionswegen ausgeschieden wird, dauert seine Produktion durch den Parasiten fort, das ausgeschiedene wird ersetzt, die Symptome der Krankheit müssen dauernder, heftiger und können dann schließlich auch komplizierter werden. Weitere Komplikationen durch mehr mechanische Wirkung des vorhandenen Parasiten sind dabei selbstverständlich nicht ausgeschlossen.

Es unterliegt jetzt keinem Zweifel mehr, dass das Bacterium der Hühnercholera mit dem von Gaffky (91) beschriebenen Bacterium der Kaninchenseptikämie identisch ist. Eine Anzahl sehr ähnlicher Arten, die Hueppe (92) zu einer Sammelspecies Bacillus der Septicaemia haemorrhagica zusammenfasst, müssen aber zunächst noch getrennt gehalten werden, da sie sich in ihren physiologischen und besonders pathogenen Eigenschaften sehr verschieden verhalten. Morphologisch sind sie nicht voneinander zu trennen. Hierher gehören die Bakterien der Schweineseuche, der Rinderseuche und Wildseuche, der Büffelseuche u. a.

XVI.

**Ursächliche Beziehungen parasitischer Bakterien zu den Infektions-
krankheiten der Warmblüter überhaupt. — Einleitung. — Rückfalls-
fieber. — Tuberkulose. — Gonorrhoe. — Cholera. — Wundinfektionskrankheiten. — Erysipel. — Trachom. — Pneumonie. — Lepra. —
Syphilis. — Malaria. — Abdominaltyphus. — Diphtherie. — Infektionskrankheiten, für welche der Nachweis des Contagium vivum fehlt.**

1. Den beiden Beispielen krankmachender fakultativer Parasiten
möchte ich wohl eins von einem streng obligaten hinzufügen, finde
aber keines, welches mit genügender Vollständigkeit bekannt wäre,
um es zu eingehenderer Darstellung geeignet erscheinen zu lassen.
Was sich davon anführen lässt, sei daher in der folgenden Übersicht angegeben.

Dieselbe soll kurz das Wichtigste zusammenfassen, was man
derzeit weiß von der Bedeutung der Bakterien als Erreger von Infektionskrankheiten bei den Warmblütern, insbesondere dem Menschen, kann aber natürlich bei der großen Fülle des Stoffes nur
einzelne Beispiele herausgreifen (93).

Unter dem Namen Infektionskrankheiten fasst man solche Krankheiten zusammen, welche nur entstehen entweder durch Übertragung
von einer an der jeweiligen Krankheit erkrankten Person auf eine
andere, oder deren Entstehung auf Orte bestimmter Qualität beschränkt ist. Erstere nennt man kontagiöse, ansteckende; Scharlach, Masern, Pocken sind bekannte Beispiele dafür. Letztere, für
welche das Wechselfieber das bekannteste Beispiel ist, heißen miasmatische. Kombinieren sich beide Verhältnisse, so kann man von
miasmatisch-kontagiösen reden, und zwar in zweierlei Sinn:
entweder dass eine Krankheit erworben werden kann an bestimmten Orten oder auch durch Ansteckung von Person zu Person, unabhängig von der miasmatisch qualifizierten Örtlichkeit; oder aber,
dass eine Krankheit zwar kontagiös ist, aber nur unter der Voraussetzung vorhandener miasmatischer Infektion der anzusteckenden
Person. Hinzugefügt muss eigentlich noch werden, dass man bis
vor kurzem von Infektionskrankheit nur dann redete, wenn das Ding,
durch welches die Infektion erfolgt, das Contagium oder das

Miasma nicht näher bekannt war. Erfolgte die Erzeugung einer Krankheit durch bekannte, von Person zu Person übertragbare oder nur an bestimmt qualifizierten Orten zu erwerbende Parasiten, z. B. Läuse oder Entozoen, so war nicht von infektiösen, sondern von parasitären Krankheiten die Rede.

Über die allgemeinen Qualitäten der jeweils unbekannten, unsichtbaren Kontagien und Miasmen bestanden selbstverständlich Vorstellungen, und zwar nahm man aus gutem Grunde an, es seien bestimmte Stoffe, Infektions-, Ansteckungsstoffe, in feinster Verteilung und minimalster Quantität wirksam.

Die Eigenschaften lebender Wesen wurden den Infektionsstoffen oder Kontagien, wie wir dafür jetzt allgemein sagen wollen, von manchen längst zugesprochen; anfangs, in den Zeiten, aus welchen die Namen Contagium vivum oder animatum stammen, in wenig klarer und präciser Weise. Einen präcisen Sinn erhielt das überkommene Wort Contagium vivum 1840 durch Henle, der in seinen »Pathologischen Untersuchungen« klar und scharf entwickelte, dass und warum man die bis dahin unsichtbaren Kontagien für lebende Organismen zu halten habe. Seine Argumentation resumiert sich heutigen Tages in Kürze etwa folgendermaßen. Die Kontagien haben die nur von Lebewesen bekannte Eigenschaft, unter geeigneten Bedingungen zu wachsen, sich zu vermehren auf Kosten anderer als ihrer eigenen Substanz, jene Substanz also zu assimilieren. Die jedenfalls minimale Menge Contagium, welche einen bei flüchtigem Besuch eines Patienten inficiert, kann sich im Körper des Angesteckten ungeheuer vermehren, denn dieser vermag eine unbegrenzte Zahl empfänglicher Gesunder wiederum anzustecken, also wenigstens die gleiche Minimalmenge Contagium, welche er selbst empfangen hat, unbegrenzt viele Male wieder abzugeben. Wenn man aber den Kontagien die charakteristischen Eigenschaften von Lebewesen zuerkennen muss, so liegt kein Grund vor, sie nicht auch für wirkliche Lebewesen, also für Parasiten zu halten. Denn der einzige allgemeine Unterschied zwischen ihrem und der letzteren Auftreten und Wirkung besteht darin, dass man die bekannten Parasiten gesehen hat und die Contagiumparasiten nicht. Dass letzteres in der Mangelhaftigkeit der Untersuchung liegen kann, dafür bestanden schon 1840 die Erfahrungen über die Krätze, deren fast makroskopisches Contagium, die Krätzmilbe, lange wenigstens verkannt worden war. Es war ferner kurz vorher das Achorion, der mikroskopische Pilz, welcher den Favus verursacht, es war der Pilz, der die als

Muscardine bekannte Infektionskrankheit der Seidenraupen hervorruft, unerwarteterweise entdeckt worden. Nebst anderen analogen
Erscheinungen kam später, in den fünfziger Jahren, die Entdeckung
der Trichinen als ein ganz eklatanter Fall von lange übersehenen
Contagiumparasiten hinzu. Henle wiederholte seine Darlegungen in
der »Rationellen Pathologie« 1853, fand aber damit aus Gründen,
die wir hier nicht zu untersuchen haben, auf dem Gebiete der tierischen Pathologie zunächst wenig Beachtung und Anklang.

Es war vielmehr das Gebiet der Pflanzenpathologie, auf welcher
Henle's Ansichten zunächst weiterentwickelt werden und festeren
Fuß fassen sollten. Freilich wussten die mit den Pflanzenkrankheiten
beschäftigten Botaniker von Henle's pathologischen Arbeiten nichts,
sie gingen selbständig vor, anknüpfend an einige höchst ausgezeichnete Anfänge aus dem Beginn des Jahrhunderts. Aber thatsächlich
kamen sie auf die von Henle vorgezeichnete Bahn, und seit etwa dem
Jahre 1850 sind in stetem Fortschritte nicht nur alle infektiösen
Pflanzenkrankheiten auf Parasiten als ihre Erreger zurückgeführt,
sondern die meisten Pflanzenkrankheiten überhaupt als parasitäre
Infektionskrankheiten nachgewiesen. Man kann jetzt allerdings sagen,
die Arbeit auf diesem Gebiete war relativ leicht, teils wegen des
der Untersuchung relativ leicht zugänglichen Baues der Pflanzen,
teils weil die meisten Parasiten, um welche es sich handelt, eigentliche Pilze und erheblich größer sind als die meisten Kontagien des
Tierkörpers.

Teils in mehr oder minder bewusstem Anschluss an diese botanischen Fortschritte, teils infolge der ums Jahr 1860 durch Pasteur
neu aufgenommenen und belebten vitalistischen Gährungstheorie
kam man auch auf dem Gebiete der Tierpathologie wieder zurück
auf Henle's vitalistische Theorie der Kontagien. Henle selber hatte
in seinen Darstellungen schon auf die Vergleichspunkte zwischen
seiner Theorie und der damals durch Cagniard-Latour und Schwann
begründeten Gährungstheorie hingewiesen.

Angeregt, wie er ausdrücklich sagt, durch Pasteur's Arbeiten er-
innerte sich Davaine der von seinem Lehrer Rayer zuerst gesehenen
Stäbchen im Milzbrandblute und entdeckte in denselben nun wirklich
den Erreger der Milzbrandkrankheit, die als Typus einer Infektionskrankheit gelten kann, sowohl einer kontagiösen als auch, insofern
sie, wie oben beschrieben, von Milzbranddistrikten ihren Ursprung
nimmt, einer miasmatischen. Hiermit war, im Jahre 1863, ein ganz
wesentlicher Fortschritt im Sinne der Henle'schen Theorie gemacht.

insofern ein sehr kleiner, auch in der damaligen Zeit nicht so ganz leicht zu beobachtender Parasit als Contagium erkannt wurde. Wesentliche Fortschritte traten zunächst nicht hinzu. Vielmehr führte, zumal in Deutschland, der Übereifer unreifer Autoren, der durch die Choleraepidemie des Jahres 1866 noch besonders aufgeregt wurde, zu einem wüsten Unfug angeblicher Parasitensucherei, welcher ernstere Forscher um so mehr abschrecken musste, als es ihm an Beifall eine Zeit lang nicht fehlte. Heute sind das längst vergangene Dinge geworden, von denen man nicht weiter zu reden braucht.

Seit 1870 etwa richtet sich wieder allgemeinere Aufmerksamkeit auf diese Fragen. Die Zahl der Arbeiten, welche sie behandeln oder berühren, wächst rasch an; sie ins einzelne zu verfolgen, kann hier nicht unsere Aufgabe sein. Cohn's und Billroth's früher schon erwähnte (1, 15) Arbeiten auf der einen und auf der spezieller pathologischen Seite jene von v. Recklinghausen und von Klebs sind als neue, hauptsächlich anregende Anfänge hervorzuheben, und ganz besonders ist es Klebs' Verdienst, im ausdrücklichen Anschluss an Henle nicht nur Aufgaben und Fragestellung, sondern auch, bis ins einzelne gehend, die Wege und ›Methoden‹ zu ihrer Lösung klar hervorgehoben und, wenn auch zu hastig, verfolgt zu haben. Pasteur und seine Schule gingen selbständig die gleichen Wege. So gestalteten sich Fragestellungen, Experimente und Kenntnisse successive präciser und reicher. Der letzte zu erwähnende Fortschritt beginnt mit der Beteiligung Robert Koch's bei der Arbeit seit 1876. Sein Verdienst ist es, auf den von seinen Vorgängern angegebenen Wegen als höchst verständiger Forscher, ohne Überstürzung vorwärtsgegangen zu sein, mit umsichtiger Benutzung aller Fortschritte der morphologischen Untersuchung, der mikroskopischen und experimentellen Technik. Er hat hierdurch als der Erste saubere Resultate für vorher immer noch bestrittene Fälle erhalten, wie die vorstehende Darstellung der Milzbrandätiologie erweist, deren Abrundung vorwiegend seinen Untersuchungen zu danken ist, und hat anderen gezeigt, wie man es machen muss, um in solchen Dingen vorwärts zu kommen.

Das Resultat aller dieser Bestrebungen ist nun dieses, dass man, ähnlich wie in der Pflanzenpathologie seit 50 Jahren, erstens für eine Anzahl Fälle sicher konstatierte, dass das Contagium in nichts anderem als einem mikroskopischen Parasiten besteht, auch manche Krankheiten in diesem Sinne als Infektionskrankheiten kennen lernte, deren infektiöse Natur früher bestritten oder zweifelhaft war. Zweitens wurde das Gleiche für andere Fälle wenigstens sehr wahrscheinlich gemacht. Drittens endlich bleibt ein Rest, in welchem der gesuchte Parasit bis jetzt nicht gefunden oder doch ganz zweifelhaft geblieben ist.

Es hat sich ferner herausgestellt, dass mit einzelnen Ausnahmen die bisher sicher ermittelten und die weitaus wichtigsten Contagiumparasiten der Warmblüter Bakterien sind.

Folgen von alledem sind einmal, dass die Henle'sche Lehre zum weitverbreiteten Dogma geworden ist. Dagegen ist nichts einzuwenden, sobald man an Stelle des Glaubens die verständige persönliche Überzeugung setzt, welche allerdings auf eine Anschauung bestimmt gerichtet ist, aber doch die Möglichkeit, eines anderen belehrt zu werden, nicht von der Hand weist. Dass der durch die Theorie postulierte Parasit nicht gefunden ist, kann keinen Grund gegen das Festhalten an ihr abgeben, denn die Ursache davon kann in einem Übersehen des Parasiten wegen Kleinheit, Lichtbrechung, weil man ihn nicht am richtigen Orte und zur richtigen Zeit suchen gelernt hat, gelegen sein. Hatte man doch, als Henle seine Lehre 1840 begründete, den Milzbrandbacillus noch nie gesehen, ja selbst die Trichinen zwar gesehen, aber von ihrer krankmachenden Eigenschaft keine Ahnung.

Sodann wird in zweifelhaften oder fraglichen Fällen fast ausnahmslos nur nach Bakterien gesucht. Das ist prinzipiell unrichtig. Praktisch mag es ja wohl sein, nach solchen Formen zu suchen, für welche den vorhandenen Erfahrungen zufolge die meiste Wahrscheinlichkeit der Auffindung vorhanden ist. Allein man muss bedenken, dass auch Organismen anderer Art ins Spiel kommen könnten, die man nicht erwartet und von denen man vielleicht derzeit nicht viel weiß. Ist es ja doch noch nicht lange her, dass man auch von den Bakterien nicht viel wusste noch erwartete. Dass das kein leeres Gerede ist, zeigen manche überraschende Erfahrungen, welche die Pflanzenpathologie zu verzeichnen hat, und die unten zu berührende Geschichte der Pébrine.

Drittens liegt, wenn die Glaubensstärke die Kritik überwältigt, die Gefahr nahe, auf das Vorhandensein eines Bacteriums sofort den Schluss zu bauen, dasselbe sei der gesuchte Krankheitserreger. Nach dem, was wir früher (V.) über die weite Verbreitung entwicklungsfähiger Bakterien kennen gelernt haben, wird aber leicht als möglich erkannt werden, dass in einem erkrankten Körper Bakterien

vor und nach dem Tode zur Entwicklung kommen, dass eine bestimmte Form charakteristisch, selbst konstant und ausschließlich bei
bestimmter Krankheit wird vorhanden sein, daher auch hohen dia-
gnostischen Wert wird haben können, ohne die Rolle des krankmachenden Contagiums zu spielen. Um letzteres sicherzustellen,
ist unbedingt erforderlich das saubere Experiment mit klarem positivem Resultat; also saubere Trennung des zu untersuchenden Parasiten von Beimengungen, saubere Infektion des geeigneten Versuchs-
tieres mit dem reinen Material und strengste Kontrolle und Kritik
des Resultats. Das beschriebene Beispiel vom Milzbrand kann das
wiederum illustrieren. Ohne das gelungene Experiment hat die Be-
weisführung immer eine Lücke, welche durch andere Argumente
nicht beseitigt werden kann, mögen diese auch noch so geeignet
sein, persönliche Überzeugung zu begründen. Allerdings kann letztere auch bestehen bleiben ungeachtet mangelnden experimentellen
Nachweises. Wie oben dargestellt wurde, gedeiht ein Parasit nicht
oder nicht gleichgut in jeder Wirtsspecies; er kann die eine befallen
und krank machen, die andere nicht. Das Experiment kann also im
gegebenen Falle darum ohne positiven Erfolg bleiben, weil für dasselbe nicht die richtige, d. h. infektionsempfängliche Species von
Warmblütern benutzt worden ist. Das ist besonders zu beachten
für solche Infektionskrankheiten, welche den Menschen speziell betreffen. Wir können resp. dürfen nicht mit Menschen frei experi-
mentieren, sondern müssen hierfür andere Warmblüter nehmen, und
hierin allein kann der Grund dafür gelegen sein, dass in manchen,
unten teilweise zu erwähnenden Fällen das Versuchsresultat derzeit
zweifelhaft oder negativ geblieben ist.

Das Gesagte wird genügen, um Fernerstehenden im voraus an-
zudeuten, welches die Gründe sein können, warum man hier von
zweifelhaften Fällen und Angaben eventuell zu reden hat.

Gehen wir jetzt über zur Betrachtung der Thatsachen. Unsere
Aufgabe ist, wie oben gesagt wurde, Hervorhebung des Wichtigsten,
was auf krankmachende Bakterien Bezug hat. Eingehende Besprechung oder auch nur vollständige Aufzählung der Krankheiten
selbst, um welche es sich handelt, liegt außerhalb unserer Aufgabe; wir müssen dafür wiederum auf die medizinische Litteratur
verweisen.

Wie die Einzelfälle aber auch beschaffen sind, überall kehren
in den Hauptsachen, die uns beschäftigen, analoge Erscheinungen
und Fragen wieder wie jene, welche oben für Milzbrand und Hühner-

cholera etwas ausführlicher diskutiert worden sind und welche sich einordnen in die große Reihe der Erscheinungen und Fragen des Parasitismus, über die im XII. Abschnitte eine gedrängte Übersicht zu geben versucht wurde.

Mit Hinweisung auf diese obigen Auseinandersetzungen fassen wir uns jetzt kurz und beginnen mit der Betrachtung einiger relativ gut bekannten Fälle.

2. Der Rückfallstyphus, Typhus, Febris recurrens (94), ist eine in Asien und Afrika verbreitete, in Europa in Russisch-Polen und Irland endemische, in andere europäische Gebiete zuweilen verschleppte Krankheit. Sie ist ansteckend von Person zu Person oder durch Vermittlung von Gebrauchsgegenständen. Fünf bis sieben Tage nach der Ansteckung stellt sich heftiges Fieber mit anderen, hier nicht zu beschreibenden Symptomen ein, welches meist ebenfalls fünf bis sieben Tage dauert und dann einer ebenso langen fieberfreien Zeit Platz macht. Dann folgt ein Rückfall in den Fieberzustand, und der gleiche Wechsel kann sich mehrmals wiederholen, mit schließlich meist günstigem Ausgang.

Während des Anfalles findet sich in dem oft schwarzroten Blute des Patienten in Menge ein zartes Spirillum, der Spirochaete Cohnii (Fig. 24 e, S. 117) ähnlich, bis 40 μ lang, lebhaft beweglich, 1873 von Obermeier entdeckt und nach ihm Spirochaete

Fig. 28.

Obermeieri genannt. Während der fieberfreien Intervalle ist von der Spirochaete nichts zu finden.

Die Krankheit geht auf Menschen und auf Affen über, wenn man dieselben mit spirochaetehaltigem Blute eines Patienten impft. Während der fieberfreien Zeit entnommenes, also von Spirochaete freies Blut ruft nach Impfung keine Erkrankung hervor. Impfversuche an anderen Tieren blieben stets erfolglos. Kultur der Spirochaete außerhalb des Tierkörpers ist bis jetzt nicht gelungen.

Nach diesen Daten darf wohl angenommen werden, dass die

Fig. 28. *A* Spirochaete plicatilis aus Sumpfwasser. *B* Sp. Obermeieri aus Blut. Vergr. 1000.

Spirochaete das Contagium des Recurrens ist, wenn man auch ihre Lebensgeschichte noch sehr unvollkommen kennt; denn man weiß nichts Sicheres über ihren Verbleib während der fieberfreien Intervalle, über die Form und den Weg ihres Überganges von Person zu Person, über etwaige Sporenbildung oder sonstige Dauerzustände.

3. Eines der wichtigsten Resultate der Erforschung krankmachender Bakterien ist die Entdeckung des Contagiums der Tuberkulose, des längst populär gewordenen Tuberkelbacillus durch Koch (95). Die Krankheit ist genannt nach einer für sie charakteristischen Neubildung oder Entartung, welche in Form von Knötchen, Tuberkeln, in dem Gewebe der Organe auftritt. Am bekanntesten ist die Tuberkelbildung in den Lungen, Lungentuberkulose, Lungenschwindsucht; im übrigen ist wohl kein anderes Organ von der Tuberkelbildung ausgeschlossen; als bevorzugter Sitz derselben seien nur noch die Lymphdrüsen genannt.

Die Tuberkulose kann außer dem Menschen Warmblüter aller Art befallen. Das gilt insonderheit für unsere gewöhnlichen Haus- und Versuchstiere. Die Tuberkulose des Rindes ist unter dem Namen Perlsucht bekannt. Nach Species verschiedene Empfänglichkeit tritt allerdings hervor; die Feldmaus z. B. ist in hohem Grade, die Hausmaus wenig infektionsempfänglich. Die primären anatomischen Veränderungen bei der Tuberkelbildung sind in allen Fällen die gleichen. Die in der Folge auftretenden und das Gesamtbild der Krankheit können sich sehr ungleich gestalten.

In dem Tuberkel, zum mindesten in dem frischen wies nun Koch und mit ihm etwa gleichzeitig Baumgarten einen charakteristischen stabförmigen Bacillus nach. Derselbe kommt den genannten Autoren zufolge stets daselbst vor, wenn auch in nach Einzelfall sehr ungleicher Menge. Er geht über in den Auswurf, das Sputum Lungentuberkulöser, und ist in diesem zu finden. Er lässt sich bei gehöriger Sorgfalt reinerhalten und auf erstarrtem Blutserum oder in Fleischinfus durch wiederholte Generationen reinkultivieren.

Wird bacillenhaltige Tuberkelsubstanz oder besser noch reinkultivierter Bacillus empfänglichen Tieren unter die Haut geimpft oder in ein Blutgefäß oder eine Körperhöhle injiciert, oder in Wasser suspendiert fein zerstäubtes, reines Bacillenmaterial zur Inhalation gebracht, so erfolgt ausnahmslos — Koch's Versuche erstreckten sich über 217 Individuen empfänglicher Tierspecies (Kaninchen, Meerschweine, Katzen, Feldmäuse), Kontrolltiere und Individuen minder empfänglicher Arten nicht mitgerechnet — Tuberkelbildung mit ihren

Konsequenzen, und in den Tuberkeln wurde jedesmal der Bacillus
gefunden. Nicht minder entsprach jedesmal der Ort des Auftretens
der Tuberkel, ihre Häufigkeit und Verbreitung in und der Gang ihrer
Ausbreitung durch den Körper den Erwartungen, welche nach dem
Modus der Infektion und dem Orte, wo sie angebracht wurde, vor-
auszusetzen waren. Nach diesen durch Kontrollversuche noch weiter
bekräftigten Resultaten ist die (übrigens schon früher aus anderen
Thatsachen erschlossene) Infektiosität der Tuberkulose und die Con-
tagiumeigenschaft des Bacillus sichergestellt.

Die Untersuchungen des Bacillus selbst lassen, soweit sie mitgeteilt sind, auch jetzt noch in morphologischer Hinsicht sehr viel
zu wünschen übrig. Die Beobachter ließen sich meist mit dem Nach-

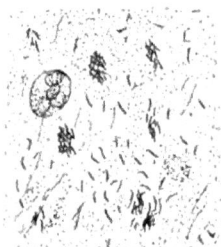

Fig. 29.

weise seines Vorhandenseins genügen, und
hierfür giebt sein eigentümliches Verhalten
zu Anilinfarbstoffen ein vorzügliches Mittel
an die Hand. Im Gegensatz nämlich zu
den allermeisten bekannten übrigen Bakterien nimmt er alkalische Methylenblau-
lösung oder gesättigte Lösung von Methylviolett langsam und schwer — erst nach
mehrstündiger Einwirkung oder bei Erwärmung — auf, hält dann aber die angenom-
mene Färbung fest, wenn jene anderen
Bakterien durch bestimmte Reagentien, z. B.
verdünnte Salpetersäure, rasch entfärbt werden. An diesem Verhalten samt ihrer Gestalt und Größe sind die Bacillen relativ leicht
zu erkennen und von anderen zu unterscheiden. Sie treten auf in
Form schlanker Stäbchen, die manchmal etwas gekrümmt oder geknickt sind und eine Länge von 1,5—3,5 μ erreichen. Weder im
lebenden noch im gefärbten Zustande lassen sie in der Regel eine
Quergliederung erkennen. Im gefärbten Zustande sieht man dagegen
häufig Lücken im Innern der Zellen, die sich nicht mitgefärbt
haben, während das gefärbte Plasma sich in rundliche Klumpen zusammengeballt hat. Man hat hier früher an Sporenbildung gedacht,
jedoch keinerlei Anhaltspunkte dafür erhalten. Die Lücken sind
eben weiter nichts als plasmafreie und infolgedessen sich nicht
färbende Stellen, Vacuolen, Zellsafträume. Nicht selten trifft man
in alten Kulturen eigentümlich unregelmäßig verzweigte Zellen an,

Fig. 29. Bacterium tuberculosis Koch. Sputumpräparat. Vergr. 1000.

wie sie jedoch ähnlich unter ungünstigen Verhältnissen auch bei anderen Bakterienarten, z. B. dem Bacterium aceti, vorkommen. Hieraus eine nähere Verwandtschaft mit den Hyphomyceten ableiten zu wollen, ist überflüssig und falsch, weil die Verzweigung eben kein normaler Vorgang ist. Wir dürfen nicht vergessen, dass die Bakterien in den Kulturen durchaus keine natürlichen Verhältnisse finden und schon allein unter der Anhäufung ihrer eigenen Stoffwechselprodukte zu leiden haben. Es geht ihnen wie tropischen Pflanzen in unsern Gewächshäusern, sie wachsen vielleicht ganz gut, entwickeln sich aber doch ganz anders als an ihrem natürlichen Standorte.

Die Färbung der Tuberkelbacillen gelingt am besten mit heißem Anilinwasserfuchsin oder Karbolfuchsin, welches sie dann auch gegenüber Entfärbungsmitteln gefärbt bleiben lässt.

Die lebenden Stäbchen sind nach Koch ohne Eigenbewegung. Bei der Kultur auf erstarrtem Blutserum bleiben sie, ohne dieses zu verflüssigen, auf der Oberfläche und bilden hier auch bei relativ reichlicher Entwicklung wenig ausgedehnte, dünne, trockene Schüppchen, welche sich unter dem Mikroskop als aus wellig gekrümmten Schwärmen und Bündeln von Einzelstäbchen bestehend erweisen. Noch besser gedeihen sie auf Fleischwasserpeptonagar mit einem Zusatz von 6—8 % Glycerin.

Im Vergleich mit den meisten anderen Bakterien wächst der Tuberkelbacillus langsam; er ist hierin dem Kefirbacterium ähnlich. In den Kulturen auf Serum brauchte es 10—15 Tage, bis man mit bloßem Auge ein Wachsen bemerkte. Auch bei den Infektionen sind 2—8 Wochen erforderlich, bis das Resultat hervortritt.

Die Kultur außerhalb des lebenden Tieres ist auf anderen als den obengenannten Nährböden nicht gelungen; für die Vegetationstemperaturen hat sie die oben S. 44 genannten Kardinalpunkte ergeben.

Gegen äußere Schädlichkeiten hat der Bacillus eine ziemlich hohe Resistenz, wobei er seine Infektionstüchtigkeit beibehält. Er erträgt hohe, dem Siedepunkt nahe Temperaturen, wenn auch bei Kochen im durchfeuchteten Zustande bald Tötung eintritt. Austrocknung wurde bis zu 186 Tagen, Aufenthalt in faulendem Sputum 43 Tage ertragen. Die auf die Resistenz bezüglichen Versuche sind überhaupt mit bacillushaltigem Sputum angestellt worden.

Diese Thatsachen miteinander geben eine befriedigende Erklärung für das Auftreten der Tuberkulose als Folge der Infektion mit

dem Bacillus. Die weite Verbreitung der Krankheit ist jedem bekannt, auch wenn man nur an die Lungentuberkulose denkt. Durchschnittlich der siebente Teil menschlicher Todesfälle erfolgt durch
Lungenschwindsucht. In den Abgängen Tuberkulöser ist der Bacillus meistens entwicklungsfähig und virulent enthalten. Auch hier
kommt der Auswurf, welchen Schwindsüchtige oft monate- und jahre-
lang von sich geben, vorzugsweise, doch keineswegs ausschließlich
in Rechnung. Von 982 Sputa, welche Gaffky untersuchte, wurde in
nur 44 der Bacillus vermisst. Es ist klar, dass dieser mit solchen
Abgängen reichlich in den Verkehr kommt und, wenn dieselben ein-
trocknen, mit dem Staub und dergleichen Verbreitung finden muss.
Die Gelegenheit zur Infektion ist daher innerhalb des menschlichen
Verkehrs reichlich gegeben.

Eine ganz ähnliche Erkrankung, die lange Zeit mit der Säugetiertuberkulose für identisch gehalten worden ist, kommt bei Vögeln
vor. Auch der Erreger zeigt fast die gleichen morphologischen und
kulturellen Eigenschaften, nur wachsen sie in mehr schleimigen,
feuchten Rasen. Geflügel, insbesondere Hühner, sind für diesen
Organismus sehr empfänglich, aber nicht für Säugetiertuberkulose.
Umgekehrt sind Säugetiere wenig oder gar nicht empfänglich für
den Organismus der Hühnertuberkulose. Ob der Mensch dafür empfänglich ist, steht noch dahin (96).

In den letzten Jahren sind wiederholt Erkrankungen bei Tieren
beobachtet worden, die ganz ähnliche Veränderungen im Tierkörper
hervorrufen, wie die echten Tuberkelbacillen, aber durch ganz andere
Organismen veranlasst werden. Zuerst wurden sie von Malassez
und Vignal (95), später von vielen andern Forschern (97) untersucht. Es scheinen dieser sogenannten Pseudotuberkulose verschiedene Krankheitserreger zu Grunde zu liegen, die zwar auch zu
den Bakterien gehören, aber sämtlich von den eigentlichen Tuberkelbacillen völlig verschieden sind.

Ein spezifischer, dem Tuberkelbacillus in jeder Beziehung nahe-
stehender Bacillus ist durch Hansen's und Neisser's Untersuchungen
als Erreger der Lepra, des Aussatzes, erwiesen. Über den Bacillus,
welchen Lustgarten als wahrscheinliches Contagium der Syphilis
entdeckt hat, schwebt derzeit die Diskussion (86). Spezifische Bacillen oder wenigstens Stabformen, in ihrer Lebensweise denen des
Milzbrands näherstehend, sind ferner gefunden und großenteils genauer studiert worden als die Kontagien einer Reihe von Tierkrank-
heiten, wie Koch's »Mäusesepticämie«, Koch und Gaffky's malignes

Ödem (98), Rotz (99), Rauschbrand (100), Seuche oder Rotlauf der Schweine (101), Löffler's Diphtherie der Tauben und des Kalbes (102).

4. Gonorrhoische Erkrankungen (103) nennt man bestimmte, beim Menschen vorkommende, eitrige Entzündungen, welche vorzugsweise die Harnröhrenschleimhaut (Tripper) und die Bindehaut des Auges betreffen. Die Bindehautblennorrhoe der Neugeborenen darf ihnen jedenfalls angeschlossen werden.

Zu den charakteristischen Eigentümlichkeiten dieser Erkrankungen gehört ihre hohe Infektiosität, und es ist längst bekannt, dass die Ansteckung erfolgt durch das eitrige Sekret des Patienten. Die Ansteckung gesunder Menschenaugen geschieht, wie Hirschberg sagt, »mit der Sicherheit eines physikalischen Experiments«. Mit derselben

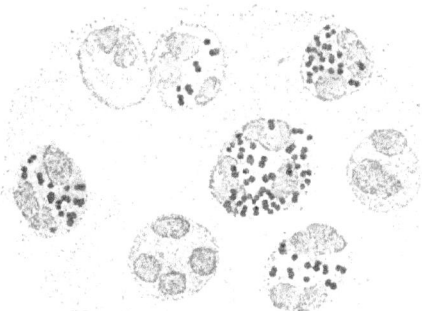

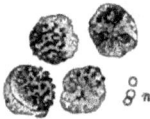

A   Fig. 30.   B

Sicherheit findet man in dem infektiösen Eiter einen stattlichen, von Neisser entdeckten und Gonococcus genannten Mikrococcus (Fig. 30), und zwar vorzugsweise anscheinend aufsitzend auf Epithel- und Eiterzellen, nach neueren Beobachtungen in Wirklichkeit oberflächlich in ihren Körper eingedrungen, weniger zwischen den Eiterzellen liegend. Es ist übrigens immer nur eine relativ geringe, von Fall zu Fall wechselnde Zahl der vorhandenen Eiterzellen mit dem Gonococcus besetzt.

Die Zellen desselben sind rundlich und ziemlich groß, von etwa

Fig. 30. Micrococcus Gonorrhoeae. A aus dem Bindehautsekret eines an Blennorrhoea neonatorum behandelten Kindes. Vier Eiterzellen mit ansitzendem Micrococcus — nach einem mit Methylviolett gefärbten Präparat. Die nur blass gefärbten Eiterzellen mit ihren Kernen sind in der Zeichnung nur angedeutet, um den Mikrococcus mehr hervortreten zu lassen. Vergr. 600. n stärker vergr. Umrisszeichnung einer einzelnen Zelle und eines aus Zweiteilung hervorgegangenen Paares. — B aus gonorrhoischem Eiter. Vergr. 1000.

0,8 μ Durchmesser, oft den Teilungen entsprechend paarweise zusammenhängend, im erwachsenen Zustande durch hyaline, gallertige
Zwischensubstanz getrennt und in ziemlich regelmäßigen Abständen
über die Oberfläche der Eiterzelle verteilt. Ob diese Anordnung in
die Fläche in successive wechselnd nach zwei Richtungen statt-
findender Teilung ihren Grund hat oder nur in entsprechender Verschiebung bei stets gleichsinniger Teilungsrichtung, mag dahingestellt
bleiben. Man findet indessen auch nicht selten vierzellige Anord-
nungen, die eine Teilung nach zwei Richtungen des Raumes sehr
wahrscheinlich machen. Die charakteristische, semmelförmige Gestalt und die Lagerung in den Eiterzellen lassen den Organismus im
allgemeinen leicht von anderen ähnlichen unterscheiden.

Bei anderen Entzündungen der in Rede stehenden Schleimhäute
findet man diesen Gonococcus nicht, und andere Bakterien rufen die
gonorrhoischen Erkrankungen nicht hervor. Hiernach wird, wenn
man Analogien zu Hilfe nimmt, sehr wahrscheinlich, dass die infektiöse Eigenschaft des gonorrhoischen Sekrets in der Gegenwart
des Coccus ihren Grund hat, dass dieser das wirkende Contagium ist.

Andere Warmblüter als der Mensch sind, soweit untersucht, für
die gonorrhoische Infektion nicht oder sehr schwer empfänglich; die
weitaus meisten Tierversuche mit Augensekret misslangen. Kulturen
sind in neuerer Zeit wiederholt auf Mischungen von Blutserum und
Agar, besonders Menschenblutserum, weniger gut Rinderblutserum,
gelungen. Doch halten sich die Organismen nur kurze Zeit in Kulturen am Leben und müssen oft auf frischen Nährboden übertragen
werden.

Infektionen mit dem reinkultivierten Coccus gelangen am Auge
neugeborener Kaninchen (Hausmann) und an dem Auge und der
Harnröhre von Menschen (Bockhardt, Bumm). Nach den von Bumm
an der Bindehaut des menschlichen Auges angestellten Untersuchungen dringt der Micrococcus zwischen den Epithelzellen ein bis in
den Papillarkörper der Schleimhaut, an diesen Orten, später auch
im eiterigen Sekret sich vermehrend und ausbreitend, schließlich
durch Regeneration des Epithels und Eitersekretion in weiterem Vor-
dringen gehindert und entfernt. Bockhardt's Fall zeigte komplizier-
tere Erscheinungen. Für die Einzelheiten sei auf Bumm's vortreffliche Monographie verwiesen.

Rückfallfieber, Tuberkulose und Gonorrhoe habe ich, so ver-
schiedenartig sie auch sind, zusammengestellt, weil sie, wenn man
die teilweise noch bestehenden Lücken in der Kenntnis beiseite lässt

und Wahrscheinliches für gewiss nimmt, Beispiele darstellen für
thatsächlich obligat parasitische Bakterien.

Streng obligat ist für unsere derzeitige Kenntnis Spirochaete
Obermeieri, insofern sie, ohne saprophytische Digression, nur von
Person zu Person übertragbar ist und dann nur auf Menschen und
Affen eingeschränkt.

Der Tuberkelbacillus und der Gonococcus können allerdings in
saprophytischer Lebensweise kultiviert, fakultativer Saprophytismus
kann ihnen nicht ganz abgesprochen werden. Thatsächlich kann
diese Eigenschaft aber für sie kaum in Betracht kommen. Für den
Tuberkelbacillus, wie Koch urgiert, darum nicht, weil die Bedingungen seiner saprophytischen Vegetation derart beschaffen und eingeschränkt sind, dass sie sich kaum je anders als in ad hoc ein-
gerichteten Apparaten finden werden. Für den Gonococcus aus denselben Gründen; dies folgt ohne weiteres aus den Erfahrungen im
großen; aus diesen folgt dann ferner, dass die Resistenz des Gonococcus eine sehr geringe ist, seine infektiöse Verbreitung z. B. durch
den Staub nach Austrocknen gar nicht in Betracht kommen kann.
Denn die gonorrhoischen Erkrankungen sind der Tuberkulose an
Häufigkeit gewiss nahestehend; ihre Sekrete kommen in den Verkehr, mit ihnen der Gonococcus. Wäre dieser unter gewöhnlichen
natürlichen Verhältnissen saprophytischer Vegetation fähig, so wäre
kaum denkbar, dass nicht zuweilen wenigstens Infektion auf anderem
Wege als von Person zu Person stattfände. Das ist aber, ganz
zweifelhafte vereinzelte Angaben abgerechnet, nicht der Fall.

5. Den relativ gut bekannten Infektionskrankheiten, welche uns
hier beschäftigen, kann jetzt auch wohl die asiatische Cholera (104)
zugezählt werden. Schon Anfang der 50er Jahre glaubte Pacini
ein Contagium vivum dieser Krankheit gefunden zu haben, und zwar
in den Bakterien oder Vibrionen, wie er sie nennt, welche er in
Darm und Ausleerungen beobachtete. Später (1867) hat Klob den
Darminhalt und die Entleerungen von Opfern und Patienten der
asiatischen Cholera untersucht, in denselben ebenfalls stets erhebliche Mengen von Bakterien gefunden und von der Annahme, dass
dieselben Zersetzungswirkungen ausüben, ausgehend, als wahrscheinlich hingestellt, dass jene Bakterien im Darm und von diesem aus
die Krankheit erregen. Die Kenntnisse von den Bakterien waren zu
jenen Zeiten nicht soweit entwickelt, dass eine schärfere Unterscheidung und Trennung der mancherlei Formen, welche in Darm
und Dejekten gefunden wurden, hätte vorgenommen werden können.

Die Extravaganzen, welche dann, in den 60er Jahren, von anderer Seite gemacht wurden, um das Choleracontagium, einschließlich der Bakterien, auf gewöhnliche Schimmelpilze und hypothetische Parasiten der Reispflanze zurückzuführen, und die Thatsache, dass Untersuchungen Nichtcholerakranker scheinbar ganz ähnliche Bakterien-

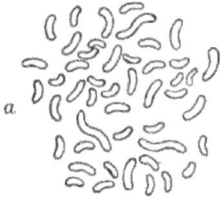

befunde in dem Darm ergaben wie die Klob'schen, ließ diese und die ganzen auf das Contagium vivum in diesem Falle gerichteten Bestrebungen wieder in den Hintergrund treten. In Indien, der ständigen Heimat der Seuche nachmals angestellte Untersuchungen englischer Ärzte ergaben auch kein positives sicheres Resultat.

Die Kenntnisse von den Bakterien und von der Realität der Contagia viva waren dann beträchtlich vorgeschritten, als 1883 die in Ägypten ausgebrochene Epidemie Veranlassung zu erneuter Wiederaufnahme der Frage gab. R. Koch, der bewährteste Forscher auf dem Gebiete, untersuchte in Ägypten und in der ständigen Choleraheimat und brachte die Kenntnis einer bestimmt charakterisierten Bacteriumform mit zurück,

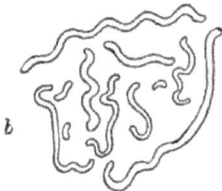

Fig. 31.

welche sich im Darm frischer Cholerafälle findet, einmal auch in einem Wassertümpel eines Choleradistriktes beobachtet wurde, und n welcher er das spezifische Contagium oder Miasma der indischen Seuche vermutete.

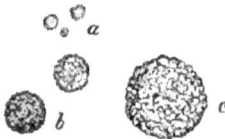

Fig. 32.

Nach den gegenwärtig bekannten Thatsachen kann kaum bezweifelt werden, dass Koch's Spirillum das Contagium vivum der asiatischen Cholera wirklich ist. Erstens ist das, man kann sagen konstante Vorhandensein desselben im Dünndarm resp. den Entleerungen der Cholerakranken von allen Seiten, auch von Koch's Gegnern, derzeit bestätigt. In frisch zur Sektion gekommenen Fällen findet es sich manchmal fast als »Reinkultur im Darmschleim;

Fig. 31. Microspira comma (Koch) Schröter. a normale Form, b Schrauben- und Involutionsformen. Ungefärbt. Vergr. 1000.

Fig. 32. Kolonien der M. comma auf Gelatineplatten. a nach 18, b nach 24, c nach 30 Stunden. Vergr. 80.

anderemale allerdings minder rein und reichlich. In den exceptionellen Fällen, wo es nicht gefunden wurde, war teils eingestandenermaßen genaue Untersuchung nicht vorgenommen worden, andernteils konnte es, zumal nach vorgeschrittenem Krankheitsprozesse, übersehen oder wirklich verschwunden — also früher dagewesen — sein. Bei anderen Krankheiten als der Cholera asiatica wird das Koch'sche Spirillum nie im Darm oder sonstwo gefunden.

Wie nachher noch besprochen werden soll, ist das Choleraspirillum als Saprophyt leicht rein zu kultivieren. Mit solch reinem, lebendem Material an Tieren angestellte Infektionsversuche ergaben anfangs immer negative oder im besten Falle unsichere Resultate. Besonders gilt dieses für jene Experimente, bei welchen die Infektion mit der Nahrung versucht wurde. Es zeigte sich, dass die Spirillen durch den sauren Magensaft getötet oder aus anderen Gründen unwirksam wurden. — Abänderung der Versuchsanstellung führte aber zu positivem Erfolge. — Nicati und Rietsch und van Ermengem brachten das Spirillum, mit Ausschluss der Magenpassage, durch Injektion direkt in den Dünndarm. In van Ermengem's Versuchen erhielten Meerschweinchen in Fleischbrühe oder Serum kultiviertes Spirillum in das Duodenum injiciert, und zwar 11 Tiere kleine Quantitäten — 1 Tropfen oder viel weniger von dieser Flüssigkeit. Von denselben verunglückte eins bald nach der Operation. Neun starben 2—6 Tage nach der Infektion. Das elfte, welches »etwa $^1/_{50}$ Tropfen« erhalten hatte, erholte sich nach kurzer Erkrankung.

Die Krankheitserscheinungen und der Sektionsbefund entsprachen nach der Darstellung van Ermengem's in allen wesentlichen Punkten jenen der asiatischen Cholera, soweit das bei der Verschiedenheit von Mensch und Meerschwein erwartet werden kann. In dem Darm der inficierten Tiere vegetierte das Spirillum stets reichlich, entweder rein oder mit anderen Bakterien gemengt. Ein Tropfen der spirillumhaltigen Darmflüssigkeit der Tiere brachte nach Injektion in das Duodenum gesunder bei diesen die gleiche Erkrankung hervor. Endlich ergaben Kontrollversuche mit Injektion andere Bakterien enthaltender Flüssigkeiten in das Duodenum keine Cholerasymptome, meist überhaupt keine Erkrankung.

Ich habe diese Versuche hier vorangestellt, weil sie sich am einfachsten kurz resumieren lassen. Andere, insonderheit Koch und Doyen, erreichten dasselbe positive Resultat, indem sie die Spirillen mit dem Futter eingaben, nachdem der Mageninhalt durch Einführung alka scher Flüssigkeit entsäuert war, und ferner indem sie auf Grund

einer Beobachtung Koch's die Prädisposition der Tiere für die Infektion durch Eingeben von Opium und von Alkohol erhöhten. Wir
müssen uns hier auf diese Andeutungen zur Konstatierung der ge-
lungenen Infektionsversuche beschränken und für die Einzelheiten
auf die Speziallitteratur verweisen.

Wie aus dem Mitgeteilten hervorgeht, vegetiert das Choleraspirillum konstant im Darm der Kranken, sowohl in dem Darmschleim,
als auch nach einigen Beobachtern in die Gewebe der Schleimhaut
eindringend. In anderen Organen der Choleraleichen findet es sich
nach Koch und den meisten anderen Beobachtern nicht, andere
Bakterien ebensowenig. — Doch giebt Doyen sein Vorhandensein in
Niere und Leber an, und van Ermengem fand es in dem Blutstrom
dreier seiner Versuchstiere vor oder unmittelbar nach dem Tode.

Auf Grund der Beobachtung des alleinigen Vorkommens im Darm
nimmt man mit Koch wohl allgemein als sehr wahrscheinlich an,
dass das Spirillum dort ein kräftig wirkendes Gift produziert, das
dann, vom Darm aus resorbiert, die schweren Allgemeinsymptome
der Cholera hervorruft.

Was die Gestaltung betrifft, so stellt das Koch'sche Choleracontagium im Falle besterhaltener Gliederung schraubig gewundene
Stäbe oder Fäden dar, wesentlich von der Form der S. 156 abgebil-
deten Spirillen und von sehr ungleicher Länge und Windungszahl.
Die Dicke des Fadens beträgt etwa 0,5 µ — ganz genaue Angabe
darüber ist nicht möglich; — die Weite der Schraubenwindungen ist
der Fadendicke ungefähr gleich oder kleiner, die Steilheit der Windungen individuell ungleich. Der Faden ist aufgebaut aus Gliedern
oder Gliederzellen, welche etwa die Länge eines halben Schraubenumlaufs erreichen, daher einzeln mehr oder minder gekrümmte Stäbchen darstellen. Eine Trennung der Glieder voneinander findet
thatsächlich in der Regel bald nach jeder Teilung statt, wenn das
Spirillum in gelatinösem Nährsubstrat (Gelatine, Agar) oder auf der
Darmschleimhaut lebhaft vegetiert; das Bacterium tritt daher àn
diesen Orten auf in Form einzelner oder zu kurzen Reihen vereinig-
ter Krummstäbchen, welche Koch ihrer Gestalt nach anschaulich
mit einem Komma verglichen, daher Kommastäbchen, »Komma-
bacillen« genannt hat. In guten Nährlösungen, z. B. Fleischbrühe, und in alten Gelatinekulturen bleiben die Glieder häufiger
lückenlos zu langen nnd anscheinend ungegliederten Schrauben vereinigt. In beiderlei Formen ist das Spirillum beweglich, die Einzelstäbchen lebhafter als die längeren, zumal in den alten Gelatine-

kulturen erwachsenen Schraubenfäden. Gewöhnlich besitzt der
»Kommabacillus« nur eine, selten zwei polare Geißeln, gehört also in
die Gattung Microspira oder Vibrio.

Was die biologischen Eigenschaften des Choleravibrio anlangt,
so braucht nach dem Mitgeteilten nicht mehr ausdrücklich auf seinen
fakultativen Saprophytismus hingewiesen zu werden. Seine saprophytische Vegetation erfordert reichliche Sauerstoffzufuhr. Mit dieser
auf geeignetem feuchtem Substrat kultiviert, entwickelt er sich unter
Verdrängung etwaiger Mitbewerber rasch und reichlich; nach einigen
Tagen nimmt aber die Wachstumsenergie wiederum rasch ab — vielleicht infolge störender Einwirkung der eigenen Zersetzungsprodukte.
Am auffallendsten wurden diese Erscheinungen konstatiert bei Kulturen auf feuchter Leinwand, welch letztere aus praktischen Gründen angewendet wurde. — Die optimale Vegetationstemperatur ist,
wie schon S. 44 erwähnt wurde, die des Warmblüterkörpers, ca. 37°,
doch genügen 20—25° zu noch guter Entwicklung. Bei 50—55° erfolgt in Flüssigkeit sichere Tötung. Abkühlung auf oder unter den
Gefrierpunkt tötet den Vibrio nicht, wenn sie auch mehrere Stunden
dauert. Völliges Austrocknen tötet den vegetierenden Vibrio meist
binnen 24 Stunden.

Über den Nahrungsbedarf sind in Obigem die hier nötigen Andeutungen ausreichend enthalten, und auf die ungünstige und selbst
tötende Einwirkung saurer Reaktion der Substrate sei nur als Wiederholung nochmals hingewiesen.

In den beschriebenen Lebenserscheinungen des Spirillum finden
die hauptsächlichsten Erfahrungen über die Cholera als Infektionskrankheit ihre Erklärung, speziell ihr Indigenat in den indischen
Heimatsdistrikten, ihre Einschleppung in andere Länder und Weltteile und in den Hauptzügen ihre Ausbreitung daselbst. Unerklärt
bleibt freilich noch manches, z. B. die örtliche Immunität, die Thatsache, dass eine Epidemie in Europa nach einer bestimmten Zeit-
dauer völlig erlischt u. s. w. Gegen die festgestellten Erklärungen
kann aber kein Einwand dadurch begründet sein, dass noch der oder
jener Punkt unaufgeklärt bleibt; ebensowenig hier wie auf anderen
Gebieten menschlichen Wissens.

Andere Einwendungen, welche bis in die neueste Zeit allerdings
gemacht wurden, richteten sich direkt gegen die Bedeutung des
Koch'schen Spirillums als spezifisches Choleracontagium. Soweit sie
sich auf das Misslingen der Infektionsversuche mit reinem Spirillum
gründeten, sind sie durch die nunmehr vorliegenden positiven

Resultate solcher Versuche beseitigt, wenn diese richtig sind. Andererseits stellten sie in Abrede, dass Koch's Spirillum ausschließlich bei Erkrankung an Cholera asiatica vorhanden sei. Finkler und Prior fanden ein dem Koch'schen höchst ähnliches Spirillum bei der als einheimische Cholera, Cholera nostras, bekannten Darmerkrankung. Lewis und nach ihm Klein wiesen auf das Kommaspirillum des Mundschleims (vergl. S. 117, Fig. 24 *d*) hin, welches in gesunden Menschen verbreitet und dem Koch'schen, einzeln betrachtet, ebenfalls so ähnlich ist, dass es für identisch gehalten werden könnte. Weitere Untersuchungen haben jedoch zwischen diesen sowohl als auch anderen, hier nicht zu nennenden ähnlichen Formen und dem Koch'schen sichere, zumal bei der Kultur im großen hervortretende Differenzen jetzt außer Zweifel gesetzt; von dem Lewis'schen Mund-

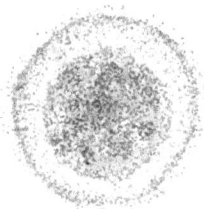 

Fig. 33.   Fig. 4.

spirillum sind sogar alle Versuche saprophytischer Kultur bis jetzt ohne positiven Erfolg geblieben. Inwieweit Finkler's und Prior's Spirillum seinerseits spezifischer Erreger anderer Krankheit als asiatischer Cholera sein mag, ist hier nicht weiter zu diskutieren, jedenfalls ist er auch nicht der Erreger der Cholera nostras, als welchen man ihn eine Zeit lang angesehen hat.

In dem letzten Jahrzehnt sind nun aber an hundert Organismen aus Wasser, namentlich Flusswasser, Düngerjauche, Exkrementen u. s. w. gezüchtet worden, die dem Erreger der asiatischen Cholera sehr nahestehen und sich weder durch Kulturen noch durch morphologische Eigenschaften mit absoluter Sicherheit unterscheiden lassen. Die Artselbständigkeit steht bei den meisten auch noch sehr in Frage. Sie wirken auf Tiere zum Teil ebenfalls pathogen und nicht wesentlich anders als die Cholerabakterien, aber sie sind nicht als Erreger

Fig. 33. Zwei Tage alte Kolonien der M. Finkleri auf Gelatinelösung.
Fig. 34. Microspira Finkleri. Geißelfärbung.

der Cholera anzusehen. Sehr leicht und sicher lassen sie sich durch
die Serumdiagnose resp. durch die Agglutination von Cholera unterscheiden (vergl. S. 127).

Ein Teil dieser Arten unterscheidet sich von Cholerabakterien
schon dadurch, dass sie kein Indol bilden oder keine Nitrate zu
Nitriten zu reduzieren vermögen, was sich leicht durch die sogenannte Cholerarotreaktion (Nitrosoindolreaktion) nachweisen
lässt. Bringt man nämlich zu einer jungen Kultur von Cholerabakterien in Bouillon etwas reine Schwefelsäure, so färbt sich die
Kultur hell weinrot oder rosa, eine Erscheinung, die als Nitrosoindolreaktion oder als Cholerarotreaktion bezeichnet wird. Bleibt
diese Reaktion aus, so handelt es sich — entsprechende Nährböden
vorausgesetzt — nicht um Cholerabakterien.

Die schwierige Unterscheidung der Cholerabakterien durch morphologische Merkmale gegenüber den zahlreichen anderen Arten wird
dadurch noch schwieriger gemacht, dass die Cholerabakterien selbst
in einem nicht unbedeutenden Maße variieren und dass diese morphologisch oft sehr deutlich unterscheidbaren Rassen sich auch in
Kulturen mit ihren Eigenschaften konstant fortzüchten lassen.

Erwähnt mag noch werden, dass eine den Cholerabakterien sehr
ähnliche Art, Microspira Metschnikoffii, schwere epidemische Erkrankungen bei Tauben hervorruft.

Der Abdominaltyphus ist eine ausgesprochen miasmatische,
manchmal auch kontagiös werdende Infektionskrankheit. Kausale
Beziehungen zwischen seinem Auftreten und bestimmten Örtlich-
keiten, dem Genuss verunreinigten Wassers sind seit lange evident.
Es liegt daher auch hier sehr nahe, einen fakultativen Parasiten als
nächste Ursache der Krankheit anzunehmen. Auch hatte schon 1871
v. Recklinghausen in Typhusleichen Bakterien, speziell Micrococcus-
kolonien gefunden. Spätere Untersuchungen, die in Gaffky's Arbeit (122)
ausführlich angegeben sind, haben weitere, nicht immer übereinstimmende Bakterien- und Pilzbefunde ergeben. Gaffky hat dann die
Sache einer sorgfältigen Untersuchung unterworfen und in den inneren Organen, Mesenterialdrüsen, Milz, Leber, Nieren der Typhusleichen als fast konstante Erscheinung — 26mal unter 28 Fällen —
einen wohlcharakterisierten Bacillus gefunden, und zwar jedesmal
den nämlichen. Derselbe wächst in charakteristischer Form auf
Gelatine, Blutserum, Kartoffeln an der Luft, und wurde auf diesen
Substraten ausgiebig gezüchtet. Der Beschreibung Gaffky's, auf
welche hier verwiesen sei, zufolge ist seine Gestaltung jener des

Amylobacter (S. 18) nicht unähnlich, die Größe jedoch erheblich
geringer: die Einzelstäbchen etwa 2,5 μ lang, die Breite etwa ⅓ der
der Länge. Entgegen den nach dem immer wiederkehrenden charakteristischen Befunde an der Leiche berechtigten Erwartungen ergaben Gaffky's ausgedehnte, an Tieren (auch Affen) angestellte Infektionsversuche nur völlig negatives Resultat. Auf sauren Kartoffeln
entstehen in den Stäbchen eigentümliche Plasmaklumpen, die Pol-
körner, welche man früher für polar gelegene Sporen angesehen hat.
Es sind jedoch nur Plasmaballen, die durch eine große centrale
Vakuole voneinander getrennt sind; dieselbe Erscheinung, nur in
vergrößertem Maßstabe, wie bei dem Organismus der Hühnercholera.

Das Blut von Personen, welche an Typhus leiden oder vor einiger Zeit gelitten haben, enthält Stoffe, welche eine außerordentlich

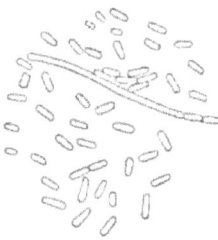
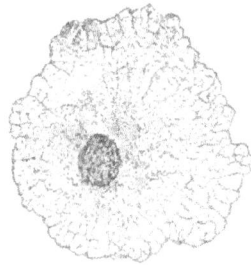

Fig. 35.   Fig. 36.

giftige Wirkung auf Typhusbacillen ausüben. Es sind Agglutinine
(S. 127), die ein Auflösen der Typhusbakterien bewirken. Hierauf
ist eine Methode zur Diagnostizierung des Typhus gegründet, die
Widal'sche Reaktion (88), welche in zweifelhaften Fällen mit be-
deutender Sicherheit eine Erkennung der Krankheit zulässt. Dem
Patienten werden kleine Mengen Blut entzogen und in bestimmtem
Verhältnis mit jungen Bouillonkulturen von Typhusbacillen versetzt.
Tritt Agglutination ein, so handelt es sich um Typhus. Es ist jedoch
dabei zu berücksichtigen, dass in seltenen Fällen auch das Blut von
Personen, die nicht an Typhus leiden oder gelitten haben, eine aller-
dings wesentlich schwächere agglutinierende Wirkung auf Typhusbacillen äußern kann. Die Wirksamkeit des Blutserums bleibt auch

Fig. 35. Bacillus typhi. Ungefärbt. Vergr. 1000.
Fig. 36. Kolonie des Typhusbacillus auf Gelatineplatten. Vergr. 30.

noch nach dem Überstehen der Krankheit längere Zeit im Körper zurück. Andererseits kann man das Serum von sicher typhuskranken Personen auch zum Erkennen von Typhusbacillen verwenden, was wie bei Cholera sehr erwünscht ist, da auch der Typhusbacillus eine Menge sehr naher, aber meist nicht pathogener Verwandter besitzt, die sich nur schwer von ihm unterscheid n lassen.

6. Zu den Erkrankungen, welche durch Bakterienkontagien verursacht werden, gehören weiter die in den Einzelsymptomen mannigfaltigen Wundinfektionskrankheiten, einschließlich jener des Wochenbettes, und jene, die mit Bildung von Eiterherden, Abscessen der Haut und innerer Organe verbunden sind, von lokalen Hautabscessen, Furunkeln, Schwären bis zu schweren Erkrankungen (105). Man findet bei diesen Erkrankungen an den inficierten Wundflächen, in dem Eiter u. s. w., mit Ausnahme seltener, aus ganz bestimmten Gründen exceptioneller Einzelfälle, Bakterienformen, und nach den gegenwärtigen Grundanschauungen liefert schon der eminente Erfolg der von Lister eingeführten antiseptischen, d. h. auf Fernhaltung und Unschädlichmachung von Zersetzungserregern gerichteten Wundbehandlung den indirekten Beweis dafür, dass jene als Zersetzungserreger zu den Erkrankungen in kausaler Beziehung stehen.

Diese kann von zweierlei Art sein. Einmal kann das Contagium an dem Orte, wo es sich befindet, Eiterung, Abscessbildung u. s. w. lokal verursachen, sei es, dass es an der empfangenden Wundstelle bleibt, sei es, dass es von dieser aus in den Blutstrom und mit ihm in entfernte Organe gelangt ist. Oder aber es werden an dem Infektionsorte, als Produkte der Vegetation des Contagiums, nicht organisierte, giftig wirkende Körper gebildet, Ptomaïne oder diesen vergleichbare giftige Substanzen, Toxine, und diese dann, im Blute verteilt, dem Körper zugeführt, um hier Vergiftungserscheinungen zu bewirken. Ferner ist denkbar, dass beiderlei prinzipiell verschiedene Prozesse kombiniert vorkommen.

Das kann hier nur angedeutet, für die Details muss auf die bezügliche, umfangreiche medizinische Litteratur verwiesen werden.

Was die Bakterien selbst betrifft, welche hier in Betracht kommen, so sind deren mehrerlei gefunden worden. Rosenbach allein giebt 4 differente Bacillen oder wenigstens Stabformen an, vorzugsweise aber Mikrokokken, von denen besonders drei Arten verbreitet sind; die übrigen mögen hier beiseite bleiben. Dieselben sind ihren Einzelzellen nach mikroskopisch nicht sicher zu unterscheiden:

11 *

kleine, runde, nur wimmelnd bewegliche Zellchen ohne distinkte
Sporenbildung. Sie unterscheiden sich aber durch ihre habituelle
Gruppierung und durch die Form und Färbung, in welcher sie bei
Kulturen im großen auf der Oberfläche von Agargallerte auftreten.
Der eine hält seine Zellchen im Reihenverband, ähnlich dem Micr.
ureae, S. 89, was Billroth Streptococcus genannt hat. Bei den
anderen lösen sich die Zellen nach der Teilung aus dem Verband
und bilden Anhäufungen, welche Ogston mit Weintrauben verglichen
und zur Bildung des Namens Staphylococcus benutzt hat; sie gehören zur Gattung Micrococcus. Auf Agargallerte bildet von letzteren der eine orangegelbe, der andere weiße, gelatinöse, einem

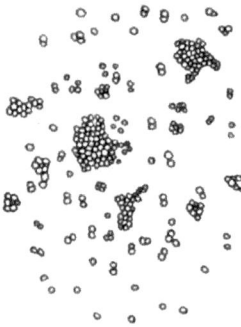 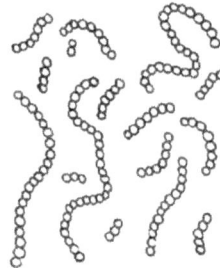

Fig. 37.   Fig. 38.

Flechtenthallus ähnliche Ausbreitungen, daher St. aureus und albus.
Aus den Abscessen und Eiteransammlungen entnommen und in Reinkultur isoliert, behält jeder dieser Mikrokokken seine Eigenschaften
konstant bei; in jenen Krankheitsprodukten kommt teils nur eine,
teils zwei Species zusammen vor; am häufigsten und verderblichsten
sind nach den vorliegenden Angaben der Streptococcus und der Staph.
aureus. Impfungen und Injektionen vom Menschen gewonnenen Rein-
kulturmaterials haben Rosenbach mehrfach bei Tierversuchen positive
Resultate, d. h. wiederum Abscesse mit dem angewendeten Parasiten
ergeben, allerdings, wenn ich die Darstellungen richtig auffasse, bei
Anwendung gar großer Menge Impfstoff.

Fig. 37. Micrococcus aureus (= Staphylococcus pyogenes aureus Passet).
Vergr. 1000.
Fig. 38. Streptococcus erysipelatos Fehleisen. Ketten aus jungen
Bouillonkulturen. Vergr. 1000.

Die in Rede stehenden Bacillen und Mikrokokken sind fakultative
Parasiten, sie lassen sich leicht und reichlich als Saprophyten kultivieren. Über ihre saprophytische Verbreitung in der Natur ist für
die meisten Näheres noch nicht bekannt, doch dürften sie, schon
den Erfahrungen im großen zufolge, überall und besonders an Orten
menschlichen Verkehrs zu fürchtende Feinde sein; zwei derselben
(Staph. aureus und albus) konnte Passet in der That in Spülwasser
resp. faulem Fleische nachweisen.

7. Sowohl der Gestaltung als dem fakultativen Parasitismus nach
schließt sich hier, und zwar als kettenbildender Streptococcus, der
Micrococcus an, welcher, in die Lymphgefäße der Haut dringend,
das Contagium des gewöhnlichen Erysipels, des Rotlaufs ist (106).
v. Recklinghausen und Lukomsky haben denselben schon früher
kennen gelehrt. Fehleisen hat ihn neuerdings reingezogen und
mit Erfolg verimpft. Auch die zwar ungefährliche, aber unangenehme,
als Fingererysipeloid, Köchinnenrotlauf, Erythema migrans bekannte
Hauterkrankung an den Händen, welcher Personen, die mit rohem
Fleisch hantieren, ausgesetzt sind, ist von Rosenbach auf ein Micro-
coccuscontagium zurückgeführt worden (105). Der Streptococcus des
Erysipels und der Streptococcus pyogenes werden gegenwärtig übrigens mit Recht zusammengezogen.

8. Über die Diphtherie verdanken wir Löffler (102) ausgedehnte
und umsichtige Untersuchungen. Eine ausführliche Diskussion der
Angaben seiner Vorgänger ist in seiner Arbeit enthalten, auf welche
daher verwiesen sein möge. Ein bekanntes charakteristisches Symptom
der Diphtherie beim Menschen sind die weißen Beläge der Rachen-
schleimhaut, zumal der Tonsillen, und es ist nachgewiesen, dass
durch diese Beläge Übertragung der Krankheit auf Gesunde stattfinden kann. Die hiernach auf die Beläge gerichtete Untersuchung
hat in denselben, neben allerlei accidentellen Befunden, ergeben
erstlich massenhafte Anhäufungen von Mikrokokken und zweitens in
vielen, nicht allen untersuchten Fällen, wie Klebs zuerst urgierte,
kleine Stäbchen.

Löffler fand diese Befunde bestätigt und unterwarf die genannten
Organismen der Reinkultur und der experimentellen Prüfung ihrer
krankmachenden Wirkung.

Der Micrococcus bildet in der Reinkultur Ketten, jenen des
Erysipels sehr ähnlich. In dem Patienten findet man ihn von den
Belägen aus in die Gewebe dringend, durch die Lymphgefäße in die
verschiedensten inneren Organe gelangend und hier Herde bildend.

Rein auf Versuchstiere verimpft, zeigte er das dementsprechende Verhalten, bewirkte auch Erkrankungen, aber keine für Diphtherie charakteristischen Symptome. Dem Micrococcus ist hiernach wohl die
Erzeugung von Komplikationen, nicht aber die Bedeutung des spezifischen Contagiums der Diphtherie zu-
zuschreiben.

Fig. 39.

Die Stäbchen gedeihen auf Blutserum und Glycerinagar gut, sind im
übrigen nicht schwer zu kultivieren; die
einzelnen erreichen etwa die Länge und
die doppelte Dicke des Tuberkelbacillus:
von diesem sind sie durch hier nicht aus-
führlich zu reproduzierende Merkmale gut unterschieden. In den
Belägen der diphtheritischen Schleimhaut finden sie sich haufenweise
gruppiert in den unter der Oberfläche gelegenen Schichten. In den
inneren Organen der Kranken sind sie nicht nachzuweisen. Impfungen auf Versuchstiere ergaben den Diphtheriesymptomen sehr ähnliche Erkrankungen. Die Möglichkeit, Tiere gegen Diphtherie zu immunisieren, hat zu der oben beschriebenen Herstellung des Diphtherieheilserums geführt.

9. Eine Krankheit, die gerade um die Jahrhundertswende wieder in
viel größerem Maßstabe auftritt und auch seit beinahe 100 Jahren an
verschiedentlichen Orten Europas nur in einzelnen Fällen auftritt, ist
die Pest. Sie ist eine außerordentlich ansteckende und gleichzeitig
bösartige Seuche, die im Orient heimisch ist und dort an einzelnen
Orten, z. B. am Himalaya, nie ganz erlischt. Wie es scheint, ist
die Pest ursprünglich eine Krankheit der Nagetiere und wird erst
von diesen auf den Menschen übertragen. Fast alle Tiere sind
übrigens für das Contagium der Pest empfänglich, nur Tauben
machen eine Ausnahme. Der Erreger ist ein kleines, unbewegliches
oder nur ganz träge bewegliches Stäbchen, welches zuerst von Kitasato (107) und Yersin (108) gezüchtet worden ist; es gehört wahrscheinlich in die Verwandtschaft des Hühnercholerabacteriums und
zeigt, wenigstens aus Körpersäften, ähnliche Polfärbung.

Die Gefahr, dass sich in Europa, wenigstens in dem civilisierten
Teile, ähnliche Pestepidemien wiederholen wie in früheren Jahr-
hunderten, ist kaum zu erwarten. Trotz der großen Virulenz des
Pestbacillus und seiner Fähigkeit, sich durch alle möglichen Tiere

Fig. 39.   *A* Bacterium influenzae.   *B* Bacterium diphtheriae.
Gefärbte Deckglaspräparate.   Vergr. 1000.

zu erhalten, dürfte es bei den gegenwärtigen hygienischen Maßnahmen auch bei mehrfacher Einschleppung immer nur zu kleinen
Epidemien von geringer Bedeutung kommen.

10. Die Lungenentzündung wird in einzelnen Formen (croupöse
Pneumonie) ebenfalls als eine Infektionskrankheit betrachtet, die zumeist durch ein kleines, fast mikrokokkenartiges (und daher auch Diplo-
coccus lanceolatus genanntes) Bacterium, Bacterium pneumoniae (109),
hervorgerufen wird. Meist hängen zwei Stäbchen zusammen und sind
nach den freien Enden etwas zugespitzt, besitzen daher keine Kugel-
form. Dieser Organismus ist in Kulturen schwer zu züchten, er

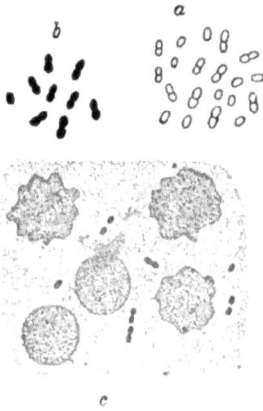 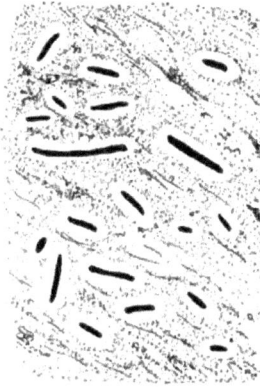

Fig. 40.   Fig. 41.

wächst nur bei Blutwärme, am besten auf Glycerinagar mit Bei-
mischung von Blutserum, muss aber auch hier alle 3—4 Tage auf
frischen Nährboden übertragen werden, wenn er nicht eingehen soll.
Seine Virulenz verliert er in Kulturen sehr bald.

Er ist übrigens nicht bloß der Erreger der croupösen Pneumonie,
sondern ruft in den inneren Organen allerlei bösartige Entzündungen
hervor (Bauchfellentzündung, Rippenfellentzündung) und soll auch die
Ursache der epidemischen Genickstarre sein. Indessen kann es sich
bei dieser so typischen Krankheit vielleicht doch auch um einen

Fig. 40. Bacterium pneumoniae Weichselbaum. *a* gefärbte, *b* un-
gefärbte Stäbchen aus Reinkultur, *c* im Gewebssaft gefärbt. Vergr. 1000.
Fig. 41. Bacterium pneumoniae Friedländer. Gewebssaft, gefärbt.
Vergr. 1000.

anderen, nur sehr ähnlichen Organismus handeln. Für die meisten
Tiere ist er im höchsten Grade pathogen.

Ein anderer Organismus wurde als Bacterium pneumonicum von
Friedländer für den Erreger der Pneumonie angesehen. Er ist meist
viel länger, selten zu zwei zusammenhängend, aber ebenso wie das
Bact. pneumoniae im tierischen Körper von einer Kapsel umgeben
(Fig. 41). Für Tiere ist er ebenfalls pathogen.

11. Eine durch ihre Bedürfnisse eigentümliche Bakterienart ist der
von Pfeiffer (111) entdeckte Erreger der Influenza. Es sind sehr
kleine, unbewegliche Stäbchen, wohl die kleinsten bekannten pathogenen Bakterien, welche sich im Sputum Influenzakranker sehr reichlich finden. In Kulturen sind sie nur sehr schwer zu züchten, und
zwar nur, wenn sie direkt im Kontakt mit roten Blutkörperchen sich
befinden. Man muss also, um sie zum Wachstum zu bringen, auf
den Agar erst eine dünne Schicht steriles Blut ausstreichen, ehe man
die Gläschen mit den Influenzabakterien impfen kann. Es sind überhaupt sehr empfindliche Organismen und streng an parasitische
Lebensweise angepasst (Fig. 39A. S. 166).

12. Der Typus miasmatischer Infektionskrankheiten ist die Ma-
lariakrankheit (73), Wechselfieber und verwandte Zustände. Die Infektion ist gebunden an bestimmte Gegenden mit sumpfigem Boden,
stagnierendem Wasser; Ansteckung von Person zu Person findet
unter gewöhnlichen Verhältnissen nicht statt. Nach Analogie bekannter Fälle, z. B. des Milzbrandes, liegt daher die Annahme äußerst
nahe, dass in dem Boden und dem Wasser der Malariagegend ein
Contagiumorganismus vorhanden und dass diesem die Infektion zu
verdanken sei. Früher hat man auch einen Malariabacillus als Erreger der Krankheit bezeichnet, nach den Untersuchungen von Celli
und Marchiafava (112), neuerdings auch von Koch, unterliegt es jedoch keinem Zweifel, dass eigentümliche Protozoen in die Blutkörperchen eindringen und sie zerstören und dass diese als Erreger der
Malaria anzusehen sind. Die Malaria würde damit aus dem Rahmen
der Bakterienkrankheiten ausscheiden.

Schließlich darf nicht unerwähnt bleiben, dass für eine ganze
Anzahl gerade der häufigsten Infektionskrankheiten die Auffindung
eines bestimmten krankmachenden Bacteriums oder eines anderen
mikroskopischen Parasiten bis jetzt nicht gelungen oder gänzlich
unsicher ist. Das gilt für Ruhr, Flecktyphus, gelbes Fieber,
Keuchhusten; für die akuten Hautexantheme, wie Scharlach,
Masern, Menschen- und Tierpocken. Für die Pocken besteht

sogar das bekannte Schutzimpfungsverfahren, und für die Hundswut wendet Pasteur sein Aufsehen erregendes Verfahren zur Abschwäch- des Contagiums, zur Schutzimpfung und zur Heilung Inficierter an, während der eventuelle Contagiumorganismus sich bisher mindestens der Beobachtung entzogen hat. Es braucht wohl nicht nochmals hervorgehoben zu werden, dass gegenüber solchen negativen Re- sultaten der Aufsuchung des Contagium vivum die Postulate Henle's unverändert bestehen bleiben. Nach neueren Untersuchungen Löff- ler's (113) bei Maul- und Klauenseuche handelt es sich bei dieser Krankheit um so kleine Organismen, dass sie mit unseren jetzigen Mikroskopen nicht gesehen werden können. Es ist nicht unmöglich, dass bei anderen exanthematischen Krankheiten, vielleicht auch bei Syphilis, ähnliche Organismen als Erreger gelten müssen.

XVII.

Bakterienkrankheiten der niederen Tiere und der Pflanzen.

1. Es ist wohl anzunehmen, dass Bakterien auch als krank- machende Parasiten nicht warmblütiger Tiere eine bedeutendere Rolle spielen, als derzeit bekannt ist. Was man davon jetzt weiß, betrifft vorzugsweise Insekten (114). Neuerdings sind allerdings auch bei Fischen und Fröschen sowie bei Weichtieren Bakterien als Krankheitserreger festgestellt worden.

Bei Fröschen konnte Ernst (115) einen beweglichen Bacillus als Erreger einer Krankheit nachweisen, welche besonders im Frühjahr oft epidemischen Charakter annimmt und deshalb als »Frühjahrs- seuche der Frösche« bezeichnet wird. Der Bearbeiter dieser Vor- lesungen hatte Gelegenheit, im März und April 1888 in Breslau eine derartige Epidemie unter Fröschen zu beobachten, die wahrscheinlich durch den gleichen Organismus hervorgerufen worden war. In einem flachen, durch Ausschachtung entstandenen, ziemlich großen Teiche unweit Kleinburg hatten sich viele Tausende von Fröschen angesie- delt, die in jener Zeit emsig ihrem Fortpflanzungsgeschäft oblagen. Dabei war es für den Beobachter ein wenig anmutiges Bild, dass zwischen scheinbar völlig gesunden Fröschen auch solche in allen Stadien offenbarer Erkrankung und fast ebensoviel tote herumschwammen, und wo sich zwei, drei oder mehr Frösche umklammert hielten, oft nur noch einer am Leben war. Offenbar ist bei dieser Krankheit eine Ansteckung von Individuum zu Individuum der Ausbreitung sehr förderlich und darauf das regelmäßige Eintreten der Seuche im Frühjahr zur Zeit der Fortpflanzung zurückzuführen.

Von Emmerich und Weibel (116) ist als Erreger einer Epidemie unter Forellen ebenfalls ein Bacterium, Bacterium salmonicida, nachgewiesen worden.

Die Faulbrut der Bienen, welche in kurzer Zeit den Bienenstand ganzer Landstriche vernichten kann, ist das Werk eines (endosporen) Bacillus, B. melittophthorus Cohn, wohl identisch mit dem von Cheshire und Cheyne ausführlich studierten B. alvei.

Die Krankheit der Seidenraupen, welche Schlaffsucht, Flacherie, genannt wird, hat nach Pasteur ihren Grund in den Wirkungen eines Bacillus und eines dem M. ureae (Fig. 16, S. 89) ähnlichen, kettenbildenden Micrococcus, M. Bombycis Cohn, welche mit dem Futter eingeführt werden und in diesem, im Darm, Zersetzungen hervorrufen, deren Folgen zunächst Verdauungsstörungen und dann das Absterben des Tieres sind. Dieses wird erst träge, appetitlos, schlaff, um dann rasch zu sterben. Die Leichen sind weich, erhalten bald dunkelbraune, schmutzige Färbung und zerfließen — unter dem Auftreten von Fäulnisbakterien — großenteils zu missfarbiger, stinkender Jauche.

Eine Reihe anderer kontagiöser, epidemisch auftretender Krankheiten von Lepidopterenraupen ist neuerdings von S. A. Forbes auf die Invasion von Micrococcus- und Bacillusformen zurückgeführt worden.

Von der gegenwärtig vorherrschenden Schlaffsucht der Seidenraupen sind sehr verschieden erstens die Muscardine, Calcino, und die Flecksucht, Pébrine. Die Muscardine, seit vorigem Jahrhundert bekannt, herrschte in den ersten Decennien dieses Jahrhunderts in den Seidenkulturen Europas verderblich und soll seit Mitte der fünfziger Jahre fast vollständig aus denselben verschwunden sein, während sie bei uns die im Walde lebenden Insekten fortwährend häufig befällt. Sie wird, wie ausführlich nachgewiesen ist, durch einen Pilz verursacht, gehört daher nicht in den Kreis dieser Bakterienbetrachtung.

Die Pébrine (Gattine, Petechia, Maladie des corpuscules) war schon in früheren Jahrhunderten bekannt und seit den fünfziger Jahren dieses Jahrhunderts bis vor ungefähr 20 Jahren in Europa höchst verderblich. Sie heißt Flecksucht nach den dunkeln Hautflecken, welche ihr Auftreten in dem matt und träge werdenden Tiere anzeigen; sie wird nicht minder hervorgerufen durch einen mikroskopischen Parasiten: Panhistophyton ovatum Lebert = Nosema Bombycis Nägeli. Dieser ist bekannt unter der Form unregelmäßig ovaler, nur etwa 0,4 μ langer, farbloser, stark lichtbrechender Körperchen, früher die Cornalia'schen Körperchen genannt, welche in den Präparaten einzeln oder paarweise oder zu mehreren zusammenhängend erscheinen und in allen Organen des Tieres, nicht nur der Raupe, sondern auch des Schmetterlings und selbst in den Eiern vorkommen, aus letzteren dann wieder in die junge Raupe übergehen können. Sie finden sich oft in ungeheurer Menge, das ganze Tier erfüllend. Dass diese Körperchen einem Parasiten angehören, welcher in die Tiere eindringt und sich auf deren Kosten, Krankheit erzeugend, vermehrt, hat besonders Pasteur gezeigt. Werden sie mit dem Futter in den Darm einer gesunden Raupe eingeführt, so findet man sie nachher in die Darmwand eingedrungen, hier erst vereinzelt, dann vermehrt und in die übrigen Organe sich ausbreitend.

Die gleichen oder ähnlichen Körperchen sind von verschiedenen Beobachtern in mancherlei anderen Insekten und anderen Gliedertieren gefunden worden.

Wie aus der vorstehenden kurzen Beschreibung hervorgeht, gleichen die Cornalia'schen Körper einem kleinen Bacterium, speziell einem Micrococcus, und als solcher sind sie vielfach betrachtet worden. Nägeli hebt in seiner ersten Mitteilung die Verwandtschaft mit M. aceti hervor. Dieser Auffassung lag neben der Gestaltsähnlichkeit besonders die Beobachtung der öfteren paarweisen Vereinigung zu Grunde, welche als ein Anzeichen von Vermehrung durch successive Zweiteilung betrachtet wurde. Direkt beobachtet war letztere nicht, auch später nicht, und dass paarweiser Zusammenhang auch auf anderen Wegen zustande kommen kann, ist selbstverständlich. Es war also zwar experimentell gezeigt, dass, aber nicht wie die Körper sich vermehren. Der Micrococcusvermutung gegenüber begründeten dann Cornalia, Leydig, Balbiani, auch Pasteur die andere, dass es sich hier um einen Organismus handle, welcher von Micrococcus und Bakterien durchaus verschieden ist; dass nämlich jene Körperchen Psorospermien sind, d. h. Zustände eigentümlicher niederer Wesen, Sporozoen oder Sarcosporidien. Metschnikoff hat nun neuestens diese Ansicht bestimmt bestätigt; er giebt kurz an, dass der Pébrineparasit besteht aus amöboid (d. h. nach Art der S. 122 beschriebenen farblosen Blutzellen) beweglichen, später gelappten Protoplasmagebilden, in welchen die Körperchen durch endogene Bildung entstehen. Nach Analogie mit anderen, bekannteren Sporozoen würden hiernach die Körperchen Sporen sein, aus ihrer Keimung die amöboiden Protoplasmakörper hervorgehen und die Sporen in diesen in größerer Anzahl gebildet werden. Die große Zartheit solcher amöboider Protoplasmakörper erklärt zur Genüge, warum sie, zumal wenn sie in die ebenfalls protoplasmatischen Gewebe des Tierkörpers eingedrungen und eingedrängt sind, so lange nicht deutlich unterschieden werden konnten.

Der Pébrineparasit muss hiernach auch von der Bakterienbetrachtung ausgeschlossen werden. Er würde daher hier auch nicht etwas ausführlicher besprochen worden sein, wenn er nicht ein lehrreiches Beispiel dafür wäre, nicht nur dass es bei tierischen Infektionskrankheiten sehr kleine Contagiumparasiten giebt, welche keine Bakterien sind, sondern dass es sich selbst bei Vorhandensein von Bildungen, die Bakterien sehr ähnlich und mit solchen leicht zu verwechseln sind, doch um Wesen ganz anderer Art, anderer Gestaltung, anderer Lebensweise handeln kann.

2. Als Kontagien von Pflanzenkrankheiten (118) endlich kommen nach den vorliegenden Erfahrungen parasitische Bakterien nur wenig in Betracht. Die meisten Kontagien der zahlreichen Infektionskrankheiten der Pflanzen gehören anderen Tier- und Pflanzengruppen an, größtenteils, wie schon S. 144 bemerkt, den eigentlichen Pilzen. Für die Bakterien ist die feste Zellmembran der Pflanzenzelle ein fast unüberwindliches Hindernis, zumal die weit überwiegende Zahl der Bakterien auch nicht imstande ist, Cellulose anzugreifen.

Es sind zwar, namentlich in den letzten Jahren, sehr zahlreiche sogenannte Bakteriosen, d. h. durch Bakterien verursachte Krankheiten bei Pflanzen beschrieben worden, indessen dürften nur wenige einer eingehenden Kritik standhalten. Wenn auch zwar das andere Extrem, wie es von Fischer (119) vertreten wird, dass es nämlich überhaupt keine durch Bakterienkrankheiten veranlasste Pflanzenkrankheiten giebt, mit offenbaren Thatsachen im Widerspruch steht, so ist doch die Zahl der Bakteriosen auf einige wenige einzuschränken. Bei den weitaus meisten sind Bakterien sicher nicht die Erreger, bei einigen wenigen ist wenigstens ein vollgültiger Beweis nicht erbracht. Hier seien nur einige Beispiele von sicher durch Bakterien erzeugten Krankheiten gebracht. Bei der Unsicherheit und Unzuverlässigkeit der meisten auf Bakteriosen sich beziehenden Angaben hat es keinen Zweck, näher auf Krankheiten einzugehen, die doch voraussichtlich über kurz oder lang aus der Liste der Bakteriosen werden gestrichen werden.

Von hierher gehörenden Erscheinungen sei zuerst genannt die von Wakker studierte gelbe Krankheit, durch welche die Hyazinthenpflanze zerstört wird. Wakker fand, dass die charakteristischste Erscheinung bei dieser Krankheit in dem Auftreten eines stabförmigen Bacteriums besteht, welches 2,5 μ lang wird und viertels bis halb so breit ist. Dasselbe ist zu schleimigen, gelben Massen angehäuft, und diese erfüllen während der Vegetationsruhe die Gefäße und das Gewebe der Gefäßbündel in den Zwiebelschuppen. Zur Blütezeit steigen sie auch in die Blätter hinauf, hier nicht nur auf die Gefäßbündel beschränkt bleibend, sondern von diesen aus in die Intercellulargänge und die Zellen des Blattparenchyms dringend, jene erfüllend, die Zellen zerstörend und schließlich durch die berstende Epidermis ins Freie tretend. Gut gelungene Infektionsversuche und genaue Verfolgung der Lebensgeschichte des Bacteriums sind noch abzuwarten.

J. Burrill in Urbana, Illinois, beschreibt eine mit dem vieldeutigen Namen blight bezeichnete Krankheit der Birn- und Apfelbäume, deren Ursache er auf Invasion eines Bacteriums zurückführt, und zwar eines länglichen Bacillus, B. amylovorus Burr., von etwa 1 μ Zellenlänge. Die Krankheit besteht in einem Absterben der Rinde, welches anfangs eng lokalisiert ist, sich aber weiter ausdehnen, den befallenen Zweig oder Stamm rings umgreifen und alsdann töten kann. An den befallenen Stellen fand Burrill den Bacillus in die Zellen eingedrungen und hier, in dem Maße als er sich entwickelt, die normalen Inhaltsbestandteile, zumal die Stärke schwindend — unter Entwicklung von »Kohlensäure, Wasserstoff und Buttersäure«. Zahlreiche Infektionsversuche, ausgeführt durch Einbringen des Bacillus in kleine Einschnitte oder Einstiche in die Rinde gesunder Birn- und Apfelbäume, ergaben das positive Resultat der Krankheitsübertragung. Arthur hat Burrill's Beobachtungen bestätigt und näher gezeigt, dass der Burrill'sche Bacillus ein spezifisch wirkender, im übrigen fakulativer Parasit ist. — In Europa ist die Burrill'sche Birnbaumkrankheit meines Wissens nicht bekannt oder doch nicht näher beachtet worden.

Nach einigen ganz kurzen Angaben Burrill's kämen auch an dem Pfirsichbaum, der italienischen Pappel und der amerikanischen Aspe Bakterienkrankheiten vor.

Prillieux giebt eine kurze Beschreibung von einer zuweilen vorkommenden Veränderung der Weizenkörner, welche sich durch rosenrote Färbung zu erkennen giebt und mit der Entwicklung eines Micrococcus einhergeht, der die Stärkekörner, die kleberhaltigen Inhaltsmassen der peripherischen Zellschichten und teilweise auch die Zellmembranen zerstört. Desorganisierende Wirkungen des Micrococcus liegen hiernach unzweifelhaft vor. Seine Bedeutung als Krankheitserreger ist nach der kurzen Angabe nicht sicher zu beurteilen, er könnte eventuell nur sekundär, infolge anderweitiger Schädigungen als Saprophyt auftreten, was sogar aus anderen Gründen wahrscheinlich ist. Die geringe Feuchtigkeitsmenge der Weizenkörner lässt vermuten, dass eine Vegetation der so sehr feuchtigkeitsbedürftigen Bakterien auf den Körnern nur unter ganz besonderen Verhältnissen, wahrscheinlich in Verbindung mit anderen Organismen stattfindet.

Eine zweifellose Bakteriosis ist nach Kramer's (120) vorzüglicher Arbeit die Nassfäule der Kartoffeln, welche durch eine aërobiontische Bakterienart hervorgerufen wird. Es ist ihm gelungen, mit Reinkulturen dieser Art gesunde Kartoffeln zum Faulen zu bringen. Die Krankheit selbst, die schon lange bekannt ist, wurde zuerst der Wirkung der Phytophthora infestans zugeschrieben. Reinke und Berthold (118) kamen dann zu dem Schluss, dass Bakterien die Erreger der Nassfäule seien, und van Tieghem (121) und Sorauer machten den Bacillus amylobacter dafür verantwortlich. Dieser ist jedoch, wie Kramer's Arbeit zeigt, nicht an der Krankheit beteiligt, doch ist es nicht unmöglich, dass außer den von Kramer beobachteten Bakterien auch noch andere Arten ähnliche Erscheinungen hervorrufen können.

Einige Krankheiten, so der Mal nero des Weinstocks (Gummosis), die Mosaikkrankheit des Tabaks, insbesondere auch die Schleimflüsse der Bäume sind sicher nicht durch Bakterien veranlasst.

Litteraturangaben und Anmerkungen.

1) Allgemeine Quellenlitteratur vgl. in de Bary, Morphologie u. Biologie der
Pilze, Leipzig 1884; und W. Zopf, Die Spaltpilze, 3. Aufl. Breslau 1884.
— Als allgemein grundlegend sind hier besonders hervorzuheben die dort
und zum Teil nachstehend noch genannten Arbeiten von Pasteur,
F. Cohn, Nägeli, van Tieghem, R. Koch, Brefeld, A. Praz-
mowski, Fitz. — Duclaux, Chimie biologique, Paris 1883, giebt eine
geschmackvolle Zusammenstellung der Anschauungen und Methoden der
französischen, speziell Pasteur's Schule; F. Hueppe, Die Methoden der
Bakterienforschung (3. Aufl., 1886), giebt Anleitung zur Untersuchung nach
dem insonderheit von R. Koch ausgebildeten Verfahren. — Allgemeine
Morphologie und Systematik: F. Hueppe, Die Formen der Bakterien etc.,
Wiesbaden 1886. — J. Schröter, in d. Kryptogamenflora v. Schlesien, ed.
F. Cohn, Band III, 2. Lieferung S. 136—172. — Von den zahlreichen allgemeinen Bakterienlehrbüchern der neueren Zeit seien noch genannt: C. Flügge,
Fermente und Mikroparasiten, in v. Pettenkofer und v. Ziemssen, Handb. d.
Hygiene. III. Aufl. u. d. Titel: Die Mikroorganismen. Leipz. 1896. — E. M.
Crookshank, Introduction to practical Bacteriologie. London 1886. — Aus-
führliches Lehrbuch f. krankmachende B.: Cornil u. Babes, Les Bactéries
et leur rôle dans l'anatomie et l'histologie pathologiques des maladies
infectieuses, III. Edit. Paris 1891. — Hieran schließt sich der Jahresbericht
über die Fortschritte der Lehre von den pathogenen Mikroorganismen
von P. Baumgarten, Erster Jahrg. 1885. Braunschweig 1886, welchen
ich viel benutzt habe und auf welchen ich für neuere Einzellitteratur ein
für allemal verweise. Ferner das Centralblatt für Bakteriologie und Pa-
rasitenkunde seit 1888 und Koch's Jahresbericht über die Fortschritte in
der Lehre von den Gährungsorganismen seit 1890. Braunschweig. —
Wichtigere Zeitschriften mit wenigstens teilweise bakteriologischem Inhalt
sind: Archiv für Hygiene, herausgeg. von v. Pettenkofer, Zeitschrift für
Hygiene, herausgeg. von Koch und Flügge und die Annales de l'Institut Pasteur in Paris (seit 1887). Von allgemeinen Werken neueren
Datums über Bakteriologie seien hier noch genannt: Lafar, Technische Mykologie, Bd. I, Schizomyceten-Gährungen. Jena 1897. Fischer,
Vorlesungen über Bakterien. Jena 1897. — Migula, Schizomyceten in
Engler u. Prantl, Nat. Pflanzenfamilien 1895. — Migula, System der

Bakterien. Jena 1897—99. — Lehmann u. Neumann, Atlas und Grundriss der Bakteriologie, 2. Aufl. München 1899. Lehrbücher, welche die bakteriologische Technik behandeln sind: Fraenkel, Grundriss der Bakterienkunde, III. Aufl. 1890. — Hueppe, Methoden der Bakterienforschung, V. Aufl. 1891. — Günther, Bakteriologie, IV. Aufl. 1898. — Migula, Bakteriologisches Practicum. Karlsruhe 1892.

2) Arthur Meyer, Studien über die Morphologie und Entwicklungsgeschichte der Bakterien, ausgeführt an Astasia asterospora A. M. und Bacillus tumescens Zopf. Flora 1897. — Vergl. hierzu Migula, Weitere Untersuchungen über Astasia asterospora Meyer, Flora 1898 und Meyer, Über Geißeln, Reservestoffe, Kerne und Sporenbildung der Bakterien. Flora 1899. Die frühere Kernlitteratur bei Bakterien ist zusammengestellt in Migula, System d. Bakterien, Bd. 1, S. 72 ff.

3) Bütschli, Über den Bau der Bakterien und verwandter Organismen. Leipzig 1890. — Untersuchungen über mikroskopische Schäume und das Protoplasma 1891. — Weitere Ausführungen über den Bau der Cyanophyceen und Bakterien. Leipzig 1896.

4) Alfred Fischer, Die Plasmolyse der Bakterien. Sitz-Ber. der königl. sächs. Ges. d. Wissensch. math. nat. Cl. 1892. — Untersuchungen über Bakterien. Pringheim's Jahrbücher Bd. XXVII, 1895. — Untersuchungen über den Bau der Cyanophyceen und Bakterien. Jena 1897.

5) Migula, Über den Zellinhalt von Bacillus oxalaticus Zopf. Arbeiten aus d. bakt. Inst. d. techn. Hochschnle zu Karlsruhe, Bd. I, 1894.

6) Nencki u. Schaffer, Journal f. prakt. Chemie, Neue Folge, Bd. 20. — Nencki, Berichte d. D. Chem. Gesellsch. Jahrg. XVII. p. 2605.

7) Über die Farbstoffe der Bakterien vergl. die neueren Arbeiten von Thumm und von Schneider in den Arb. aus dem bakt. Inst. d. techn. Hochschule zu Karlsruhe, Bd. I, woselbst auch Litteraturangaben.

8) L. Kein, Über einen neuen Typus der Sporenbildung bei den endosporen Bakterien. Ber. d. deutsch. bot. Gesellsch., Bd. VII, 1889.

9) A. Koch, Über Morphologie und Entwicklungsgeschichte einiger endosporer Bakterienformen. Bot. Zeitung 1888. — Frenzel, Über den Bau und die Sporenbildung grüner Kaulquappenbacillen. Zeitschr. f. Hygiene, Bd. XI, 1891.

10) Burchard, Beiträge zur Morphologie und Entwicklungsgeschichte der Bakterien. Arbeiten aus dem bakt. Institut d. techn. Hochsch. zu Karlsruhe, Bd. II.

11) Vergl. hierüber: Liesenberg und Zopf, Über den sogenannten Froschlaichpilz (Leuconostoc) der europäischen Rübenzucker- und javanischen Rohrzuckerfabriken. Zopf's Beiträge z. Phys. u. Morph., Heft 1. 1892.

12) Leeuwenhoek, Experimenta et contemplationes. Delft 1695, S. 42, die Bakterienformen aus Speichel.

13) F. Cohn, Unters. über Bakterien. In: Beitr. zur Biologie d. Pfl. seit 1872 (Bd. 1, Heft II, 127) fortgesetzt.

14) C. G. Ehrenberg, Die Infusionstiere als vollk. Organismen. Berl. 1838. fol.

15) Billroth, Coccobacteria septica. Berlin 1874. fol.

16) v. Nägeli, Die niederen Pilze. München 1877. —

17) Hornschuch, in Flora od. Bot. Zeitg. Regensburg 1848.

18) v. Nägeli, Niedere Pilze, 1847, S. 21.

19) F. Hueppe, Unters. über d. Zersetzgn. d. Milch. Mitteil. aus dem Kaiserl. Gesundheitsamt. II. 1884.

20) C. Vittadini, Della natura del calcino. Giorn. Istitut Lombardo T. III (1852).

21) E. Klebs, Beitr. z. Kenntn. d. Mikrokokken. Archiv f. exp. Pathologie Bd. I. (1873).

22) L. Pasteur, Examen de la doctrine des générations spontanées. Ann. de Chimie, 3. Sér., Tom. 64. — Annales des Sc. naturelles, Zoologie, 4. Sér., Tom. 16. — Meissner's hervorragende Versuche sind berichtet von Rosenbach, Deutsche Zeitschr. f. Chirurgie, Bd. 13, p. 344 ff. Neuere Arbeiten u. Controversen vgl. in Baumgarten's Jahresbericht.

23) Mitteilungen aus dem Kaiserl. Gesundheitsamt, I. p. 32. Hesse, ibid. II, 182.

24) Annuaire de l'observatoire de Montsouris. Seit 1877; specieller seit 1879. —

25) Vergil, Georgica, Lib. IV, 281 ff.

26) A. Béchamp, Les Mycrozymas dans leurs rapports avec l'hétérogénie, l'histiogénie, la physiologie et la pathologie, Paris 1882. In diesem Bande fasst B. seine successive, zumal in den Comptes rendus der Pariser Akademie vorgetragenen Ansichten zusammen.

27) A. Wigand, Entstehung und Fermentwirkung der Bakterien. Marburg 1884.

28) O. Brefeld, Botan. Untersuchungen über Schimmelpilze, IV.

29) E. Eidam, in Cohn's Beitr. z. Biol. der Pflanzen, Bg. I, Heft 3, p. 208.

30) A. Fitz, Berichte d. Deutschen Chem. Gesellschaft. 9 Aufsätze in den Jahrgängen 1876—84.

31) Frisch, Sitzungsber. d. Wiener Academie. Mai 1877.

32) Weil, Zur Biologie der Milzbrandbacillen. Inaug.-Dissert. München 1899. Vergl. auch: Flügge, Aufgaben und Leistungen der Milchsterilisierung. Zeitschr. f. Hygiene, Bd. XVII, 1894.

33) P. van Tieghem in Bulletin de la Soc. Botan. de France, Tom. 28 (1881), S. 35.

34) Lydia Rabinowitsch, Über die thermophilen Bakterien, Zeitschr. f. Hygiene, Bd. IXX, p. 154.

35) Karlinski, Zur Kenntnis der Bakterien der Thermalquellen. Hygienische Rundschau, Bd. 5, S. 685.

36) E. Duclaux, Ètudes sur le lait. Annales de l'Institut National Agronomique No. 5. Paris 1882, p. 22—138.

37) Id., Chimie Biologique; Encyclop. Chimique publiée par M. Frémy. Tom. IX. Paris 1883.

38) Flügge, Aufgaben u. Leistungen der Milchsterilisierung. Zeitschr. f. Hygiene, Bd. VIII, S. 41.

39) Kitasato und Weyl, Zur Kenntnis der Anaëroben. Zeitschr. f. Hygiene, Bd. VIII, S. 41.

40) Trenkmann, Anaërobe Bakterien. Centralbl. f. Bakteriologie, I. Abt., Bd. 24, S. 1038.

41) W. Engelmann, Bot. Zeitg., 1882, S. 321.

42) v. Nägeli, Ernährung der niederen Pilze. Sitzber. d. Münchener Akad. Juli 1879.

43) Id., Unters. über niedere Pilze aus dem Pflanzenphysiol. Institut zu München. München 1882.

44) W. Engelmann, Bacterium Photometricum. Unters. aus d. Physiol. Laboratorium zu Utrecht, 1882.

45) Cohn u. Mendelssohn, in Beitr. z. Biol. d. Pflanzen, Bd. III. — Thiele und Wolf im Centralbl. f. Bakt., I. Abt., Bd. 25, S. 650.

46) W. Engelmann, Bot. Zeitg. 1881, S. 441.

47) Beyerinck, Über Atmungsfiguren beweglicher Bakterien. Centralbl. f. Bakt., Bd. XIV, S. 831.

48) W. Pfeffer, Untersuchungen a. d. Botan. Inst. zu Tübingen, I., Heft 3.

49) J. Tyndall, Philosophical Transactions of the Royal Society, London. Vol. 166 (1876), 167 (1877). In letzterer Abhandlung speziell die Angaben über fraktionierte Sterilisierung.

50) J. Wortmann, in Zeitschr. f. physiol. Chemie, Bd. VI, S. 287.

51) Lehmann und Neumann, Atlas und Grundriss der Bakteriologie. II. Aufl. 1899.

52) Alfred Fischer, Vorlesungen über Bakterien, 1897.

53) Migula, Über ein neues System der Bakterien. Arbeiten aus dem bakt. Inst. d. techn. Hochschule zu Karlsruhe, Bd. I, Heft 1, 1894. — Schizomycetes in Engler und Prantl, Nat. Pflanzenfamilien, 1896. — System der Bakterien, Bd. I, 1897, Bd. II, 1900.

54) W. Zopf, Zur Morphologie d. Spaltpflanzen, Leipz. 1882. 4⁰. — Ders., Entwicklungsgeschichtl. Unters. über Crenothrix polyspora, die Ursache d. Berliner Wassercalamität. Berl. 1879. — Ders. in Monatsber. d. Berliner Acad., 10. März 1881.

55) Leichmann, Über die im Brennereiprozess bei der Bereitung der Kunsthefe auftretende spontane Milchsäuregährung. Centralbl. f. Bakter., II. Abt., Bd. II, 1896, S. 281. — Über die freiwillige Säuerung der Milch. Milch-Zeitung 1894, S. 350.

56) Eine Zusammenstellung der morphologisch sehr ungenügend beschriebenen hierher gehörigen Bakterien findet sich bei v. Freudenreich, Die Bakteriologie in der Milchwirtschaft, II. Aufl., 1898. Vergl. auch Lafar, Technische Mykologie, Bd. I.

57) v. Freudenreich, Bakteriologische Untersuchungen über den Kefir. Centralbl. f. Bakt., II. Abt., Bd. III, S. 135.

58) Omeliansky, Sur la fermentation de la cellulose. Compt. rend. d. l'Acad. d. sc. de Paris, 4. Nov. 1895.

59) Friebes bei Winogradsky, Sur le rouissage du lin et son agent microbien. Compt. rend. 18. Nov. 1895.

60) Henneberg, Beiträge zur Kenntnis der Essigbakterien. Centralbl. f. Bakt., II. Abt., Bd. III, S. 323 und Bd. 4, S. 14. Ferner: Deutsche Essigindustrie 1898, No. 19—23.

61) Vergl. hier die entsprechenden Abschnitte bei Lafar, Technische Mykologie.

62) Van Laer, Extrait des mémoires couronnés et autres memoires, publ. par l'Acad. Royale de Belgique, 26. Sept. 1889.

63) P. van Tieghem, Sur la fermentation ammoniacale. Compt. rend., T. 58 (1864), p. 211. — v. Jacksch, in Zeitschr. f. physiol. Chemie, Bd. V, S. 395 1881. — Leube, Über d. ammoniakal. Harngährung. Virchow's Archiv, Bd. 100, S. 540.

64) Bienstock, Über die Bakterien der Faeces. Zeitschr. f. klin. Medizin, Bd. VIII.

65) Winogradsky, Beiträge zur Morphologie und Physiologie der Bakterien, I. Schwefelbakterien 1888.

66) E. Warming, Om nogle ved Danmarks Kyster levende Bacterier; in Vidensk. Meddelelser fra den naturhist. Forening; Kjöbenhavn 1875. — A. Engler, D. Pilzvegetation d. weißen oder toten Grundes d. Kieler Bucht; in IV. Bericht d. Commiss. z. Erforschung d. deutschen Meere.

67) Fischer, Alfred, Untersuchungen über den Bau der Cyanophyceen und Bakterien, 1897.

68) Engelmann, Über Bakteriopurpurin und seine physiologische Bedeutung. Pflüger's Archiv, Bd. XLII.

69) Beyerinck, Über Spirillum desulfuricans als Ursache von Sulfatreduktion. Centralbl. f. Bakt., II. Abt., Bd. 1. 1895, S. 1.

70) Winogradsky, Recherches sur l'assimilation de l'azote libre de l'atmosphère par les microbes. Arch. des sciences biologiques, T. III, No. 4, Petersburg 1895.

71) Beyerinck, Die Bakterien der Papilionaceenknöllchen. Bot. Zeit. 1888. S. 725.

72) Hellriegel und Wolfahrt, Untersuchungen über die Stickstoffnahrung der Gramineen und Leguminosen. Berlin 1888.

73) Die gewöhnliche feste Gelatine wird zu 7% einer Abkochung von Leguminosenteilen, z. B. Erbsenstroh etc. gefügt.

74) Mazé, Les microbes de nodosités des légumineuses. Annales de l'Institut Pasteur, T. XVII. S. 145.

75) Winogradsky, Contributions à la morphologie des organismes de la nitrification. Archives des sciences biologiques, T. I. No. 1 und 2. Petersburg 1892.

76) Schlössing u. Müntz, Compt. rend., T. 84, S. 301. T. 89, S. 91, 1074.

77) Frankland, P. and Gr., The nitrifying process and its specific ferment. Proceed. of the R. Society of London, Vol. XLVII, 1890, S. 296.

78) Winogradsky und Omeliansky im Centralbl. f. Bakt., II. Abt., Bd. II, S. 425, Bd. V, 1899, S. 537 und S. 652.

79) Godlewsky, Über die Nitrification des Ammoniaks und die Kohlenstoffquellen bei der Ernährung der nitrificierenden Fermente. Krakau 1896.

80) H. Nothnagel, Die normal in d. menschl. Darmentleerungen vorkommenden niedersten pflanzl. Organismen. Zeitschr. f. klin. Medizin, Bd. III (1881). — Kurth, Bacter. Zopfii. Bot. Zeitg., 1883, 369. — Miller, Über Gährungsvorgänge im Verdauungstractus etc. Deutsche med. Wochenschrift, 1885, No. 49. — W. de Bary, Beitr. z. Kenntnis der niederen Organismen im Mageninhalt. Archiv f. Experim. Pathologie u. Pharmakolog., Bd. XX.

81) Gruber, Die Arten der Gattung Sarcina. Arbeiten aus dem bakt. Institut d. techn. Hochschule zu Karlsruhe, Bd. I. — Viele der hier beschriebenen Arten sind wahrscheinlich nur Formen, indessen ist es zunächst noch schwer zu entscheiden, was Form und was Art ist. — Ältere Litteratur über Sarcina ist ausführlich bei Falkenheim, Archiv f. experimentelle Pathologie, Bd. 19 zusammengestellt.

82) Rasmussen, Über die Kultur von Mikroorganismen aus dem Speichel
(Spyt) gesunder Menschen. Dissert., Kopenhagen 1883. Mir nur bekannt
aus einem Referat im Botan. Centralbl. 1884, Bd. 17, S. 398.

83) W. Miller, Der Einfluss der Mikroorganismen auf d. Caries d. menschl.
Zähne. Archiv f. Exp. Pathologie XVI, 1882. Id., Gährungsvorgänge im
menschlichen Munde, in Beziehung zur Caries d. Zähne etc. Deutsche
medic. Wochenschrift, 1884, No. 36. — T. Lewis, Memorandum on the
commashaped Bacillus etc.; The Lancet, 2. Sept. 1884.

84) Die Litteratur über die in diesem Abschnitt behandelten Gebiete findet sich
sehr umfangreich wiedergegeben bei: Weichselbaum, Epidemiologie,
Jena 1899; Metschnikoff, Immunität. Jena 1897.

85) Behring, Infektion und Desinfektion, 1884. — Ehrlich, Kossel und
Wassermann, Über Gewinnung und Verwendung des Diphtherieheilserums. Deutsche med. Wochenschr., 1894.

86) Pfeiffer, Die Differentialdiagnose der Vibrionen der Cholera asiatica mit
Hilfe der Immunisierung. Zeitschr. f. Hygiene, Bd. XIX.

87) Gruber und Durham, Eine neue Methode zur raschen Erkennung des
Choleravibrio und des Typhusbacillus. Münchener med. Wochenschr. 1896.
No. 13.

88) Widal, Sérodiagnostik de la fièvre typhoïde. La Semaine méd., 1899,
S. 295. — Widal et Sicard, Réaction agglutinante du sang et du serum
desséchés des typhiques et de la sérosité des vesicatoires. La Semaine
méd. 1896, S. 303.

89) Ältere Litteratur des Milzbrandes (bis 1874) s. bei O. Bollinger, in Ziemssen's
Handb. der speciellen Pathologie und Therapie Bd. 3; auch das reiche
Material bei Ömler, Experimentelle Beitr. z. Milzbrandfrage. Archiv f.
Tierheilk., Bd. II—VI. — Erste Entdeckung des Bacillus: Rayer, Mémoires de la Société de Biologie, T. II, année 1850 (Paris 1851), S. 141. —
Pollender, Casper's Vierteljahrschr., Bd. VIII (1855). Von den sehr
zahlreichen Arbeiten aus neuerer Zeit seien genannt: Pasteur, in Compt.
rend., T. 84 (1877), S. 900. T. 85 (1877), S. 99. T. 87 (1878, S. 47. T. 92
(1881, S. 209, 266, 429. — R. Koch, Die Ätiologie d. Milzbrandes, in Cohn,
Beitr. z. Biolog. d. Pfl., Bd. II, 277. — Derselbe in Mitteil. a. d. Reichsgesundheitsamt 1, und, mit Gaffky u. Löffler, ibid. II. — H. Buchner, in
29 (s. oben). — Chauveau, Compt. rend., T. 91 (1880), S. 680. — Ibid.
T. 96 (1883), S. 553, 612, 678, 1471. — Ibid. T. 97 (1883), S. 1242, 1397. —
Ibid. T. 98 (1884), S. 73, 126, 1232. — Gibier, Ibid. T. 94 (1882), S. 1605.
— E. Metschnikoff, Die Beziehung der Phagocyten zu den Milzbrand-
bacillen, in Virchow's Archiv, Bd. 97 (1884). — A. Prazmowski, Biolog.
Centralblatt 1884. Weitere umfangreiche Litteratur wird in Günther,
Einführung in das Studium der Bakteriologie, V. Aufl. 1898 und besonders
in Baumgarten's Pathologischer Mykologie gegeben.

90) Pasteur, Compt. rend. T. 90 (1880), S. 239, 952, 1030; T. 92 (1881), S. 426. —
Semmer, Über die Hühnerpest. Deutsche Zeitschr. f. Tiermedizin, Bd. IV,
(1878), S. 244. Die von Perroncito, Archiv f. wiss. u. prakt. Tierheilkunde,
Bd. V (1879), S. 22. beschriebene Krankheit dürfte wohl nicht hierher gehören. — Kitt, Exper. Beitr. zur Kenntnis des epizootischen Geflügel-
typhoids. Jahresber. d. k. Tierarzneischule in München für 1883—84.

Leipz. 1885, S. 62. Diese vorzügliche Arbeit bringt erstlich genaue Angaben über die Gestaltung des Mikrococcus und sein Verhalten in den Kulturen und zweitens experimentelle Untersuchungen über die Infektion und über die Krankheitserscheinungen, welche durch dieselbe hervorgerufen werden.

91) Gaffky, Mitteilungen a. d. Kais. Reichsgesundheitsamt I, 1881, p. 102.

92) Hueppe in Berlin. klin. Wochenschr. 1886, No. 44.

93) Ausführliche Litteraturangaben sind in Flügge, Mikroorganismen, III. Aufl., 1896; ferner in den entsprechenden Abschnitten von Weyl, Handbuch der Hygiene gegeben. Wer sich spezieller für die medizinische Seite interessiert, sei auf Baumgarten's Jahresbericht über die Fortschritte in der Lehre von den pathogenen Mikroorganismen verwiesen. Derselbe bringt z. B. im Jahre 1897 allein über 2223 Arbeiten Referate. Diese hohe Zahl der jährlich erscheinenden Arbeiten macht es unmöglich, hier spezielle Litteraturverzeichnisse zu geben. Es sind deshalb bei den einzelnen Krankheitserregern im Folgenden nur die grundlegenden Arbeiten genannt.

94) O. Obermeier, Berliner klin. Wochenschr. 1873. — Cohn, Beitr. z. Biolog. d. Pfl., I, 3, S. 196. — v. Heydenreich, Unters. über die Paras. d. Rückfalltyphus, Berlin 1877. — R. Koch, Mitteilungen d. k. Reichsgesundheitsamts I.

95) R. Koch, Die Ätiologie d. Tuberkulose. Mitteil. d. Reichsgesundheitsamts II. — Malassez et Vignal, Tuberculose zoogloique. Compt. rend. Acad. Sc. T. 97 (1883). S. 1006. — Ibid. S. 99 (1884), S. 203.

96) Mafucci, Zeitschr. f. Hygiene, Bd. 11, 1892.

97) Vergl. A. Pfeiffer, Über die bacilläre Pseudotuberkulose bei Nagetieren. Leipzig 1889. — Kutscher in Zeitschr. f. Hygiene, Bd. 18 und Bd. 21.

98) Mitteilungen des Reichsgesundheitsamts I.

99) Bollinger, in Ziemssen's Handb., Bd. III. — Löffler u. Schütz, Deutsche med. Wochenschrift 1882, S. 707. — O. Israel, Berliner Klin. Wochenschrift, 1883, S. 155. — Kitt, im Jahresber. d. k. Tierarzneischule München. Leipzig 1885.

100) Bollinger und Feser, Deutsche Zeitschr. f. Tiermedizin, 1878—1879. — T. Ehlers, Unters. über d. Rauschbrandpilz. Diss., Rostock 1884. — Kitt, l. c.

101) E. Klein, Virchow's Archiv, Bd. 85 (1884), S. 468. Löffler, Lydtin und Schottelius, Schütz, vgl. Baumgarten, Jahresbericht S. 101.

102) Fr. Löffler, Unters. über die Bedeutung der Mikroorganismen für die Entstehung der Diphtherie beim Menschen, bei der Taube und beim Kalbe. Ibid. S. 421.

103) Neisser, Centralbl. f. d. med. Wissensch. 1879, und Deutsche med. Wochenschrift 1882, No. 20. — Bockhardt, Beitr. zur Ätiologie u. Pathologie d. Harnröhrentrippers. Sitzber. d. Phys.-med. Gesellsch. zu Würzburg 1883, S. 13. — E. Bumm, Der Mikroorganismus der gonorrhoischen Schleimhauterkrankungen. Wiesbaden 1885. — Vgl. im übrigen Nagel, Jahresbericht etc. d. Ophthalmologie. — Über Kulturversuche vergl. Kral.

104) J. M. Klob, Patholog. Anatom. Studien über das Wesen des Choleraprocesses. Leipz. 1867.

R. Koch, Berliner klin. Wochenschrift 1884, No. 31—31 a. Verhandl. d.
2. Konferenz zur Erörterung der Cholerafragen; in Berlin. klin.
Wochenschr. 1885, No. 37 a.
E. van Ermengem, Recherches sur le Microbe du Choléra asiatique,
Paris et Bruxelles 1885, 8⁰.

105, Von der höchst umfangreichen Litteratur über d. Wundinfektion citiere ich
hier nur: F. J. Rosenbach, Mikroorganismen bei den Wundinfektionskrankheiten d. Menschen. Wiesbaden 1884. — J. Passet, Unters. über
d. eitrige Phlegmone d. Menschen. Berlin 1885. Weiterer Litteraturnach-
weis in diesen Büchern und Baumgarten's Jahresbericht.

106, v. Recklinghausen u. Luckomsky, Virchow's Archiv, Bd. 60. — Fehleisen, Deutsche Zeitschr. f. Chirurgie, Bd. 16, S. 391. — Koch, Reichsgesundheitsamt I. — Vergl. auch die neueren Untersuchungen von Kurth,
Arb. aus dem Kais. Gesundheitsamt. Bd. VII, 1891, v. Lingelsheim.
Zeitschr. f. Hygiene, Bd. X, 1892, Bd. XII, 1892 und Bd. XIII, 1893.

107) Kitasato, The bacillus of bubonic plaque. Lancet, vol. II, p. 428.

108, Yersin, La peste bubonique a Hongkong. Ann. de l'Inst. Pasteur. 1894,
p. 662.

109, Kruse und Pansini, Zeitschr. f. Hygiene, Bd. XI. — Weichselbaum,
Wiener med. Jahrbücher 1886.

110, Friedländer, Über die Schizomyceten bei der akuten fibrinösen Pneumonie. Virchow's Archiv. Bd. XXXII, 1882.

111) Pfeiffer, Deutsche med. Wochenschr. 1892, No. 2. — Zeitschr. f. Hygiene,
Bd. XIII, 1893.

112) Marchiafava und Celli, Neue Untersuchungen über die Malariainfektion.
Fortschr. d. Medizin, 1885, Nr. 24.

113) Löffler und Frosch, Berichte der Kommission zur Erforschung der Maul-
und Klauenseuche. Centralbl. f. Bakteriol, Bd. XXIII, Abt. I., S. 371.

114, Vgl. die Zusammenstellung in Judeich u. Nitsche, Lehrb. d. mitteleurop.
Forstinsektenkunde. — Pasteur, Études sur la maladie des vers-à-soie.
Paris 1870. Dort weitere Litteratur. — Frank R. Cheshire and W.
Watson Cheyne, The Pathogenic History and History under Cultivation
of a new Bacillus (B. alvei), the cause of a disease of the Hive Bee hitherto
known as Foul Brood. Journ. of R. Microsc. Society Ser. II, Vol. V. —
S. A. Forbes, Studies on the Contagious diseases of Insects. Bulletin
of the Illinois State Laboratory of Nat. Hist., Vol. II (1886). — Ferner
Metschnikoff, in Virchow's Archiv, Bd. 96, S. 178.

115) Ernst Ziegler's Beiträge, Bd. VIII.

116) Emmerich und Weibel, Archiv f. Hygiene, Bd. XXI.

117) Kuschbert u. Neisser, Deutsche mediz. Wochenschrift 1884, No. 21. —
Schleich, Zur Xerosis conjunctivae. In Nagel's Mitteil. aus d. ophth.
Klinik zu Tübingen, Bd. II, S. 145.

118, Allgemeine Litteratur findet sich erwähnt in Sorauer, Handbuch der
Pflanzenkrankheiten. Migula, Kritische Übersicht derjenigen Pflanzen-
krankheiten, welche angeblich durch Bakterien verursacht werden.
Semarang 1892.
Ferner: J. H. Wakker, Onderzoek der Ziekten van Hyacinthen. Harlem
1883/84. Auch Bot. Centralblatt, Bd. 14, S. 315. —

T. J. Burill, Anthrax of fruit trees; or the so-called fire blight of pear, and twig blight of apple-trees. Proceed. of Americ. Assoc. for the advancement of Sc., Vol. XXIX (1880). — Id., Bacteria as a cause of disease in plants. The American Naturalist. Jul. 1881. — J. C. Arthur. Pear Blight; in Annual Report of the New-York Agricult. Experiment Station for 1884 and 1885. — Botanical Gazette 1885. American Naturalist 1885. E. Prillieux, Corrosion de grains de Blé etc. par des Bactéries. Bull. Soc. bot. de France, Tom. 26 (1879), p. 31, 167. —

Reinke u. Berthold, Die Zersetzung der Kartoffel durch Pilze. Berlin 1879. — van Tieghem, Développement de l'Amylobacter dans les plantes à l'état de vie normal. Bull. Soc. bot. de France, T. 31 1884), p. 283. —

119) Fischer, Vorlesungen über Bakterien 1897, S. 131. — Die Bakterienkrankheiten der Pflanzen. Centralbl. f. Bakteriologie, II. Abt., Bd. V. S. 279.

120) Kramer, Bakteriologische Untersuchungen über die Nassfäule der Kartoffelknollen. Österr. Landwirtschaftl. Centralbl., Bd. I, 1892, Heft 1.

121) van Tieghem, in Bull. soc. bot. de France 1884, T. XXXI, p. 283. — Sorauer, Handbuch der Pflanzenkrankheiten, II. Aufl., 1886.

122) Gaffky, Zur Ätiologie des Abdominaltyphus. Mitteil. aus dem Kaiserl. Gesundheitsamt, II., 372.

Namen-Register.

Druck von Breitkopf & Härtel in Leipzig.

Reprint Publishing

FÜR MENSCHEN, DIE AUF ORIGINALE STEHEN.

Bei diesem Buch handelt es sich um einen Faksimile-Nachdruck der Originalausgabe. Unter einem Faksimile versteht man die mit einem Original in Größe und Ausführung genau übereinstimmende Nachbildung als fotografische oder gescannte Reproduktion.

Faksimile-Ausgaben eröffnen uns die Möglichkeit, in die Bibliothek der geschichtlichen, kulturellen und wissenschaftlichen Vergangenheit der Menschheit einzutreten und neu zu entdecken.

Die Bücher der Faksimile-Edition können Gebrauchsspuren, Anmerkungen, Marginalien und andere Randbemerkungen aufweisen sowie fehlerhafte Seiten, die im Originalband enthalten sind. Diese Spuren der Vergangenheit verweisen auf die historische Reise, die das Buch zurückgelegt hat.

ISBN 978-3-95940-090-9

Faksimile-Nachdruck der Originalausgabe
Copyright © 2015 Reprint Publishing
Alle Rechte vorbehalten.

Made in Germany

www.reprintpublishing.com

.